普通高等教育"十一五"国家级规划教材

北京高等教育精品教材
BEIJING GAODENG JIAOYU JINGPIN JIAOCAI

C++面向对象
程序设计教程

（第4版）

陈维兴 林小茶 编著

清华大学出版社
北京

内 容 简 介

本书是为具有 C 语言基础的读者编写的，主要介绍 C++ 面向对象程序设计的基本知识和编程方法，全面讲述了 C++ 面向对象的基本特征。针对初学者的特点，本书力求通过大量的例子，以通俗易懂的语言讲解复杂的概念和方法，以帮助读者尽快迈入面向对象程序设计的大门。

本书主要内容包括类、对象、继承、派生类、多态性、虚函数、运算符重载、模板、输入和输出流类库、异常处理和命名空间、STL 标准模板库和面向对象程序设计方法与实例等。

第 4 版教材在第 3 版教材的基础上将全部程序在 Visual C++ 2010 调试环境下重新进行了调试，除了个别的程序，大部分程序可以在 Visual C++ 6.0 和 Visual C++ 2010 同时调试成功。

为了帮助读者进一步理解和掌握所学的知识，同时出版了与本书配套的辅导教材《C++ 面向对象程序设计教程(第 4 版)习题解答与上机指导》。

本书在编写时力求做到内容全面、语言通俗、例题丰富，同时配有大量习题，适合作为高等院校各专业学生学习 C++ 的基础教材，也适合初学者自学使用。

本书第 3 版被评为普通高等教育"十一五"国家级规划教材和北京高等教育精品教材，第 2 版被评为北京高等教育精品教材。

本书封面贴有清华大学出版社防伪标签，无标签者不得销售。
版权所有，侵权必究。举报: 010-62782989, beiqinquan@tup.tsinghua.edu.cn。

图书在版编目(CIP)数据

C++ 面向对象程序设计教程 / 陈维兴，林小茶编著. —4 版. —北京: 清华大学出版社，2018(2024.12 重印)

ISBN 978-7-302-50371-2

Ⅰ. ①C… Ⅱ. ①陈… ②林… Ⅲ. ①C++ 语言－程序设计－高等学校－教材 Ⅳ. ①TP312.8

中国版本图书馆 CIP 数据核字(2018)第 118076 号

责任编辑: 柳　萍
封面设计: 何凤霞
责任校对: 王淑云
责任印制: 丛怀宇

出版发行: 清华大学出版社
网　　址: https://www.tup.com.cn, https://www.wqxuetang.com
地　　址: 北京清华大学学研大厦 A 座　　　　邮　编: 100084
社 总 机: 010-83470000　　　　　　　　　　邮　购: 010-62786544
投稿与读者服务: 010-62776969, c-service@tup.tsinghua.edu.cn
质量反馈: 010-62772015, zhiliang@tup.tsinghua.edu.cn

印 装 者: 大厂回族自治县彩虹印刷有限公司
经　　销: 全国新华书店
开　　本: 185mm×260mm　　印　张: 23.75　　字　数: 575 千字
版　　次: 2000 年 1 月第 1 版　2018 年 10 月第 4 版　印　次: 2024 年 12 月第 14 次印刷
定　　价: 68.00 元

产品编号: 077007-05

第 4 版前言

本教材的前 3 版自出版以来获得读者和同行好评,成为不少高校的教材,并作为考研参考书受到读者欢迎。通过在教学工作中不断地进行总结和归纳,同时听取了专家和读者的意见后,我们决定在第 3 版的基础上对教材进行修订。

本教材是根据教学需要编写的,希望最大限度地做到定位准确、取材合适、深度适宜。目前,C++ 教材很多,但大多数都是为没有学过 C 语言的学生编写的。据作者了解,当前无论在大学里还是在社会中,都有相当一批人已经学过 C 语言。很多高校的培养计划,仍是先开设 C 语言程序设计,随后再开设 C++ 语言程序设计(必修或选修)。本教材就是为那些已经学过 C 语言,且具有一定程序设计基础的大学本科生编写的。因此,本教材是符合高校的教学需要的。在取材方面,舍去了 C 语言中的内容,只讲 C++ 面向对象程序设计部分的内容。这样既节省了教学时间,也减轻了学生的经济负担。

本教材将"以学生为中心"作为编写理念,内容叙述力求通俗易懂,由浅入深,符合认知规律,特别注意做到多讲实例,循序渐进地引出概念,尽量将复杂的概念用简洁、浅显的语言来讲述。力求教学内容富有启发性,便于学生学习。本教材还配有大量的例题、应用举例和习题,利于学生举一反三,从中学习程序设计方法和技巧,注重培养学生的创新能力。

这次修订保持了第 3 版语言通俗、层次清晰、理论与实例相结合的特点,使读者能尽快迈入面向对象程序设计的大门,迅速掌握 C++ 程序设计的基本技能和面向对象的概念和方法,并编写出具有良好风格的程序。本教材在第 3 版的基础上,在以下几个方面进行了修订:

(1) 考虑到一些学校已经采用 Visual C++ 2010 作为调试环境,因此,本书中所有程序重新在 Visual C++ 2010 中调试通过。当然,对于仍在使用 Visual C++ 6.0 作为调试环境的读者,大部分程序都能运行,而有些程序的第一行必须改为"#include <iostream.h>"程序才能通过调试,书中有相应的提示。

(2) 增加了"STL 标准模板库"一章,对于有一定程序设计基础的读者来说,掌握这部分内容可以提高编程效率,因为标准模板库中提供了对常用数据结构的操作,如表、栈和队列等。程序设计者在编写实用程序时可以直接调用在这些数据结构上操作的函数,而不用再编写相关的基础程序了。当然,作者也要强调,在学习过程中,数据结构的基础程序还是需要学习者好好研究并自己编写的,只是,在已经掌握了相关内容后,在编写实用程序的时候,可以考虑使用标准模板库。

(3) 删掉了一些不是十分必要的内容和案例,增加了一些新的、更实用的案例和内容,从而使本书更具有实用性。

C++ 是一门实践性很强的课程,只靠听课和看书是学不好的,必须多做题、多编程、多上机。我们编写了与本教材配套的《C++ 面向对象程序设计教程(第 4 版)习题解答与上机指导》(由清华大学出版社同期出版),请读者参阅。

最后,向各位使用本教材的老师和读者表示衷心的感谢,欢迎您对本书的内容和编写方法提出批评和建议。

编　者

2018 年 3 月

第 3 版前言

面向对象程序设计是不同于传统程序设计的一种新的程序设计范型。它对降低软件的复杂性，改善其重用性和维护性，提高软件的生产效率，有着十分重要的意义。因此面向对象的程序设计被认为是程序设计方法学的一场实质性的革命。

C++ 语言是在 C 语言基础上扩充了面向对象机制而形成的一种面向对象程序设计语言，它除了继承了 C 语言的全部优点和功能外，还支持面向对象程序设计。C++ 是介绍面向对象程序设计的重要语言。学习 C++ 不仅可以深刻理解和领会面向对象程序设计的特点和风格，掌握其方法和要领，而且可以掌握一种十分流行和实用的程序设计语言。

许多高等院校将面向对象程序设计及面向对象技术正式列入教学计划，作为必修课或选修课。

本书第 1 版于 2000 年出版以来，颇受读者欢迎，不少高校用其作为教材或考研参考书，取得了很好的教学效果，第 2 版于 2004 年出版，被评为北京高等教育精品教材。在多年教学实践的基础上，作者听取了专家和读者的意见，并结合本人的教学经验，对原书作了认真的修改。

这次修订保持了原书语言通俗、层次清晰、理论与实例结合的特点，力求做到深入浅出，将复杂的概念用简洁浅显的语言来讲述。使读者尽快地迈入面向对象程序设计的大门，迅速掌握 C++ 程序设计的基本技能和面向对象的概念和方法，并能编写出具有良好风格的程序。本次修订，本书在以下几个方面对第 2 版做了较大的修改补充：

（1）为了使教师能够更好地组织和实施教学过程，使读者能够更容易地接受和理解课程的内容，对部分章节的内容和讲解方法进行了改进，力求从实例出发循序渐进地引出概念，对概念和例题的分析讲解更加细致、透彻，更有利于读者自学。

（2）对原书的内容作了十分慎重的斟酌，删掉了部分不是十分必要的内容，增加了一些新的更有用的内容，使本书更具实用性。增加了第 8 章面向对象程序设计方法与实例，以帮助读者进一步了解面向对象程序设计方法，提高解决实际问题的能力。

（3）更新或增加了一些在实践教学中效果比较好的例题，帮助读者举一反三，从中学习方法和技巧，从而更快地掌握 C++ 程序设计的方法和要领。

（4）对习题部分作了较大的修订，大幅度地增加了题型和题量，帮助读者通过练习题检查对所学内容掌握的情况。

（5）为了与 C++ 国际标准（IOS/IEC 14882）相一致，使用标准 C++ 的头文件改写了所有源程序。系统头文件不带后缀".h"，使用系统库时使用命名空间 std。

作为本书的辅导教材，将同时出版《C++ 面向对象程序设计教程（第 3 版）习题解答与上机指导》一书，给出了教材中所有习题的参考答案，介绍了 C++ 上机操作方法，提供了上机实验题与参考解答，以供教师授课与学生学习时参考。

本书第 8 章由林小茶编写，6.4 节和 7.6 节由周涛编写，各章的习题由陈昕编写，其他章节由陈维兴编写。全书由陈维兴组织编写并统稿。书中所有程序都经作者在 Visual C++ 6.0 上调试通过。

在本书的编写和出版过程中还得到了郑玉明、陈宝福、杨道沅、李春强、孙若莹等老师的帮助和支持，在此表示诚挚的感谢。

最后，借用本书再版的机会，向选择使用本书的老师和读者表示衷心的感谢，欢迎对本书的内容和编写方法提出批评和建议。

编 者

2009 年 5 月

第 2 版前言

本书第 1 版于 2000 年 3 月出版以来，颇受读者欢迎，到 2003 年底已重印 13 次。不少高校用其作为教材或考研参考书，取得了很好的教学效果。作者在多年教学和科研实践的基础上，听取了专家和读者的意见，并结合本人的教学经验，对原书作了认真修订。

这次修订保持了原书语言通俗、层次清晰、理论与实例结合的特点，力求做到深入浅出，将复杂的概念用简洁浅显的语言来讲述。使读者尽快地迈入面向对象程序设计的大门，迅速掌握 C++ 程序设计的基本技能和面向对象的概念和方法，并能编写出具有良好风格的程序。本书在以下几个方面对第 1 版进行了修订：

（1）更换或增加了一定数量的例题，帮助读者举一反三，从中学习方法和技巧，从而更快地掌握 C++ 程序设计的方法和要领。

（2）对部分章节（主要是第 4 章和第 5 章）的讲解方法进行了改进，力求从实例出发循序渐进地引出概念，对概念和例题的分析讲解更加细致、透彻，更有利于读者自学。

（3）对原书的内容作了十分慎重的斟酌，删掉了部分不是十分必要的内容，增加了一些对编写程序有用的新内容，从而使本书更具有实用性。

（4）对习题部分作了较大的修订，增加了题型和题量，帮助读者通过练习题检查自己对所学内容掌握的情况，从而积累编程经验。

我们将出版本教程的习题解答和实验指导书，作为辅导教材供教师和学生授课与学习时参考。

在本书的出版过程中，陈昕博士给予了很大的帮助，在此表示诚挚的感谢。

最后，借用本书再版的机会，向选择使用本书的老师和读者表示衷心的感谢，欢迎您对本书的内容和编写方法提出批评和建议。

编　者

2004 年 6 月

第1版前言

本书为全国高等学校电子信息类规划教材，由计算机教学指导委员会编审、推荐出版。北京信息工程学院陈维兴担任主编，张学群主审，李逊林任责任编委。

本教材的参考学时为54学时，其中授课36学时，上机18学时。

面向对象程序设计是不同于传统程序设计的一种新的程序设计范型。它对降低软件的复杂性，改善其重用性和维护性，提高软件的生产效率，有着十分重要的意义。因此面向对象的程序设计被普遍认为是程序设计方法学的一场实质性的革命。

C++语言是在C语言基础上扩充了面向对象机制而形成的一种面向对象的程序设计语言，它除了继承了C语言的全部优点和功能外，还支持面向对象程序设计。C++现在已成为介绍面向对象程序设计的首选语言。学习C++不仅可以深刻理解和领会面向对象程序设计的特点和风格，掌握其方法和要领，而且可以使读者掌握一种十分流行和实用的程序设计语言。

近年来，许多高等院校纷纷将面向对象程序设计及面向对象技术正式列入教学计划，作为必修课或选修课。由于其重要意义，许多有识之士也纷纷把目光转向面向对象程序设计。

鉴于以上情况，我们在多年教学和科研的基础上编写了这本教材，旨在使读者迅速迈入面向对象程序设计的大门，掌握C++程序设计的基本技能和面向对象的概念与方法，并能编写出具有良好风格的程序。

本教材共分7章。第1章概述了面向对象程序设计的基本概念。第2章介绍了C++对C语言在非面向对象方面的扩充。第3章至第7章详述了C++支持面向对象程序设计的基本方法，包括类、对象、派生类、继承、多态性、模板、流类库等。

本教材第1章由林小茶老师编写，其余章节由陈维兴老师编写。全书由陈维兴老师主编并统稿。张学群教授仔细审阅了全书并提出了许多宝贵的意见，在此表示诚挚的感谢。由于编者水平有限，书中难免还存在一些缺点和错误，殷切希望广大读者批评指正。

编 者
1999年6月

目 录

第1章 面向对象程序设计概述 ... 1
1.1 什么是面向对象程序设计 ... 1
- 1.1.1 一种新的程序设计范型 ... 1
- 1.1.2 面向对象程序设计的基本概念 ... 2
- 1.1.3 面向对象程序设计的基本特征 ... 4

1.2 为什么要使用面向对象程序设计 ... 8
- 1.2.1 传统程序设计方法的局限性 ... 8
- 1.2.2 面向对象程序设计方法的主要优点 ... 9

1.3 面向对象程序设计的语言 ... 11
- 1.3.1 面向对象程序设计语言的发展概况 ... 11
- 1.3.2 几种典型的面向对象程序设计语言 ... 12

习题 ... 13

第2章 C++概述 ... 14
2.1 C++的起源和特点
- 2.1.1 C++的起源 ... 14
- 2.1.2 C++语言的特点 ... 15

2.2 C++源程序的构成 ... 15
- 2.2.1 简单的C++程序 ... 15
- 2.2.2 C++程序的结构特性 ... 17
- 2.2.3 C++程序的编辑、编译、连接和运行 ... 18

2.3 C++在非面向对象方面的扩充 ... 18
- 2.3.1 注释行 ... 19
- 2.3.2 C++的输入输出 ... 19
- 2.3.3 灵活的局部变量说明 ... 21
- 2.3.4 结构名、联合名和枚举名可直接作为类型名 ... 22
- 2.3.5 const 修饰符 ... 22
- 2.3.6 函数原型 ... 25
- 2.3.7 内联函数 ... 27
- 2.3.8 带有默认参数的函数 ... 30
- 2.3.9 函数的重载 ... 31
- 2.3.10 作用域运算符"::" ... 33

  2.3.11 无名联合 ·· 34
  2.3.12 强制类型转换 ·· 35
  2.3.13 运算符 new 和 delete ·· 35
  2.3.14 引用 ·· 38
习题 ·· 44

第 3 章 类和对象 ·· 48
 3.1 类与对象的基本概念 ·· 48
  3.1.1 结构体与类 ·· 48
  3.1.2 成员函数的定义 ··· 53
  3.1.3 对象的定义及使用 ·· 56
  3.1.4 类的作用域和类成员的访问属性 ··································· 59
 3.2 构造函数与析构函数 ·· 60
  3.2.1 对象的初始化和构造函数 ·· 60
  3.2.2 用成员初始化列表对数据成员初始化 ··························· 65
  3.2.3 构造函数的重载 ··· 67
  3.2.4 带默认参数的构造函数 ··· 71
  3.2.5 析构函数 ··· 72
 3.3 对象数组与对象指针 ·· 75
  3.3.1 对象数组 ··· 75
  3.3.2 对象指针 ··· 78
  3.3.3 this 指针 ·· 80
 3.4 string 类 ··· 83
 3.5 向函数传递对象 ··· 85
  3.5.1 使用对象作为函数参数 ··· 85
  3.5.2 使用对象指针作为函数参数 ··· 86
  3.5.3 使用对象引用作为函数参数 ··· 87
 3.6 对象的赋值和复制 ··· 88
  3.6.1 对象赋值语句 ·· 88
  3.6.2 拷贝构造函数 ·· 89
 3.7 静态成员 ··· 96
  3.7.1 静态数据成员 ·· 96
  3.7.2 静态成员函数 ·· 101
 3.8 友元 ·· 105
  3.8.1 友元函数 ··· 105
  3.8.2 友元类 ·· 110
 3.9 类的组合 ··· 112
 3.10 常类型 ··· 117
  3.10.1 常引用 ·· 117

3.10.2　常对象 ·· 118
　　　3.10.3　常对象成员 ·· 119
　习题 ··· 122

第 4 章　派生类与继承 ·· 135
4.1　派生类的概念 ·· 135
　　　4.1.1　为什么要使用继承 ·· 135
　　　4.1.2　派生类的声明 ··· 137
　　　4.1.3　派生类的构成 ··· 138
　　　4.1.4　基类成员在派生类中的访问属性 ······································· 139
　　　4.1.5　派生类对基类成员的访问规则 ·· 140
4.2　派生类的构造函数和析构函数 ·· 148
　　　4.2.1　派生类构造函数和析构函数的执行顺序 ······························· 149
　　　4.2.2　派生类构造函数和析构函数的构造规则 ······························· 150
4.3　调整基类成员在派生类中的访问属性的其他方法 ························ 157
　　　4.3.1　同名成员 ·· 157
　　　4.3.2　访问声明 ·· 159
4.4　多重继承 ··· 163
　　　4.4.1　多重继承派生类的声明 ··· 163
　　　4.4.2　多重继承派生类的构造函数与析构函数 ······························· 165
　　　4.4.3　虚基类 ··· 169
4.5　基类与派生类对象之间的赋值兼容关系 ····································· 178
4.6　应用举例 ··· 181
　习题 ··· 187

第 5 章　多态性 ·· 197
5.1　编译时的多态性与运行时的多态性 ··· 197
5.2　运算符重载 ·· 198
　　　5.2.1　在类外定义的运算符重载函数 ··· 198
　　　5.2.2　友元运算符重载函数 ·· 202
　　　5.2.3　成员运算符重载函数 ·· 208
　　　5.2.4　成员运算符重载函数与友元运算符重载函数的比较 ·················· 213
　　　5.2.5　"++"和"--"的重载 ·· 215
　　　5.2.6　赋值运算符"="的重载 ··· 220
　　　5.2.7　下标运算符"[]"的重载 ·· 224
5.3　类型转换 ··· 226
　　　5.3.1　系统预定义类型间的转换 ·· 226
　　　5.3.2　类类型与系统预定义类型间的转换 ···································· 227
5.4　虚函数 ·· 234

· XI ·

	5.4.1 虚函数的引入 ……………………………………………… 235

       5.4.1 虚函数的引入 ……………………………………………… 235
       5.4.2 虚函数的定义 ……………………………………………… 238
       5.4.3 纯虚函数和抽象类 ………………………………………… 248
  5.5 应用举例 …………………………………………………………… 249
习题 ……………………………………………………………………… 254

第6章 模板与异常处理 …………………………………………………… 259
  6.1 模板的概念 ………………………………………………………… 259
  6.2 函数模板与模板函数 ……………………………………………… 259
  6.3 类模板与模板类 …………………………………………………… 265
  6.4 异常处理 …………………………………………………………… 272
       6.4.1 异常处理概述 ……………………………………………… 272
       6.4.2 异常处理的方法 …………………………………………… 273
  6.5 应用举例 …………………………………………………………… 277
习题 ……………………………………………………………………… 282

第7章 C++的流类库与输入输出 ……………………………………… 285
  7.1 C++为何建立自己的输入输出系统 ……………………………… 285
  7.2 C++流的概述 ……………………………………………………… 286
       7.2.1 C++的输入输出流 ………………………………………… 286
       7.2.2 预定义的流对象 …………………………………………… 288
       7.2.3 输入输出流的成员函数 …………………………………… 288
  7.3 预定义类型的输入输出 …………………………………………… 291
       7.3.1 插入运算符与提取运算符 ………………………………… 291
       7.3.2 输入输出的格式控制 ……………………………………… 293
  7.4 用户自定义类型的输入输出 ……………………………………… 301
       7.4.1 重载插入运算符 …………………………………………… 301
       7.4.2 重载提取运算符 …………………………………………… 303
  7.5 文件的输入输出 …………………………………………………… 304
       7.5.1 文件的打开与关闭 ………………………………………… 305
       7.5.2 文件的读写 ………………………………………………… 308
  7.6 命名空间和头文件命名规则 ……………………………………… 316
       7.6.1 命名空间 …………………………………………………… 316
       7.6.2 头文件命名规则 …………………………………………… 318
  7.7 应用举例 …………………………………………………………… 319
习题 ……………………………………………………………………… 322

第8章 STL标准模板库 …………………………………………………… 325
  8.1 容器、算法和迭代器的基本概念 ………………………………… 325

8.2 容器 ·········· 326
    8.2.1 vector 容器 ·········· 326
    8.2.2 list 容器 ·········· 333
    8.2.3 容器适配器 ·········· 338
    8.2.4 deque 容器 ·········· 342
    8.2.5 set、multiset、map 和 multimap 容器 ·········· 344
本章小结 ·········· 345
习题 ·········· 346

第 9 章 面向对象程序设计方法与实例 ·········· 349
9.1 面向对象程序设计的一般方法和技巧 ·········· 349
    9.1.1 问题分析和功能定义 ·········· 350
    9.1.2 对象(类)设计及实现 ·········· 350
    9.1.3 核心控制设计 ·········· 352
    9.1.4 编码与测试 ·········· 352
    9.1.5 进化 ·········· 352
9.2 设计实例：模拟网上购书的结账功能 ·········· 353
    9.2.1 问题分析与功能定义 ·········· 353
    9.2.2 对象(类)设计 ·········· 353
    9.2.3 核心控制设计 ·········· 355
    9.2.4 编码与测试 ·········· 356
习题 ·········· 361

参考文献 ·········· 362

第1章 面向对象程序设计概述

20世纪90年代以来面向对象程序设计(object-oriented programming, OOP)异军突起,迅速地在全世界流行,并一跃而成为程序设计的主流技术。现在,面向对象程序设计的思想已经被越来越多的软件设计人员所接受,不仅因为它是一种最先进的、新颖的计算机程序设计思想,更主要的是这种新的思想更接近人的思维活动,人们利用这种思想进行程序设计时,可以很大程度地提高编程能力,减少软件维护的开销。面向对象程序设计方法是通过增加软件的可扩充性和可重用性来提高程序员的编程能力的。这种思想与我们以前使用的方法有很大的不同,并且在理解上有一些难点,希望本章的内容能对读者有所帮助。

1.1 什么是面向对象程序设计

1.1.1 一种新的程序设计范型

面向对象程序设计是一种新的程序设计的范型(paradigm)。程序设计范型是指设计程序的规范、模型和风格,它是一类程序设计语言的基础。一种程序设计范型体现了一类语言的主要特征,这些特征能用以支持应用领域所希望的设计风格。不同的程序设计范型有不同的程序设计技术和方法学。

面向过程程序设计范型是流行很广泛的程序设计范型,这种范型的主要特征是,程序由过程定义和过程调用组成(简单地说,过程就是程序执行某项操作的一段代码,函数是最常用的过程),从这个意义出发,基于面向过程的程序可以用以下的公式来表述:

程序=过程+调用

基于面向过程程序设计范型的语言称为面向过程性语言,如C、Pascal、Fortran、Ada等都是典型的面向过程性语言。除面向过程程序设计范型外,还有许多其他程序设计范型。如函数式程序设计范型也是较为流行的程序设计范型,它的主要特征是,程序被看做"描述输入与输出之间关系"的数学函数,LISP是支持这种范型的典型语言,此外,还有模块程序设计范型(典型语言是Modula)、逻辑式程序设计范型(典型的语言是PROLOG)、进程式程序设计范型、类型系统程序设计范型、事件程序设计范型、数据流程序设计范型等。

面向对象程序设计是一种新的程序设计范型。这种范型的主要特征是:

程序=对象+消息

面向对象程序的基本元素是对象,面向对象程序的主要结构特点是:第一,程序一般由类的定义和类的使用两部分组成;第二,程序中的一切操作都是通过向对象发送消息来实现的,对象接收到消息后,启动有关方法完成相应的操作。一个程序中涉及的类,可以由程序设计者自己定义,也可以使用现成的类(包括类库中为用户提供的类和他人已构建好的类)。尽量使用现成的类,是面向对象程序设计范型所倡导的程序设计风格。

需要说明的是,某一种程序设计语言不一定与一种程序设计范型相对应。实际上具有两种或多种范型特征的程序设计语言,即混合型语言。例如C++就不是纯粹的面向对象程序设计范型的语言,而是具有面向过程程序设计范型和面向对象程序设计范型的混合型程序设计语言。

1.1.2 面向对象程序设计的基本概念

为了掌握面向对象程序设计技术,我们从最基本的概念入手。本节介绍的内容是面向对象程序设计的理论基础,这些内容不依赖于具体的程序设计语言。也就是说,无论使用哪种面向对象语言进行面向对象程序设计,本节内容都有理论意义。

1. 对象

我们从两个方面讨论对象的含义,即在现实世界中的含义和面向对象程序设计中的含义。

在现实世界中,任何事物都是对象。它可以是一个有形的具体存在的事物,例如一张桌子、一个学生、一辆汽车,甚至地球;也可以是一个无形的、抽象的事件,例如一次演出、一场球赛、一次出差等。对象既可以很简单,也可以很复杂,复杂的对象可以由若干简单的对象构成,整个世界可以认为是一个非常复杂的对象。

现实世界中的对象既具有静态的属性(或称状态),又具有动态的行为(或称操作、功能)。例如,一个人就是一个对象,每个人都有姓名、性别、年龄、身高、体重等属性,都有吃饭、走路、睡觉、学习等行为(功能)。所以在现实世界中,对象一般可以表示为:属性+行为,一个对象往往是由一组属性和一组行为构成的。

现实世界中的对象,具有以下特性:

(1) 每一个对象必须有一个名字以区别于其他对象;
(2) 用属性来描述对象的某些特征;
(3) 有一组操作,每组操作决定对象的一种行为;
(4) 对象的行为可以分为两类:一类是作用于自身的行为,另一类是作用于其他对象的行为。

面向对象的程序设计采用了以上人们所熟悉的这种思路。在面向对象程序设计中,对象是描述其属性的数据以及对这些数据施加的一组操作封装在一起构成的统一体。在C++中每个对象都是由数据和操作代码(通常用函数来实现)两部分组成的,如图1.1所示。在面向对象程序设计中,用数据来体现上面提到的"属性",用函数来实现对数据的操作,以实现某些功能。例如一个学生是一个对象,学号、姓名和成绩等数据就是它的属性;输入或输出姓名、学号、成绩等操作就是前面提到的行为。

图1.1 对象结构示意图

2. 类

在现实世界中,"类"是一组具有相同属性和行为的对象的抽象。例如,虽然张三、李四、王五……每个人的性格、爱好、职业、特长等各有不同,但是他们的基本特征是相似的,都具有相同的生理构造,都能吃饭、说话、走路等,于是把他们统称为"人"类,而具体的每一个人是人类的一个实例,也就是一个对象。

类和对象之间的关系是抽象和具体的关系。类是对多个对象进行综合抽象的结果,对象又是类的个体实物,一个对象是类的一个实例。

例如,教师黎明是一个对象。

对象名:黎明
对象的属性:
  年龄:45
  学历:博士
  职称:教授
  专业:计算机软件
对象的操作:
  走路
  吃饭
  授课

一个个的像黎明这样的教师就构成教师类。类在现实世界中并不真正存在。例如,在地球上并没有抽象的"学生",只有一个个具体的学生,如张三、李四、王五……同样,世界上没有抽象的"教师",只有一个个具体的教师。

在面向对象程序设计中,"类"就是具有相同的数据和相同的操作(函数)的一组对象的集合,也就是说,类是对具有相同数据结构和相同操作的一类对象的描述。例如,"学生"类可由学号、姓名、成绩等表示其属性的数据项和对这些数据的录入、修改和显示等操作代码组成。在C++语言中把类中数据称为数据成员,类中的操作是用函数来实现的,这些函数称为成员函数。

类和对象之间的关系是抽象和具体的关系。类是多个对象进行综合抽象的结果,一个对象是类的一个实例。例如"学生"是一个类,它是由许多具体的学生抽象而来的一般概念。同理,桌子、教师、计算机等都是类。

在面向对象程序设计中,总是先声明类,再由类生成其对象。类是建立对象的"模板",按照这个模板所建立的一个个具体的对象,就是类的实际例子,通常称为实例。打个比方,手工制作月饼时,先雕刻一个有凹下图案的木模,然后在木模上抹油,接着将事先揉好的面塞进木模里,用力挤压后,将木模反扣在桌上,一个漂亮的图案就会出现在月饼上了。这样一个接着一个地,就可以制造出外形一模一样的月饼。这个木模就好比是"类",制造出来的糕点好比是"对象"。

3. 消息与方法

现实世界中的对象不是孤立存在的实体,它们之间存在着各种各样的联系,正是它们之间的相互作用、联系和连接,才构成了世间各种不同的系统。以实际生活为例,我们每一个人可以为他人服务,也可以要求他人为自己服务。当我们需要别人为自己服务时,必须告诉他们,我们需要的是什么服务。也就是说,要向其他对象提出请求,其他对象接到请求后,才会提供相应的服务。

在面向对象程序设计中,对象之间也需要联系,称为对象的交互。面向对象程序设计技术必须提供一种机制允许一个对象与另一个对象的交互。这种机制叫消息传递。一个对象向另一个对象发出的请求称为"消息"。当对象接收到发向它的消息时,就调用有关的方法,执行相应的操作。例如,有一个教师对象张三和一个学生对象李四,对象李四可以发出消息,请求对象张三演示一个实验,当对象张三接收到这个消息后,确定应完成的操作并执行。

一般情况下,称发送消息的对象为发送者或请求者,接收消息的对象为接收者或目标对象。对象中的联系只能通过消息传递来进行,接收对象只有在接收到消息时,才能被激活,被激活的对象会根据消息的要求完成相应的功能。

消息具有以下 3 个性质:

(1) 同一个对象可以接收不同形式的多个消息,做出不同的响应;

(2) 相同形式的消息可以传递给不同的对象,所做的响应可以是不同的;

(3) 对消息的响应并不是必需的,对象可以响应消息,也可以不响应。

在面向对象程序设计中的消息传递实际是对现实世界中的信息传递的直接模拟。调用对象中的函数就是向该对象传送一个消息,要求该对象实现某一行为(功能、操作)。对象所能实现的行为(操作),在程序设计方法中称为方法,它们是通过调用相应的函数来实现的,在 C++ 语言中方法是通过成员函数来实现的。

方法包括界面和方法体两部分。方法的界面给出了方法名和调用协议(相对于 C++ 中成员函数的函数名和参数表);方法体则是实现某种操作的一系列计算步骤,也就是一段程序(相对于 C++ 中成员函数的函数体)。消息和方法的关系是:对象根据接收到的消息,调用相应的方法;反过来,有了方法,对象才能响应相应的消息。

1.1.3 面向对象程序设计的基本特征

面向对象程序设计方法模拟人类习惯的解题方法,代表了计算机程序设计的新颖的思维方法。这种方法的提出是对软件开发方法的一场革命,是目前解决软件开发面临困难的最有希望、最有前途的方法之一。本节介绍面向对象程序设计的 4 个基本特征。

1. 抽象

抽象是人类认识问题的最基本的手段之一。抽象是将有关事物的共性归纳、集中的过程。在现实生活中,人们能看到的都是一些具体的事物,例如男人、女人、大人、小孩等,这些都是具体的人。假如,把所有具有大学学籍的人归为一类,称为"大学生",这就是一个抽象。在抽象的过程中,通常会忽略与当前主题目标无关的那些方面,以便更充分地注意与当前目标有关的方面。抽象是对复杂世界的简单表示,抽象并不打算了解全部问题,而只强调感兴趣的信息,忽略了与主题无关的信息。例如,在设计一个成绩管理程序的过程中,只关心学生的姓名、学号、成绩等,而对他的身高、体重等信息就可以忽略。而在学生健康信息管理系统中,身高、体重等信息必须抽象出来,而成绩则可以忽略。

抽象是通过特定的实例(对象)抽取共同性质后形成概念的过程。面向对象程序设计中的抽象包括两个方面:数据抽象和代码抽象(或称为行为抽象)。前者描述某类对象的属性或状态,也就是此类对象区别于彼类对象的特征物理量;后者描述了某类对象的共同行为特征或具有的共同功能。正如前面所述,对于一组具有相同属性和行为的对象,可以抽象成一种类型,在C++中,这种类型就称为类(class),类是对象的抽象,而对象是类的实例。

抽象在系统分析、系统设计以及程序设计的发展中一直起着重要的作用。在面向对象程序设计方法中,对一个具体问题的抽象分析的结果,是通过类来描述和实现的。

现在以学生管理程序为例,通过对所有学生进行归纳、分析,抽取出其中的共性,可以得到如下的抽象描述:

(1) 共同的属性:姓名、学号、成绩等,它们组成了学生类的数据抽象部分。用C++语言的数据成员来表示,可以是

```
string name;                    //姓名
int number;                     //学号
float score;                    //成绩
```

(2) 共同的行为:数据录入、数据修改和数据输出等,这构成了学生类的代码抽象(行为抽象)部分,用C++语言的成员函数表示,可以是

```
input()                         //数据录入函数
modify()                        //数据修改函数
print()                         //数据输出函数
```

如果我们开发一个学生健康档案程序,所关心的特征就有所不同了。可见,即使对同一个研究对象,由于所研究问题的侧重点不同,就可能产生不同的抽象结果。

2. 封装

在现实世界中,所谓封装就是把某个事物包围起来,使外界不知道该事物的具体内容。在面向对象程序设计中,封装是指把数据和实现操作的代码集中起来放在对象内部,并尽可能隐蔽对象的内部细节。对象好像是一个不透明的黑盒子,表示对象属性的数据和实现各个操作的代码都被封装在黑盒子里,从外面是看不见的,更不能从外面直接访问或修改这些数据及代码。使用一个对象的时候,只需知道它向外界提供的接口而无需知道它的数据结构细节和实现操作的算法。

下面以一台洗衣机为例,说明对象的封装特征。首先,每一台洗衣机有一些区别于其他洗衣机的静态属性,例如出厂日期、机器编号等。另外,洗衣机上有一些按键,如"启动""暂停""选择"等,当人们使用洗衣机时,只要根据需要按下"选择(洗衣的方式)""启动"或"暂停"等按键,洗衣机就会完成相应的工作。这些按键安装在洗衣机的表面,人们通过它们与洗衣机交流,告诉洗衣机应该做什么。我们无法(当然也没必要)操作洗衣机的内部电路和机械控制部件,因为它们被装在洗衣机里面,这对于用户来说是隐蔽的,不可见的。

面向对象的程序中使用一个对象时,只能通过对象与外界的操作接口来操作它,这个接口类似于洗衣机的按键。使用对象类似于使用洗衣机,不必了解洗衣机里面的结构和工作

原理,只需知道按某一个键就能使洗衣机执行相应的操作即可。

为了帮助读者理解封装的概念,图1.2形象地描绘了具有3个接口界面的对象。

C++对象中的函数名就是对象的对外接口,外界可以通过函数名来调用这些函数来实现某些行为(功能)。这些将在以后详细介绍。

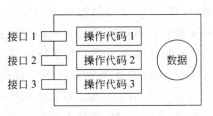

图1.2 对象的封装特性示意图

封装的好处是可以将对象的使用者与设计者分开,大大降低了人们操作对象的复杂程度。使用者不必知道对象行为实现的细节,只需要使用设计者提供的接口的功能即可自如地操作对象。封装的结果实际上隐藏了复杂性,并提供了代码重用性,从而减轻了开发软件系统的难度。

封装是面向对象程序设计方法的一个重要特性,封装具有两方面的含义:一是将有关的数据和操作代码封装在一个对象中,各个对象相对独立、互不干扰;二是将对象中某些数据与操作代码对外隐蔽,即隐蔽其内部细节,只留下少量接口,以便与外界联系,接收外界的消息,这种对外界隐蔽的做法称为信息隐蔽。信息隐蔽有利于数据安全,防止无关人员访问和修改数据。

3. 继承

继承在现实生活中是一个很容易理解的概念。例如,我们每一个人都从我们的父母身上继承了一些特性,如种族、血型、眼睛的颜色等,我们身上的特性来自我们的父母。也可以说,父母是我们所具有的属性和行为的基础。

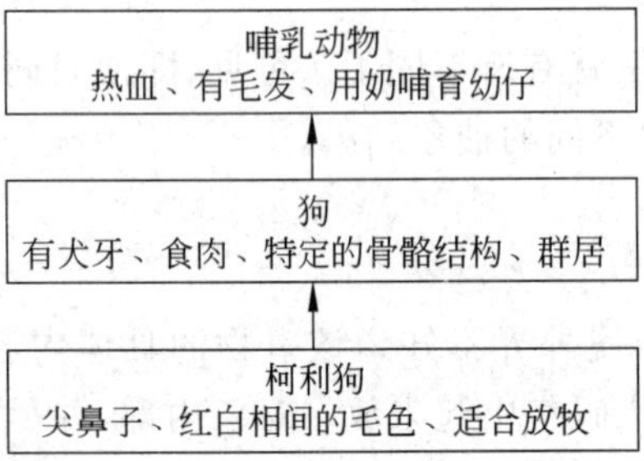

下面我们以哺乳动物、狗、柯利狗之间的关系来描述继承这个特性。图1.3说明了哺乳动物、狗、柯利狗之间的继承关系。哺乳动物是一种热血、有毛发、用奶哺育幼仔的动物;狗是有犬牙、食肉、特定的骨骼结构、群居的哺乳动物;柯利狗是尖鼻子、红白相间的毛色、适合放牧的狗。在继承链中,每个类继承了它前一个类的所有特性。例如,狗具有哺乳动物的所有特性,同时还具有区别于其他哺乳动物如猫、大象等的特征。图1.3中从下到上的继承关系是:柯利狗是狗,狗是哺乳动物。"柯利狗"类继承了"狗"类的特性,"狗"类继承了"哺乳动物"类的特性。

图1.3 多层次继承关系示意图

以面向对象程序设计的观点,继承所表达的是对象类之间相关的关系。这种关系使得某一类可以继承另外一个类的特征和能力。

若类之间具有继承关系,则它们之间具有下列几个特性:

(1) 类间具有共享特征(包括数据和操作代码的共享);
(2) 类间具有差别或新增部分(包括非共享的数据和操作代码);
(3) 类间具有层次结构。

假设有两个类A和B,若类B继承类A,则类B包含了类A的特征(包括数据和操作),同时也可以加入自己所特有的新特性。这时,称被继承类A为基类或父类;而称继承类B

为类 A 的派生类或子类。同时,我们还可以说,类 B 是从类 A 中派生出来的。

如果有类 B 是从类 A 派生出来,而类 C 又是从类 B 派生出来的,就构成了类的层次。这样,又有了直接基类和间接基类的概念。类 A 是类 B 的直接基类,是类 C 的间接基类。类 C 不但继承它的直接基类的所有特性,还继承它的所有间接基类的特征。

对于动物继承链,用面向对象程序设计的术语,我们称"哺乳动物"是"狗"的基类,"狗"是"哺乳动物"的派生类。"哺乳动物""狗""柯利狗"构成类的层次。"哺乳动物"是"狗"的直接基类,是"柯利狗"的间接基类。

如果类 B 是类 A 的派生类,那么,在构造类 B 的时候,我们不必描述类 B 的所有特征,只需让它继承类 A 的特征,然后描述与基类 A 不同的那些特性。也就是说,类 B 的特征由继承来的和新添加的两部分特征构成。

具体地说,继承机制允许派生类继承基类的数据和操作(即数据成员和成员函数)。也就是说,允许派生类使用基类的数据和操作。同时,派生类还可以增加新的操作和数据。

那么,面向对象程序设计为什么要提供继承机制?也就是说,继承的作用是什么?继承的作用有两个:其一是避免公用代码的重复开发,减少代码和数据冗余;其二是通过增强一致性来减少模块间的接口和界面。

如果没有继承机制,每次软件开发都要从"一无所有"开始,类的开发者们在构造类时,各自为政,使类与类之间没有什么联系,分别是一个个独立的实体。继承使程序不再是毫无关系的类的堆砌,而是具有良好的结构。

采用继承的方法可以很方便地利用一个已有的类建立一个新的类,这就可以重用已有软件中的一部分甚至大部分,在派生类中只需描述其基类中没有的数据和操作。这样,就避免了公用代码的重复开发,增加了程序的可重用性,减少了代码和数据冗余,大大节省了编程的工作量,这就是常说的"软件重用"思想。同时,在描述派生类时,程序员还可以覆盖基类的一些操作,或修改和重定义基类中的操作。具体的实现方法将在以后详细介绍。

从继承源上分,继承分为单继承和多继承。

单继承是指每个派生类只直接继承了一个基类的特征。前面介绍的动物链,就是一个单继承的实例。图 1.4 也表示了一种单继承关系,它表示 Windows 操作系统的窗口之间的继承关系。

单继承并不能解决继承中的所有问题,例如,小孩喜欢的玩具车既继承了车的一些特性,还继承了玩具的一些特征,如图 1.5 所示。

图 1.4　单继承示意图　　　　　　　图 1.5　多继承示意图

多继承是指多个基类派生出一个派生类的继承关系。多继承的派生类直接继承了不止一个基类的特征。

4. 多态

多态性也是面向对象系统的重要特性。在讨论面向对象程序设计的多态性之前,我们还是来看看现实世界的多态性。现实世界的多态性在自然语言中经常出现。假设一辆汽车停在了属于别人的车位,司机可能会听到这样的要求:"请把你的车挪开"。司机在听到请求后,所做的工作应该是把车开走;在家里,一个凳子挡住了孩子的去路,他可能会请求妈妈"请把凳子挪开",妈妈过去搬起凳子,放在一边。在这两件事情中,司机和妈妈的工作都是"挪开"一样东西,但是他们在听到请求以后的行为是截然不同的,这就是现实世界中的多态性。对于"挪开"这个请求,还可以有更多的行为与之对应。"挪开"从字面上看是相同的,但由于作用的对象不同,操作的方法就不同。

面向对象程序设计借鉴了现实世界的多态性。面向对象系统的多态性是指不同的对象收到相同的消息时执行不同的操作。例如,有一个窗口(Window)类对象,还有一个棋子(Piece)类对象,当我们对它们发出"移动"的消息时,"移动"操作在 Window 类对象和 Piece 类对象上可以有不同的行为。

C++语言支持两种多态性,即编译时的多态性和运行时的多态性。编译时的多态性是通过函数重载(包括运算符重载)来实现的,运行时的多态性是通过虚函数来实现的。本书将分别在第 2 章和第 5 章对函数重载、运算符重载和虚函数进行详细介绍。

多态性增强了软件的灵活性和重用性,为软件的开发与维护提供了极大的便利。尤其是采用了虚函数和动态联编机制后,允许用户以更为明确、易懂的方式建立通用的软件。

1.2 为什么要使用面向对象程序设计

1.2.1 传统程序设计方法的局限性

众所周知,计算机的发明和使用,对人类社会的进步与发展发挥了巨大的作用。随着计算机大规模地推广、普及与应用,人们对软件的功能要求越来越多,对软件的性能要求越来越高,传统的程序设计已不能满足这些日益增长的需要。传统的程序设计是面向过程的结构化程序设计,其局限性至少有以下几个方面。

1. 传统程序设计开发软件的生产效率低下

从 1946 年第一台电子计算机问世以来,计算机的硬件已经历了 4 代的变化。从电子管时代、晶体管时代、集成电路时代到大规模集成电路时代,其硬件性能取得了长足的发展,速度、容量等成倍地增长,而价格却成倍下降,并且计算机的硬件水平还在突飞猛进地发展着。但是相比之下,软件的生产能力还比较低下,开发周期长、效率低、费用不断上升,以致曾经出现了所谓的"软件危机"。

硬件生产之所以效率高,一个重要原因是,其生产方式已从当初的分立元件一级的设计,发展到今天的芯片(超大规模集成电路)一级的设计。这就是说,硬件有大粒度的构件,而且这些构件有很好的重用性。于是,也就便于实现生产过程的工程化和自动化,生产效率自然也就提高了。

然而,尽管传统的程序设计语言经历了第一代语言、第二代语言以及第三代语言的发展过程,但是在面向对象程序设计出现之前,人们一直采用结构化程序设计来解决实际问题。结构化程序设计是面向过程的,其主要设计思想是将功能分解并逐步求精。Pascal 语言和

C语言都很好地体现了结构化程序设计的思想。

按照结构化程序设计的要求,当需要解决一个复杂的问题时,首先应将它按功能划分为若干个小问题,每个小问题又可以按功能划分为若干个更小的问题,依次类推,直到最低一层的问题容易用程序实现为止,然后将所有的小问题全部解决并把它们组合起来,复杂的问题就迎刃而解了。

这种传统程序设计的生产方式仍是采用较原始的方式进行,程序设计基本上还是从语句一级开始。软件的生产中缺乏大粒度、可重用的构件,软件的重用问题没有得到很好地解决,从而导致软件生产的工程化和自动化屡屡受阻。

复杂性问题也是影响软件生产效率的重要方面。随着计算机技术的大规模推广,软件的应用范围越来越广,软件的规模越来越大,要解决的问题越来越复杂。传统程序设计的特点是数据与其操作分离,而且对同一数据的操作往往分散在程序的不同地方。这样,如果一个或多个数据的结构发生了变化,那么这种变化将波及程序的很多部分甚至遍及整个程序,致使许多函数和过程必须重写,严重时会导致整个软件结构的崩溃。这就是说,传统程序的复杂性控制是一个很棘手的问题,这也是传统程序难以重用的一个重要原因。

维护是软件生命周期中的最后一个环节,也是非常重要的一个环节。传统程序设计是面向过程的,其数据和操作相分离的结构,使得维护数据和处理数据的操作过程要花费大量的精力和时间,严重地影响了软件的生产效率。

总之,要提高软件生产的效率,就必须很好地解决软件的重用性、复杂性和可维护性问题。但是传统的程序设计是难以解决这些问题的。

2. 传统程序设计难以应付日益庞大的信息量和多样的信息类型

随着计算机科学与技术的飞速发展和计算机应用的普及,当代计算机的应用领域已从数值计算扩展到了人类社会的各个方面,所处理的数据已从简单数字和字符,发展为具有多种格式的多媒体数据,如文本、图形、图像、影像、声音等,描述的问题从单纯的计算问题到仿真复杂的自然现象和社会现象。于是,计算机处理的信息量与信息类型迅速增加,程序的规模日益庞大,复杂度不断增加。这些都要求程序设计语言有更大的信息处理能力。然而,面对这些庞大的信息量和多样的信息格式,传统程序设计方法是无法应付的。

3. 传统程序设计难以适应各种新环境

当前,并行处理、分布式、网络和多机系统等,已经或将是程序运行的主流方式和主流环境。这些环境的一个共同的特点是都具有一些有独立处理能力的节点,节点之间有通信机制,即以消息传递进行联络。显然传统的程序设计技术很难适应这些新环境。

综上所述,传统的面向过程的结构化程序设计不能够满足计算机技术的迅猛发展的需要,软件开发迫切需要一种新的程序设计方法的支持。那么,面向对象程序设计是否能担当此任呢?下面我们分析面向对象程序设计的一些优点。

1.2.2 面向对象程序设计方法的主要优点

面向对象程序设计方法是软件开发史上的一个重要的里程碑。这种方法从根本上改变了人们以往设计软件的思维方式,从而使程序设计者摆脱了具体的数据格式和过程的束缚,将精力集中于要处理对象的设计和研究上,极大地减少了软件开发的复杂性,提高了软件开发的效率。面向对象程序设计主要具有以下优点。

1. 可提高程序的重用性

重用是提高软件开发效率的最主要的方法。传统的面向过程的结构化程序设计的重用技术是利用标准函数库,但是标准函数库缺乏必要的"柔性",不能适应不同应用场合的不同需要,库函数往往仅提供最基本的、最常用的功能,在开发一个新的软件系统时,大部分函数仍需要开发者自己编写,甚至绝大部分函数都是新编的。

面向对象程序设计能比较好地解决软件重用的问题。对象所固有的封装性和信息隐藏等机理,使得对象内部的实现与外界隔离,具有较强的独立性,它可以作为一个大粒度的程序构件,供同类程序直接使用。

有两种方法可以重复使用一个对象类:一种方法是建立在各种环境下都能使用的类库或对象集,供相关程序直接使用;另一种方法是从它派生出一个满足当前需要的新类。继承性机制使得子类不仅可以重用其父类的数据和程序代码,而且可以在父类代码的基础上方便地修改和扩充,这种修改并不影响对原有类的使用。由于可以像使用集成电路(IC)构建计算机硬件那样,比较方便地重用对象类来构造软件系统,因此有人把对象类称为"软件IC"。

2. 可控制程序的复杂性

传统的程序设计方法忽略了数据和操作之间内在联系,把数据与其操作分离,于是存在使用错误的数据调用正确的程序模块,或使用正确的数据调用错误的程序模块的危险。使数据和操作保持一致,控制程序的复杂性,是程序员的沉重的负担。面向对象程序设计采用了封装和信息隐藏技术,把数据及对数据的操作放在一个个类中,作为相互依存、不可分割的整体来处理。这样,在程序中任何要访问这些数据的地方都只需简单地通过传递信息和调用方法来进行,这就有效地控制了程序的复杂性。

3. 可改善程序的可维护性

用传统程序设计语言开发出来的软件很难维护,是长期困扰人们的严重问题,是软件危机的突出表现。但面向对象程序设计方法所开发的软件可维护性较好。在面向对象程序设计中,对对象的操作只能通过消息传递来实现,所以只要消息模式即对应的方法界面不变,方法体的任何修改不会导致发送消息的程序修改,这显然对程序的维护带来了方便。另外,类的封装和信息隐藏机制使得外界对其中的数据和程序代码的非法操作成为不可能,这也就大大地减少了程序的错误率。

4. 能够更好地支持大型程序设计

在开发一个大型系统时,应对任务进行清晰的、严格的划分,使每个程序员了解自己要做的工作以及与他人的接口,使每个程序员可以独立地设计、调试自己负责的模块,使各个模块能够顺利地应用到整个系统中去。

类是一种抽象的数据类型,所以类作为一个程序模块,要比通常的子程序的独立性强得多,面向对象技术在数据抽象上又引入了动态连接和继承性等机制,进一步发展了基于数据抽象的模块化设计,使其更好地支持大型程序设计。

5. 增强了计算机处理信息的范围

面向对象程序设计方法模拟人类习惯的解题方法,代表了计算机程序设计的新颖的思维方法。这种方法把描述事物静态属性的数据结构和表示事物动态行为的操作放在一起构成一个整体,完整地、自然地表示客观世界中的实体。

用类来直接描述现实世界中的类型,可使计算机系统的描述和处理对象从数据扩展到现实世界和思维世界的各种事物,这实际上大大扩展了计算机系统处理的信息量和信息类型。

6. 能很好地适应新的硬件环境

面向对象程序设计中的对象、消息传递等思想和机制,与分布式、并行处理、多机系统及网络等硬件环境也恰好相吻合。面向对象程序设计能够开发出适应这些新环境的软件系统。面向对象的思想也影响到计算机硬件的体系结构,现在已在研究直接支持对象概念的面向对象计算机。这样的计算机将会更适合于面向对象程序设计,更充分地发挥面向对象技术的威力。

由于面向对象程序设计的上述优点,面向对象程序设计是目前解决软件开发面临难题的最有希望、最有前途的方法之一。

1.3　面向对象程序设计的语言

1.3.1　面向对象程序设计语言的发展概况

为了适应高科技发展的需要,为了消除传统程序设计的局限性,自 20 世纪 70 年代以来研制出了各种不同的面向对象程序设计语言。现在公认的第一个真正面向对象程序设计语言是 Smalltalk。它是由美国的 Xerox 公司于 20 世纪 70 年代初研制的。该语言第一次使用了"面向对象"的概念和程序风格,开创了面向对象程序设计的新范型,被誉为面向对象程序设计语言发展的里程碑。

面向对象语言的出现并非偶然,它是程序设计语言发展的必然结果。事实上,20 世纪 60 年代研制出来的 Simula 语言已经引入了几个面向对象程序设计中的概念和特性。Smalltalk 中类和继承的概念就是源于 Simula 语言,它的动态联编(聚束)的概念和交互式开发环境的思想则来自于 20 世纪 50 年代诞生的 LISP 语言,其信息隐藏与封装机制则可以看做 20 世纪 70 年代出现的 CLU 语言、Modula-2 语言及 Ada 语言数据抽象机制的进一步发展。

Smalltalk 的问世,标志着面向对象程序设计语言的正式诞生。20 世纪 80 年代以来,面向对象语言得到飞速发展,形形色色的面向对象语言如雨后春笋般地出现。这时候,面向对象程序设计语言朝着两个方向发展：一个方向是朝着纯面向对象语言发展，如继 Smalltalk 之后，又出现了 Eiffel、SELF 等语言；另一个方向是朝着混合型面向对象语言发展，如将过程型与面向对象结合产生了诸如 C++、Objective-C、Object Pascal、Object Assembler、Object logo 等一大批语言，将函数型(LISP)与面向对象结合产生了诸如 LOOPS、Flavors、CLOS 等语言，将逻辑型(PROLOG)与面向对象结合产生了诸如 SPOOL、Orient 84K 等语言。此外，还有一批面向对象的并发程序设计语言也相继出现，如 ABCL、POOL、PROCOL 等。我们将要学习的 C++ 就是一种面向过程与面向对象相结合的语言。

当前新推出的程序设计语言和软件平台几乎都是面向对象的或基于对象的。例如我们熟知的 BC++、VC++、VB、Power Builder、Windows 以及现在流行的网上编程语言 Java 等。这些语言和软件平台把 OOP 的概念和技术与数据库、多媒体、网络等技术融为一体，成为新一代的软件开发工具与环境。它们的出现标志着 OOP 已全面进入软件开发的主战场，成为软件开发的主力军。

1.3.2 几种典型的面向对象程序设计语言

1. Smalltalk 语言

Smalltalk 是公认的第一个真正的面向对象程序设计语言，它体现了纯正的面向对象程序设计思想。Smalltalk 中的一切元素都是对象，如数字、符号、串、表达式、程序等都是对象。类也是对象，类是元类的对象。该语言从本身的实现和程序设计环境到所支持的程序设计风格，都是面向对象的。

但由于早期版本的 Smalltalk 是基于 Xerox 的称为 Alto 的硬件平台而开发的，再加上它的动态联编的解释执行机制导致的低运行效率，使得该语言并没有得到迅速的推广应用。Smalltalk 经过不断改进，直到 1981 年推出了 Smalltalk-80 以后，情况才有所改观。当前最流行的版本仍是 Smalltalk-80。另外，Digitalk 公司于 1986 年推出的 Smalltalk/v 是运行在 IBM PC 系列机的 DOS 环境下的一个 Smalltalk 版本。

Smalltalk 被认为是最纯正、最具有代表性的面向对象程序设计语言，它在面向对象程序设计乃至面向对象技术中扮演着不可取代的重要角色。

2. Simula 语言

Simula 语言是 20 世纪 60 年代开发出来的，在 Simula 中已经引入了几个面向对象程序设计语言中最重要的概念和特性，如数据抽象的概念、类机构和继承性机制。Simula 67 是具有代表性的一个版本，20 世纪 70 年代发展起来的 CLU、Ada、Modula-2 等语言是在它的基础上发展起来的。

3. C++ 语言

为了填补传统的面向过程程序设计与面向对象程序设计之间的鸿沟，使人们能从习惯了的面向过程程序设计平滑地过渡到面向对象程序设计，人们对广泛流行的 C 语言进行扩充，开发了 C++ 语言。我们将在以后的章节进行详细介绍。

4. Java 语言

Java 语言是由 SUN 公司的 J. Gosling、B. Joe 等人在 20 世纪 90 年代初开发出的一种面向对象的程序设计语言。Java 是一个广泛使用的网络编程语言。首先,作为一种程序设计语言,它简单、面向对象、不依赖于机器结构,具有可移植性、鲁棒性和安全性,并且提供了并发的机制,具有很高的性能;其次,它最大限度地利用了网络,Java 的应用程序(APPlet)可在网络上传输;另外,Java 还提供了丰富的类库,使程序设计者可以很方便地建立自己的系统。

5. C#语言

C#语言是由 Microsoft 公司于 2000 年 6 月 26 日对外正式发布的。C#语言从C/C++语言继承发展而来,是一个全新的、面向对象的、现代的编程语言。C#语言可以使广大程序员更加容易地建立基于 Microsoft.NET 平台,以 XML(扩展标识语言)为基础的因特网服务应用程序。用 C#语言编写的应用程序可以充分利用.NET 框架体系带来的各种优点,完成各种各样高级的功能,例如用来编写基于通用网络协议的 Internet 服务软件,也可以编写 Windows 图形用户界面程序,还可以编写各种数据库、网络服务应用程序。

习　　题

【1.1】　什么是面向对象程序设计?

【1.2】　什么是对象?什么是类?对象与类的关系是什么?

【1.3】　现实世界中的对象有哪些特征?请举例说明。

【1.4】　什么是消息?消息具有什么性质?

【1.5】　什么是抽象和封装?请举例说明。

【1.6】　什么是继承?请举例说明。

【1.7】　若类之间具有继承关系,则它们之间具有什么特征?

【1.8】　什么是单继承、多继承?请举例说明。

【1.9】　什么是多态性?请举例说明。

【1.10】　面向对象程序设计的主要优点是什么?

第 2 章 C++ 概述

2.1 C++ 的起源和特点

2.1.1 C++ 的起源

C++ 是从 C 语言发展演变而来的。C 语言是 1972 年由 D. M. Richie 在美国贝尔实验室设计的一个通用目的程序设计语言,它的前身是 B 语言。C 语言最初用作 UNIX 操作系统的描述语言。开发者希望它功能强、性能好,能像汇编语言那样高效、灵活,又能支持结构化程序设计。由于这一追求的实现并随着 UNIX 的成功和广泛使用,C 语言被介绍于世并立即赢得了青睐,到了 20 世纪 80 年代已经广为流行,成为一种应用最广泛的程序设计语言。

C 语言具有许多优点,如语言简洁灵活,运算符和数据结构丰富,具有结构化控制语句,程序执行效率高,同时具有高级语言与汇编语言的优点等。但是 C 语言也存在着一些局限性,主要有:

(1) C 语言的类型检查机制相对较弱,这使得程序中的一些错误不能在编译阶段由编译器检查出来。

(2) C 语言本身几乎没有支持代码重用的语言结构。

(3) C 语言是一个面向过程的编程语言,不能满足运用面向对象方法开发软件的需要。C 语言不适合开发大型程序,当程序的规模达到一定的程度时,程序员就很难控制程序的复杂性。

C++ 正是为了解决上述问题而设计的。C++ 是美国贝尔实验室的 Bjarne Stroustrup 博士及其同事于 20 世纪 80 年代初在 C 语言的基础上开发成功的。C++ 继承了 C 的原有精髓,如高效率、灵活性,扩充增加了对开发大型软件颇为有效的面向对象机制,弥补了 C 语言不支持代码重用、不适宜开发大型软件的不足,成为一种优秀的既支持面向过程程序设计,又支持面向对象程序设计的混合型的程序设计语言。

最初的 C++ 被称为"带类的 C",1983 年正式取名为 C++,这是为了强调它是 C 的增强版,采用了 C 语言中的自加运算符"++"。1985 年由 Bjarne Stroustrup 编写的《C++ 程序设计语言》一书出版,标态着 C++ 1.0 版本的诞生。此后,贝尔实验室又分别推出了 C++ 2.0 版本、C++ 3.0 版本和 C++ 4.0 版本。

C++ 语言的标准化工作从 1989 年开始,于 1994 年制定了 ANSI C++ 标准草案,以后又经过不断完善,于 1998 年 11 月被国际标准化组织(ISO)批准为国际标准(ISO/IEC 14882)。C++ 就是这样在不断的发展和完善中走过了 20 多年的历史。至今,它仍然是一种充满活力的程序设计语言。

2.1.2　C++语言的特点

C++语言的主要特点表现在两个方面,一是全面兼容C,并对C的功能作了不少扩充,二是增加了面向对象的机制。具体表现为以下几个方面:

(1) C++是C的超集,C++保持与C的兼容,这就使许多C代码不经修改就可以为C++所用,用C编写的众多的库函数和实用软件可以用于C++中。

(2) C++是一个更好的C,它保持了C的简洁、高效和接近汇编语言等特点,并对C的功能作了不少扩充。用C++编写的程序比C更安全,可读性更好,代码结构更为合理。

(3) 用C++编写的程序质量高,从开发时间、费用到形成的软件的可重用性、可扩充性、可维护性和可靠性等方面有了很大的提高,使得大中型的程序开发变得更加容易。

(4) 增加了面向对象的机制,C++几乎支持所有的面向对象程序设计特征,体现了近20年来在程序设计和软件开发领域出现的新思想和新技术,这主要包括:

① 抽象数据类型;
② 封装与信息隐藏;
③ 以继承方式实现程序的重用;
④ 以函数重载、运算符重载和虚函数来实现多态性;
⑤ 以模板来实现类型的参数化。

C++语言最有意义的方面是支持面向对象的特征,然而,由于C++与C保持兼容,使得C++不是一个纯正的面向对象的语言,C++既可用于面向过程的结构化程序设计,也可用于面向对象的程序设计。如果读者已经有C语言或其他面向过程高级语言的编程经验,那么学习C++语言时应该着重学习它的面向对象的特征。本书着重介绍C++面向对象程序设计的基本知识。

2.2　C++源程序的构成

2.2.1　简单的C++程序

下面给出一个简单的两数相加的C++程序,以便读者对C++程序的格式有一个初步的了解。

例2.1　计算两个整数之和。

```
//sum.cpp
#include<iostream>                    //编译预处理命令
using namespace std;                  //使用命令空间std
int main()                            //主函数首部
{ int x,y,sum;                        //定义3个整型变量
    cout<<"Please input two integers:"<<'\n';  //提示用户由键盘输入两个整数
```

```
        cin>>x;                        //从键盘输入变量 x 的值
        cin>>y;                        //从键盘输入变量 y 的值
        sum=x+y;                       //将 x+y 的值赋给整型变量 sum
        cout<<"x+y="<<sum<<endl;       //输出两个整数的和 sum
        return 0;                      //如程序正常结束,向操作系统返回一个数值 0
    }
```

本程序用来计算两个整数的和。这个程序非常简单,仅由一个主函数 main 构成。标准 C++要求在主函数前面写上返回值类型为 int。若一个函数没有指出返回值类型,C++默认该函数的返回值类型是 int 型。

程序的第 1 行是 C++风格的注释行,它由"//"开始,到行尾结束,这条注释行注明了本程序的文件名为 sum.cpp。在程序中可以看到,以"//"开头的注释可以不单独占一行,它可以出现在一行中的语句之后,编译器将"//"以后到本行末尾的所有字符都作为注释。

程序的第 2 行"#include <iostream>"是编译预处理命令。第 3 行"using namespace std;"是使用命名空间 std 的指令。我们将在后面进行介绍。

程序的第 6 行 cout 和"<<"的作用是将字符串"Please input two integers:"在屏幕上显示出来,"\n"是换行符,即输出上述信息后回车换行。

第 7 行和第 8 行中 cin 和">>"的作用是,把从键盘输入的两个整数值分别赋给变量 x 和 y。

第 9 行赋值语句用来计算 x 与 y 的和,并将 x+y 的值赋给整型变量 sum。

第 10 行先输出字符串"x+y=",然后输出 sum 的值。其中,"endl"是输出操纵符,其作用与"\n"相同,表示本行结束换行。程序的一次运行情况如下:

```
Please input two integers:
3↙
5↙
x+y=8
```

从例 2.1 中可以看出,第 6、7、8、10 行 4 个语句中的关键字 cin、cout 及运算符"<<" ">>"在 C 语言中是没有的。它们正是 C++提供的新的输入输出方式。其中 cin 称为标准输入流对象,cout 是标准输出流对象,它们都是 C++系统定义的对象。">>"是提取运算符(也称输入运算符),"<<"是插入运算符(也称输出运算符)。表达式

    cout<<数据

表示把数据写到输出流对象 cout(可理解为屏幕)上。表达式

    cin>>变量

表示从输入流对象输入 cin(可理解为键盘)读数据到变量中。

关于输入流对象和输出流对象的概念将在后面介绍。在此读者只要知道用"cin>>"和"cout<<"就可以分别实现输入和输出就可以了。为了便于理解,我们把用 cin 和">>"实现输入的语句简称为 cin 语句,把用 cout 和"<<"实现输出的语句简称为 cout 语句。

程序的第 2 行"#include <iostream>"是编译预处理命令,用来指示编译器在对程序进行预处理时,将文件 iostream 的代码嵌入到程序中该指令所在的地方。iostream 是 C++系统定义的一个头文件,在这个文件中声明了程序所需要的输入和输出操作的有关信息。流

对象 cin、cout 及运算符"<<"">>"的定义,均包含在文件 iostream 中。由于这类文件常被嵌入在程序开始处,所以称为头文件。

程序的第 3 行"using namespace std;"是针对命名空间 std 的指令,意思是使用命名空间 std。使用命名空间 std 可保证对 C++ 标准库操作的每一个特性都是惟一的,不至于发生命名冲突。关于命名空间的概念,将在第 7 章介绍,现在读者只需知道:使用"#include <iostream>"命令的同时,必须加上"using namespace std;",否则编译时将出错。

由于 C++ 是从 C 语言发展而来的,为了与 C 兼容,C++ 保留了 C 语言中的一些规定。例如,在 C 语言中头文件用".h"作为后缀,如 stdio.h、math.h 等。为了与 C 语言兼容,许多 C++ 早期版本(例如VC++ 4.1 以前的版本)的编译系统头文件都是"*.h"形式,如 iostream.h 等。但后来 ANSI C++ 建议头文件不带后缀".h"。近年推出的 C++ 编译系统新版本则采用了 C++ 的新方法,头文件名不再有".h"扩展名,如采用 iostream、cmath 等。但为了使原来编写的 C++ 程序能够运行,在程序中,既可以选择使用旧版本的带后缀".h"的头文件,也可以使用新的不带后缀".h"的头文件。因此,如果使用 Visual C++ 6.0 调试程序,例 2.1 也可以写成以下的形式:

```
//sum.cpp
#include<iostream.h>                    //带后缀.h 的头文件
int main()                              //主函数首部
{ int x, y, sum;                        //定义 3 个整型变量
  cout <<"Please input two integers:"<<'\n';
                                        // 提示用户由键盘输入两个整数
  cin>>x;                               //从键盘输入变量 x 的值
  cin>>y;                               //从键盘输入变量 y 的值
  sum=x+y;                              //将 x+y 的值赋给整型变量 sum
  cout<<"x+y="<<sum<<endl;              //输出两个整数的和 sum
  return 0;                             //如程序正常结束,向操作系统返回一个数值 0
}
```

由于在这个程序中采用了带后缀".h"的头文件,这时就不需要用"using namespace std;"作声明了。

虽然两种头文件的说明方法同时并存,但是一定要注意,两种头文件不能混用。比如,若已经包含头文件 iostream,那么就不能再包含一个 math.h,而要代之以新的头文件 cmath。

2.2.2 C++ 程序的结构特性

例 2.1 是 C++ 的一个简单程序,可以使读者对 C++ 程序的格式有一个初步的了解,但是严格地说,例 2.1 并没有真正体现出 C++ 面向对象程序的风格。一个面向对象的 C++ 程序一般由类的声明和类的使用两大部分组成。即

面向对象程序 { 类的声明部分
              类的使用部分

类的使用部分一般由主函数及有关子函数组成。例 2.2 就是一个典型的 C++ 程序的框架结构,引入本例的目的是使读者对 C++ 面向对象程序的基本框架有一个初步的印象,

我们将在以后的章节中详细介绍。

例 2.2　C++程序的结构特性示例。

```
#include<iostream>           //编译预处理命令
using namespace std;         //使用命令空间 std
class A{                     //声明一个类,类名为 A
    int x,y,z;               //声明类 A 的数据成员
    ⋮
    fun(){ ⋮ }               //声明类 A 的成员函数 fun
    ⋮
};
int main()
{
    A a;                     //定义类 A 的一个对象 a
    ⋮
    a.fun();                 //调用对象 a 的成员函数 fun
    return 0;
}
```

右侧花括号标注：类的声明部分（前半部分），类的使用部分（后半部分）

在C++程序中,程序设计始终围绕"类"展开。通过声明类,构建了程序所要完成的功能,体现了面向对象程序设计的思想。在例2.2中首先声明了类A,然后在主函数中创建了类A的对象a,通过向对象a发送消息,调用成员函数fun(),完成了所需要的操作。

2.2.3　C++程序的编辑、编译、连接和运行

开发C++程序的过程通常包括编辑、编译、连接、运行和调试等步骤。目前有许多软件产品可以帮助我们完成C++程序的开发。例如,在Windows平台下有Microsoft公司的Visual C++和Borland公司的C++ Builder;在Linux平台下有GUN的gcc和gdb等。读者可以使用不同的C++编译系统,在不同的环境下编译和运行C++程序。C++程序的编辑、编译及运行方法和过程与C语言基本一样,学过C语言上机操作的读者几乎不需要专门学习就可以完成C++的上机操作过程。但需要注意的是,C源程序文件扩展名为".c",而C++源程序文件扩展名为".cpp"。Visual C++ 6.0等C++开发环境都带有C和C++两种编译器,当源程序文件扩展名为".c"时,启动C编译器;当源程序文件扩展名为".cpp"时启动C++编译器。

在本书的配套参考书《C++面向对象程序设计教程(第4版)习题解答与上机指导》一书中详细介绍了C++上机实验的环境、上机实验的内容以及本教材各章节中全部习题的参考答案等,读者可以参阅。

2.3　C++在非面向对象方面的扩充

C++是从C发展而来,C程序中的表达式、语句、函数和程序的组织方法等在C++中仍可以使用。C++对C语言注入了面向对象的新概念,同时也增加了一些非面向对象的新特

性,这些新特性使C++程序比C程序更简洁或更安全。本章介绍C++对C的非面向对象特性的扩充,从第3章开始介绍C++在面向对象方面的一些功能。

2.3.1 注释行

在C语言中,用"/*"及"*/"作为注释分界符号,例如:

```
/* This is
   a test */
```

C++除保留了这种注释方式外,还提供了一种更有效的注释方式,该注释以"//"开始,到行尾结束。例如以下两条语句是等价的:

```
x=y+z;              /* This is a comment */
x=y+z;              //This is a comment
```

C++的"//……"注释方式特别适合于注释内容不超过一行的注释,它可以出现在一行中的语句之后,编译系统将"//"以后到本行末尾的所有字符都作为注释。这种注释方法灵活方便,很受编程人员的欢迎。

说明:

(1) 以"//"开始的注释内容只在本行起作用。因此当注释内容分为多行时,通常用/*……*/方式;如果用"//"方式,则每行都要以"//"开头。

(2) "/*……*/"方式的注释不能嵌套,但它可以嵌套"//"方式的注释,例如:

```
/* This is a multiline comment.
   inside of which // is nested a single_line comment
   Here is the end of the multiline comment. */
```

2.3.2 C++的输入输出

在C中进行输入输出操作时,常使用函数scanf和printf。例如:

```
int i;
float f;
  ⋮
scanf("%d",i);
printf("%f",f);
```

C++除了可以照常使用这两个函数进行输入输出外,还增加了标准输入流对象cin和标准输出流对象cout来进行输入和输出。使用cin和cout进行输入输出更安全和更方便,上面的程序段可以写为:

```
int i;
float f;
  ⋮
```

```
cin>>i;
cout<<f;
```

这里的 cin 是标准的输入流对象,在程序中用于代表标准输入设备,通常指键盘。运算符"`>>`"在C++中仍保持 C 中的"右移"功能,但用于输入时扩充了其功能,表示将从标准输入流对象 cin(即键盘)读取的数值传送给右方指定的变量。cin 必须与输入运算符"`>>`"配套使用,请看下面的语句:

```
cin>>x;
```

此时,用户从键盘输入的数值会自动地转换为变量 x 的类型,并存入变量 x 内。x 必须是基本数据类型,而不能是 void 类型。

运算符"`>>`"允许用户连续输入一连串数据,例如:

```
cin>>a>>b>>c;
```

它按书写顺序从键盘上提取所要求的数据,并存入对应的变量中。两个数据间用空白符(空格、回车或 Tab 键)分隔。

cout 是标准输出流对象,在程序中用于代表标准输出设备,通常指屏幕。运算符"`<<`"在 C++ 中仍保持 C 中的"左移"操作,但用于输出时扩充了其功能,表示将右方变量的值写到标准输出流 cout 对象中,即显示在屏幕上。cout 必须与输出运算符"`<<`"配套使用,例如执行下面的语句后:

```
cout<<y;
```

变量 y 的值将显示在屏幕上。y 必须是基本数据类型,而不能是 void 类型。

运算符"`<<`"允许用户连续输出一连串数据,也可以输出表达式的值,例如:

```
cout<<a+b<<c;
```

它按书写顺序将"a+b"和 c 的值输出到屏幕上。

说明:

(1) 使用 cin 或 cout 进行 I/O 操作时,在程序中必须嵌入头文件 iostream,否则编译时要产生错误。下面是一个完整的C++程序。

例 2.3 cin 和 cout 的使用。

```cpp
#include<iostream>
using namespace std;
int main()
{ char name[20];
  cout<<"Hello,your name:"<<endl;
  cin>>name;
  cout<<"My name is  "<<name;
  return 0;
}
```

程序运行结果如下：

```
Hello,your name:
Xiaolin↙
My name is Xiaolin
```

(2) 在C++程序中，仍然可以沿用传统的 stdio 函数库中的 I/O 函数，如 printf 函数、scanf 函数或其他的 C 输入输出函数，但只有使用"cin>>"和"cout<<"才能显示C++的输入和输出风格。输入或输出时，cin 和>>、cout 和<<要配套使用。

(3) 使用"cin>>"可以连续输入多个数据，但由于用户常常忘记用空白符（一个空格、一个回车或一个 Tab 键）来分隔两个数值，容易造成输入混乱，因此使用时应加以注意。

(4) 前面用 cout 和 cin 输出输入数据时，全部使用了系统默认的格式。实际上，我们也可以对输入和输出格式进行控制。例如可用不同进制的方式显示数据，这时就要用设置转换基数的操纵符 dec、hex 和 oct。其中 dec 把转换基数设置为十进制，hex 把转换基数设置为十六进制，oct 把转换基数设置为八进制，默认的转换基数是十进制。请看下面的例子。

例 2.4 操纵符 dec、hex 和 oct 的使用。

```cpp
#include<iostream>
using namespace std;
int main()
{ int x=25;
  cout<<hex<<x<<' '<<dec<<x<<' '<<oct<<x<<'\n';
  return 0;
}
```

程序运行结果如下：

```
19   25   31
```

分别代表十六进制的 25、十进制的 25 及八进制的 25。

(5) 在 C 中，常用 '\n' 实现换行，C++ 中增加了换行操纵符 endl，其作用与 '\n' 一样。例如以下两个语句的操作是等价的：

```cpp
cout<<"x="<<x<<endl;
cout<<"x="<<x<<'\n';
```

2.3.3 灵活的局部变量说明

在 C 语言程序中，全局变量声明必须在任何函数之前，局部变量必须集中在可执行语句之前。而C++ 的变量声明非常灵活，它允许变量声明与可执行语句在程序中交替出现。这样，程序员就可以在使用一个变量时才声明它。例如在 C 中，下面的函数 f 是不正确的：

```c
f()
{ int i;
  i=10;
  int j;
  j=25;
```

```
        ︙
}
```

由于在函数 f 中可执行语句"i=10;"插在两个变量说明之间,C 编译时将指示有错,并中止对函数 f 的编译。但在 C++ 中,以上程序段是正确的,编译时不会出错。

C++ 允许在代码块中的任何地方说明局部变量,它所说明的变量从其说明点到该变量所在的最小分程序末的范围内有效。需要强调的是,局部变量的说明一定要符合"先定义、后使用"的规定。

说明:

关于局部变量在什么位置说明为好,C++ 编程人员众说不一。有人认为所有变量说明集中放在块首,有利于维护时迅速找到变量说明的地方;另一些人认为变量应在使用前才说明,有助于避免局部变量说明不当而产生的副作用,并且避免了在修改程序时必须回到块首查看和修改,有利于节省时间。

通常认为:在大函数中,在最靠近使用变量的位置说明变量较为合理;而在较短的函数中,把局部变量集中在函数开始处说明较好。

2.3.4 结构名、联合名和枚举名可直接作为类型名

在 C++ 中,结构名、联合名、枚举名可直接作为类型名。在定义变量时,不必在结构名、联合名或枚举名前冠以 struct、union 或 enum,例如:

```
enum Bool{FALSE,TRUE};
struct String{
  char * ptr;
  int length;
};
```

在定义变量时,可以说明为:

```
Bool done;                    //不必在枚举名前冠以关键字 enum
String str;                   //不必在结构名前冠以关键字 struct
```

但是在传统的 C 语言中,必须写成:

```
enum Bool done;
struct String str;
```

2.3.5 const 修饰符

在 C 中,习惯使用 #define 来定义常量,例如:

```
#define LIMIT 100
```

实际上,这种方法只是在预编译时进行字符置换,把程序中出现的标识符 LIMIT 全部置换为 100。在预编译之后,程序中不再有 LIMIT 这个标识符。LIMIT 不是变量,没有类

型,不占用存储单元,而且容易出错。

C++提供了一种更灵活、更安全的方式来定义常量,即使用const修饰符来定义常量,例如:

```
const int LIMIT=100;
```

这个常量LIMIT是有类型的,占用存储单元,有地址,可以用指针指向它,但不能修改它。

const的作用与#define相似,但它消除了#define的不安全性。因此C++建议用const取代#define定义常量。例2.5说明了使用#define的不安全性。

例2.5 使用#define的不安全性。

```
#include<iostream>
using namespace std;
int main()
{ int a=1;
  #define  T1 a+a
  #define  T2 T1-T1
  cout<<"T2 is  "<<T2<<endl;
  return 0;
}
```

初看程序,似乎应打印出:

```
T2 is 0
```

但是这个答案是错误的,程序的实际输出结果是:

```
T2 is 2
```

其原因是C++把第7行语句解释成:

```
cout<<"T2 is  "<<a+a-a+a<<endl;
```

如果程序中用const取代了#define,将不会引起这个错误,请看下例。

例2.6 用const取代#define。

```
#include<iostream>
using namespace std;
int main()
{ int a=1;
  int const T1=a+a;
  int const T2=T1-T1;
  cout <<"T2 is"<<T2<<endl;
  return 0;
}
```

程序运行结果如下:

```
T2 is 0
```

显然，这个程序运行的结果是正确的。

const 也可以与指针一起使用，它们的组合情况较复杂，可归纳为 3 种：指向常量的指针、常指针和指向常量的常指针。

(1) 指向常量的指针是指一个指向常量的指针变量，例如：

```
const char * name="chen";            //声明指向常量的指针
```

这个语句的含义为：声明一个名为 name 的指针变量，它指向一个字符型常量，初始化 name 为指向字符串"chen"。

由于使用了 const，不允许改变指针所指地址中的常量，因此以下语句是错误的：

```
name[3]='a';                         //出错，不允许改变指针所指的常量
```

但是，由于 name 是一个指向常量的普通指针变量，不是常指针，因此可以改变 name 所指的地址。例如下列语句是允许的：

```
name="zhang";                        //合法，可以改变指针所指的地址
```

该语句赋给了指针另一个字符串的地址，即改变了 name 的值。

(2) 常指针是指把指针所指的地址，而不是它指向的对象声明为常量，例如：

```
char * const name="chen";            //常指针
```

这个语句的含义为：声明一个名为 name 的指针变量，该指针是指向字符型数据的常指针，用"chen"的地址初始化该常指针。

创建一个常指针，就是创建一个不能移动的固定指针，即不能改变指针所指的地址，但是它所指地址中的数据可以改变，例如：

```
name[3]='a';                         //合法，可以改变指针所指的数据
name="zhang";                        //出错，不能改变指针所指的地址
```

第一个语句改变了常指针所指的数据，这是允许的；但第二个语句要改变指针所指的地址，这是不允许的。

(3) 指向常量的常指针是指这个指针本身不能改变，它所指向的地址中数据也不能改变。要声明一个指向常量的常指针，二者都要声明为 const，例如：

```
const char * const name="chen";      //指向常量的常指针
```

这个语句的含义是：声明了一个名为 name 的指针变量，它是一个指向字符型常量的常指针，用"chen"的地址初始化该指针。不难理解以下两个语句都是错误的：

```
name[3]='a';                         //出错，不能改变指针所指地址中的数据
name="zhang";                        //出错，不能改变指针所指的地址
```

说明：

(1) 如果用 const 定义的是一个整型常量，关键字 int 可以省略。所以下面的两行定义是等价的：

```
const int LIMIT=100;
```

```
const LIMIT=100;
```

（2）常量一旦被建立，在程序的任何地方都不能再更改。

（3）与#define 定义的常量有所不同，const 定义的常量可以有自己的数据类型，这样 C++的编译程序可以进行更加严格的类型检查，具有良好的编译时的检测性。

（4）函数的形参也可以用 const 说明，用于保证形参在该函数内部不被改动，大多数 C++编辑器能对具有 const 参数的函数进行更好的代码优化。例如，希望通过函数 i_Max 求出整型数组 a[200]中的最大值，函数原型是：

```
int i_Max(const int * ptr);
```

调用时的格式可以是：

```
i_Max(a);
```

这样做的目的是确保原数组中的数据不被破坏，即在函数中对数组元素的操作只许读，而不许写。

2.3.6　函数原型

在 C 语言程序中，如果函数调用的位置在函数定义之前，则应在函数调用之前对所调用的函数作声明，对于函数声明的形式，C 语言建议采用函数原型声明，请看下面的例子。

例 2.7　在 C 语言程序中函数原型的声明。

```
#include<stdio.h>
int add(int a, int b);                /*函数原型声明*/
int main()                             /*主函数*/
{ int x, y, sum;                       /*定义3个整型变量*/
  printf("Enter two numbers:\n");      /*提示用户输入两个数的值*/
  scanf("%d",&x);                      /*从键盘输入变量 x 的值*/
  scanf("%d",&y);                      /*从键盘输入变量 y 的值*/
  sum=add(x, y);                       /*调用函数 add,将得到的值赋给变量 sum*/
  printf("x+y=%d",sum);                /*输出两个数的和 sum 的值*/
  return   0;
}
int add(int a,int b)                   /*定义 add 函数,函数值为整型*/
{ int c;                               /*定义一个整型变量*/
  c=a+b;                               /*计算两个数的和*/
  return c;                            /*将 c 的值返回,通过 add 带回调用处*/
}
```

在本例中采用了函数原型对函数 add 进行声明。但这并不是强制性的，在编译时并不是严格要求的。在 C 语言中声明函数原型时，也可以采用简化的声明形式，如下面几种声明的形式都是合法的，都能通过编译。

```
int add(int a,int b);          /*add 函数原型声明*/
```

```
int add();                    /*可以不列出 add 函数的参数表*/
add();                        /*当 add 函数的返回类型是整型时,可以省略 int*/
```

在C++中,如果函数调用的位置在函数定义之前,则要求在函数调用之前必须对所调用的函数作函数原型声明,以说明函数的名称、参数类型与个数,以及函数返回值的类型。其主要目的是让C++编译程序进行检查,以确定调用函数的参数以及返回值类型与事先定义的原型是否相符,以保证程序的正确性。例如:

```
int add(int a,int b);
```

就是函数 add 的原型。

函数原型的语法形式一般为:

返回值类型 函数名(参数表);

函数原型是一条语句,它必须以分号结束。它由函数的返回值类型、函数名和参数表构成。参数表包含所有参数及它们的类型,参数之间用逗号分开。

在程序中,当一个函数的定义在后,而对它的调用在前时,必须将该函数原型声明放在调用语句之前;但当一个函数的定义在前,而对它的调用在后时,一般就不必再单独给出它的原型声明了。因为,这时函数定义的说明部分起到了函数原型声明的作用。例如下面的两个程序段是等价的。

程序段1:
```
int fun(int x,int y);         //函数 fun 的原型声明
                              //该原型也可以放在 main 函数体中的语句 z=fun(4,6)之前
int main()
{ int z;
  z=fun(4,6);                 //调用函数 fun
  return 0;
}
int fun(int x,int y)          //定义函数 fun
{
  ⋮
}
```

程序段2:
```
int fun(int x,int y)          //定义函数 fun
{
  ⋮
}
int main()
{ int z;
  z=fun(4,6);                 //调用函数 fun
  return 0;
}
```

说明:

(1) 函数原型的参数表中可不包含参数的名字,而只包含它们的类型。例如以下的函

数原型是完全合法的：

```
long Area(int,int);
```

该原型声明一个返回类型为 long、有两个整型参数、函数名为 Area 的函数。尽管这一结构是合法的，但是加上参数名将使原型更加清楚。例如，带有参数的同一函数原型可以书写成：

```
long Area(int length,int width);
```

这样，可以很清楚地看出，第 1 个参数表示长度，第 2 个参数表示宽度。

（2）函数定义由函数说明和函数体两个部分构成。函数说明部分与函数原型基本一样，但函数说明部分中的参数必须给出参数的名字，而且不能包含结尾的分号，例如：

```
long Area(int length,int width)         //函数的说明部分
{
    ⋮
    return(length * width);
}
```

（3）主函数 main 不必进行原型说明，因为它被看成一个自动说明原型的函数。主函数是第 1 个被执行的函数，而且不存在被别的函数调用的问题。

（4）标准C++要求 main 函数必须声明为 int 型，即要求主函数带回一个整型函数值。C++通常是这样处理的：如果程序正常结束，则在 main 函数的最后加一条语句"return 0;"，向操作系统返回数值 0；如果函数执行不正常，则返回数值 -1。

（5）如果一个函数没有返回值，则必须在函数原型中注明返回类型为 void，这时函数的最后就不必有"return;"之类的返回语句了。需要说明的是：标准C++要求 main 函数声明为 int 型，但是目前使用的C++编译系统并未完全执行C++的这一规定，如果主函数首行写成"void main()"也能通过编译。我们建议读者执行标准C++的这一规定，编写程序时注意在 main 前面加 int，同时在 main 函数的最后加上一条"return 0;"语句。

（6）如果函数原型中未注明参数，C++假定该函数的参数表为空（void）。例如以下的原型说明在C++中是完全一样的：

```
f();                    //表示该函数不带任何参数
f(void);                //表示该函数不带任何参数
```

但是在 C 中，上述两个原型说明是不同的：

```
f(void);                //表示该函数不带任何参数
f();                    //表示该函数的参数信息没有给出，它很可能带有参数
```

2.3.7 内联函数

在函数说明前冠以关键字"inline"，该函数就被声明为内联函数，又称内置函数。每当程序中出现对该函数的调用时，C++编译器使用函数体中的代码插入到调用该函数的语句

处,同时用实参取代形参,以便在程序运行时不再进行函数调用。

为什么要引入内联函数呢？这主要是为了消除函数调用时的系统开销,以提高运行速度。我们知道,在程序执行过程中调用函数时,系统要将程序当前的一些状态信息(例如现场和返回地址等)存到栈中,同时转到函数的代码处去执行函数体语句,这些参数保存与传递的过程中需要时间和空间的开销,使得程序执行效率降低,特别是在程序频繁地调用函数时,这个问题会变得更为严重。下面的程序定义了一个内联函数。

例 2.8 将函数指定为内联函数。

```cpp
#include <iostream>
using namespace std;
inline int box (int i,int j,int k);        //函数原型,注意左端有 inline
int main()
{ int a,b,c,v;
  cin>>a>>b>>c;
  v=box(a,b,c);
  cout<<"a*b*c="<<v<<endl;
  return 0;
}
inline int box (int i,int j,int k)         //定义 box()为内联函数
{ return i*j*k;
}
```

程序运行结果如下：

3 4 5↙   (输入 3、4、5 分别给 a、b、c)
a*b*c=60

由于在定义函数 box 时指定它为内联函数,因此编译系统在遇到函数调用 box(a,b,c)时,就用 box 函数体的代码代替 box(a,b,c),同时将实参替代形参。这样,"v=box(a,b,c)"就被置换成：

```
{   int i=a;
    int j=b;
    int k=c;
    v=i*j*k;
}
```

说明：

(1) 内联函数在第 1 次被调用之前必须进行完整的定义,否则编译器将无法知道应该插入什么代码。

(2) 在内联函数体内一般不能含有复杂的控制语句,如 for 语句和 switch 语句等。

(3) 使用内联函数是一种用空间换时间的措施,若内联函数较长,且调用太频繁时,程序将加长很多。如果将一个复杂的函数定义为内联函数,反而会使程序代码加长很多,增大开销。在这种情况下,多数编译器会自动将其转换为普通函数来处理。通常只有规模很小(一般为 1～5 条语句)而使用频繁的函数才定义为内联函数,这样可大大提高运行速度。

（4）C++的内联函数与C中带参宏定义#define有些相似,但不完全相同。宏定义是在编译前由预编译程序对其预处理的,它只作简单的字符置换而不作语法检查,往往会出现意想不到的错误。请看下面的例子。

例 2.9 使用带参宏定义完成乘 2 的功能。

```
#include<iostream>
using namespace std;
#define doub(x) x*2
int main()
{ for (int i=1;i<=3;i++)
    cout<<i<<"doubled is  "<<doub(i)<<endl;
  cout<<"1+2 doubled is  "<<doub(1+2)<<endl;
  return 0;
}
```

程序运行结果如下:

```
1  doubled is 2
2  doubled is 4
3  doubled is 6
1+2 doubled is 5
```

分析运行结果,可以看出前 3 个结果是正确的。但是第 4 个结果与期望的结果有所差别,期望的结果应该是 6,因为 1+2 加倍后是 6,实际运行的结果却是 5。出现问题的原因是宏定义的代码在程序中是被直接置换的。在上例中,编译程序将第 2 条输出语句解释为:

```
cout<<"1+2 doubled is  "<<1+2*2<<endl;
```

所以这条语句执行的结果为:

```
1+2 doubled is 5
```

使用内联函数替代宏定义,就能消除宏定义的不安全性。内联函数具有带参宏定义的优点而不会出现其副作用。下面的程序表明,在例 2.9 中使用内联函数替代宏定义就能进行正确的运算。

例 2.10 使用内联函数完成乘 2 的功能。

```
#include<iostream>
using namespace std;
inline int doub(int x);
int main()
{ for (int i=1;i<=3;i++)
    cout<<i<<"doubled is  "<<doub(i)<<endl;
    cout<<"1+2 doubled is  "<<doub(1+2)<<endl;
  return 0;
}
inline int doub(int x)
{ return x*2;
}
```

程序运行结果如下:

1 doubled is 2
2 doubled is 4
3 doubled is 6
1+2 doubled is 6

不难看出,此运行结果是正确的。可见,用内联函数和带参宏定义都可以实行置换,但具体做法不同,用内联函数可以达到#define 的置换作用,但不会出现带参宏定义的副作用。显然,内联函数优于带参宏定义。自从有了内联函数后,一般不再用带参宏定义#define 了。

2.3.8　带有默认参数的函数

一般情况下,实参个数应与形参个数相同,但C++允许实参个数与形参个数不同。方法是在说明函数原型时(若没有说明函数的原型,则应在函数定义时),为一个或多个形参指定默认值,以后调用此函数时,若省略其中某一实参,C++自动地以默认值作为相应参数的值。例如有一函数原型说明为:

　　int special(int x=5,float y=5.3);

则 x 与 y 的默认参数值分别为 5 与 5.3。

当进行函数调用时,编译系统按从左向右顺序将实参与形参结合,若未指定足够的实参,则编译系统按顺序用函数原型中的形参默认值来补足所缺少的实参。例如以下的函数调用都是允许的:

　　special(100,79.8)　　　　　　　//x=100,y=79.8
　　special(25)　　　　　　　　　//相当于 special(25,5.3),结果为 x=25,y=5.3
　　special( )　　　　　　　　　　//相当于 special(5,5.3),结果为 x=5,y=5.3

可以看到,在调用带有默认参数的函数时,实参的个数可以与形参不同,实参未给定的,可从形参的默认值得到值。利用这一特性,可以使函数的使用更加灵活。

说明:

(1) 在声明函数时,所有指定默认值的参数都必须出现在不指定默认值的参数的右边。因为实参与形参的结合是从左至右的顺序进行的,第 1 个实参必然与第 1 个形参结合,第 2 个实参必然与第 2 个形参结合……因此指定默认值的参数必须放在形参表列中的最右端,否则出错。例如:

　　int fun(int i,int j=5,int k);

是错误的,因为在指定默认参数的 int j=5 后,不应再说明不带默认参数的 int k。若改为:

　　int fun(int i,int k,int j=5);

则是正确的。

（2）在函数调用时，若某个参数省略，则其后的参数皆应省略而采用默认值。不允许某个参数省略后，再给其后的参数指定参数值。例如不允许出现以下调用：

```
special(,21.5)
```

（3）如果函数的定义在函数调用之前，则应在函数定义中指定默认值。如果函数的定义在函数调用之后，则函数调用之前需要有函数声明，此时必须在函数声明中给出默认值，在函数定义时就不要给出默认值了（因为如果在函数声明与函数定义时都给出默认值，有的C++编译系统会给出"重复指定默认值"的报错信息）。

2.3.9 函数的重载

在传统的C语言中，函数名必须是惟一的，也就是说不允许出现同名的函数。例如，当要求编写求整数、长整型数和双精度数的二次方的函数时，若用C语言来处理，必须编写3个函数，这3个函数的函数名不允许同名。例如：

```
Isquare(int i);          //求整数的二次方
Lsquare(long l);         //求长整型数的二次方
Dsquare(double d);       //求双精度数的二次方
```

当使用这些函数求某个数的二次方时，必须调用合适的函数，也就是说，用户必须记住3个函数，虽然这3个函数的功能是相同的。

在C++中，函数可以重载。这意味着，只要函数参数的类型不同，或者参数的个数不同，或者二者兼而有之，两个或者两个以上的函数可以使用相同的函数名。当两个或者两个以上的函数共用一个函数名时，称为函数的重载。被重载的函数称为重载函数。

由于C++支持函数重载，上面3个求二次方的函数可以起一个共同的名字square，但它们的参数类型仍保留不同。当用户调用这些函数时，编译系统就会根据实参的类型来确定调用哪个重载函数。因此，用户调用求二次方的函数时，只需记住一个square函数，至于调用哪一个重载函数由编译系统来完成。上述例子可以用下面的程序来实现。

例2.11 参数类型不同的函数重载。

```
#include<iostream>
using namespace std;
int square(int i)
{ return i*i;
}
long square(long l)
{ return l*l;
}
double square(double d)
{ return d*d;
}
int main()
{ int i=12;
```

```
    long l=1234;
    double d=5.67;
    cout<<i<<' * '<<i<<'='<<square(i)<<endl;
    cout<<l<<' * '<<l<<'='<<square(l)<<endl;
    cout<<d<<' * '<<d<<'='<<square(d)<<endl;
    return 0;
}
```

程序运行结果如下:

```
12 * 12=144
1234 * 1234=1522756
5.67 * 5.67=32.1489
```

在main函数中3次调用了square函数,实际上是调用了3个不同的函数版本。由系统根据传送的不同参数类型来决定调用哪个函数版本。例如使用square(i)来调用函数,因为i为整型变量,所以C++系统将调用求整数二次方的函数版本。可见,利用重载概念,用户在调用函数时非常方便。

下面是两个参数个数不同的函数重载的例子。

例2.12 参数个数不同的函数重载。

```
#include<iostream>
using namespace std;
int mul(int x,int y)
{ return x * y;
}
int mul(int x,int y,int z)
{ return x * y * z;
}
int main()
{ int a=3,b=4,c=5;
    cout<<a<<' * '<<b<<'='<<mul(a,b)<<endl;
    cout<<a<<' * '<<b<<' * '<<c<<'='<<mul(a,b,c)<<endl;
    return 0;
}
```

程序运行结果如下:

```
3 * 4=12
3 * 4 * 5=60
```

例2.12中的函数mul被重载,这两个重载函数的参数个数是不同的。编译程序根据传送参数的数目决定调用哪一个函数。

说明:

(1) 调用重载函数时,函数返回值类型不在参数匹配检查之列。因此,若两个函数的参数个数和类型都相同,而只有返回值类型不同,则不允许重载。例如:

```
int mul(int x,int y);
double mul(int x,int y);
```

虽然这两个函数的返回值类型不同,但是由于参数个数和类型完全相同,因此 C++ 编译系统无法从函数的调用形式上判断哪一个函数与之匹配。

(2) 函数的重载与带默认值的函数一起使用时,有可能引起二义性,例如有以下两个函数:

```
void Drawcircle(int r=0,int x=0,int y=0);
void Drawcircle(int r);
```

当执行以下的函数调用时

```
Drawcircle(20);
```

编译系统无法确定调用哪一个函数。

(3) 在函数调用时,如果给出的实参和形参类型不相符,C++ 的编译器会自动地做类型转换工作。如果转换成功,则程序继续执行,在这种情况下,有可能产生不可识别的错误。

例如,有两个函数的原型如下:

```
void f_a(int x);
void f_a(long x);
```

虽然这两个函数满足函数重载的条件,但是,如果用下面的数据去调用,就会出现不可分辨的错误:

```
int c=f_a(5.56);
```

这是因为编译器无法确定将 5.56 转换成 int 还是 long 类型的原因造成的。

2.3.10 作用域运算符"::"

通常情况下,如果有两个同名变量,一个是全局的,另一个是局部的,那么局部变量在其作用域内具有较高的优先权,它将屏蔽全局变量。

下面的例子说明了这一点。

例 2.13 全局变量和局部变量同名。

```
#include<iostream>
using namespace std;
int avar=10;                            //全局变量 avar
int main()
{ int avar;                             //局部变量 avar
  avar=25;
  cout<<"avar is   "<<avar<<endl;       //输出局部变量 avar 的值
  return 0;
}
```

程序运行结果如下：

```
avar is 25
```

此时,在 main 函数的输出语句中,使用的变量 avar 是 main 函数内定义的局部变量,因此打印的是局部变量 avar 的值。

如果希望在局部变量的作用域内使用同名的全局变量,可以在该变量前加上"::",此时::avar代表全局变量 avar,"::"称为作用域运算符。

请看下面的例子。

例 2.14 作用域运算符的使用。

```
#include<iostream>
using namespace std;
int avar;
int main()
{
  int avar;
  avar=25;                                    //给局部变量 avar 赋值
  ::avar=10;                                  //给全局变量 avar 赋值
  cout<<"local avar ="<<avar<<endl;           //输出局部变量 avar 的值
  cout<<"global avar ="<<::avar<<endl;        //输出全局变量 avar 的值
  return 0;
}
```

程序运行结果如下：

```
local avar=25
global avar=10
```

从这个例子可以看出,作用域运算符可用来解决局部变量与全局变量的重名问题,即在局部变量的作用域内,可用"::"对被屏蔽的同名全局变量进行访问。

2.3.11 无名联合

在 C 语言中,声明联合(有些书称为共用体)类型的一般形式为：

union 联合类型名
{
　成员表列
};

定义联合变量的一般形式为：

联合类型名 联合变量名：

例如：

```
union  data
{ int i;
```

```
    double d;
} a,b,c;
```

无名联合是C++中的一种特殊联合,它在关键字 union 后面没有给出联合名,它可使一组数据成员共享同一内存地址。如:

```
union
{ int i;
  double d;
} x;
```

在此无名联合中,无名联合变量 x 中的整型成员 i 和双精度型 d 具有相同的存储地址。在访问无名变量时,不能访问无名联合变量,而应该访问联合变量中的成员,例如:

```
x.i             (访问无名联合变量 x 中的整型成员 i)
x.d             (访问无名联合变量 x 中的双精度型成员 d)
```

2.3.12　强制类型转换

在 C 语言表达式中不同类型的数据会自动地转换类型。有时,编程者还可以利用强制类型转换将不同类型的数据进行转换。例如要把一个整型数(int)转换为双精度型数(double),可使用如下的格式:

```
int i=10;
double x=(double)i;
```

C++ 支持这样的格式,但还提供了一种更为方便的类似于函数调用的格式,使得类型转换的执行看起来好像调用了一个函数。上面的语句可改写成:

```
int i=10;
double x=double(i);
```

以上两种方法C++都能接受,但推荐使用后一种方式。

2.3.13　运算符 new 和 delete

C 语言使用函数 malloc 和 free 动态分配内存和释放动态分配的内存。然而C++使用运算符 new 和 delete 能更好、更简单地进行内存的分配和释放。但是,为了与 C 语言兼容,C++ 中仍保留了 malloc 和 free 这两个函数。

运算符 new 用于内存分配的最基本形式为:

指针变量名=new 类型;

在程序运行过程中,运算符 new 从称为堆的一块自由存储区中为程序分配一块与类型字节数相适应的内存空间,并将该块内存的首地址存于指针变量中。例如:

```
int * p;             //定义一个整型指针变量 p
```

```
p=new int;          //new 动态分配存放一个整数的内存空间,并将其首地址赋给指针变量 p
```

运算符 delete 用于释放运算符 new 分配的存储空间。该运算符释放存储空间的基本形式为:

delete 指针变量名;

其中,指针变量保存着 new 分配的内存的首地址。例如:

```
delete p;           //将 new 动态分配内存空间释放(其首地址已存放在指针变量 p 中)
```

下面是使用 new 和 delete 的一个简单例子。

例 2.15 使用 new 和 delete 的简单例子。

```
#include<iostream>
using namespace std;
int main()
{ int * ptr;               //定义一个整型指针变量 ptr
  ptr=new int;             //动态分配一个整型存储空间,并将首地址赋给 ptr
  * ptr=10;
  cout<< * ptr;
  delete ptr;              //释放指针 ptr 指向的存储空间
  return 0;
}
```

程序运行结果如下:

10

该程序定义了一个整型指针变量 ptr,用 new 分配了一块存放一个整数的内存空间,并将首地址赋给指针 ptr,然后在这内存块中赋予初值 10,并将其打印出来。最后释放 ptr 指向的存储空间。

虽然 new 和 delete 完成的功能类似于函数 malloc 和 free,但是它们有以下几个优点:

(1) 使用 malloc 函数时必须使用 sizeof 函数来计算所需要的字节数,而 new 可以根据数据类型自动计算所要分配内存的大小,这就减少了发生错误的可能性。

(2) new 能够自动返回正确的指针类型,而不必像 malloc 函数那样,必须在程序中进行强制类型转换,才能使其返回正确的指针类型。

下面我们对 new 和 delete 的使用再作几点说明:

(1) 使用 new 可以为数组动态分配内存空间,这时需要在类型名后面缀上数组大小。例如:

```
int * pi=new int[10];
```

这时 new 为具有 10 个数组元素的整型数组分配了内存空间,并将其首地址赋给了指针 pi。

使用 new 为多维数组分配空间时,必须提供所有维的大小,如:

```
int * pi=new int[2][3][4];
```

其中第 1 维的界值可以是任何合法的正整数表达式,如:

```
int i=3;
int * pi=new int[i][3][4];
```

(2) new 可在为简单变量分配内存的同时,进行初始化。其基本形式为:

指针变量名=new 类型(初值);

初始值放在"类型"后面的圆括号内。请看下面的例子。

例 2.16 为简单变量分配内存的同时,进行初始化。

```
#include<iostream>
using namespace std;
int main()
{ int * p;
  p=new int(99);              //动态分配内存空间,并将 99 作为初始值赋给它
  cout<< * p;
  delete p;
  return 0;
}
```

但是,new 不能对动态分配的数组存储区进行初始化。

(3) 释放动态分配的数组存储区时,可使用如下的 delete 格式:

delete []指针变量名;

在此指针变量名前只用一对方括号符,无需指出所删除数组的维数和大小。

(4) 使用 new 动态分配内存时,如果没有足够的内存满足分配要求,则动态分配空间失败,有些编译系统将返回空指针 NULL。因此可以对内存的动态分配是否成功进行检查。请看以下例子。

例 2.17 对动态分配是否成功进行检查。

```
#include<iostream>
using namespace std;
int main()
{ int * p;
  p=new int;
  if(!p)
  { cout <<"allocation failure\n";
    return 1;
  }
  * p=20;
  cout << * p;
  delete p;
  return 0;
}
```

若动态分配内存失败,此程序将在屏幕上显示"allocation failure"。内存动态分配成功后不宜变动指针的值,否则在释放存储空间时会引起系统内存管理失败。

(5) 用 new 分配的存储空间不会自动释放，只能通过 delete 释放。因此，要适时释放动态分配的存储空间。

2.3.14 引用

1. 引用的概念

建立引用的作用是为变量另起一个名字，变量的引用通常被认为是变量的别名。当声明了一个引用时，必须同时用另一个变量的名字来将它初始化，即声明它代表哪一个变量，是哪一个变量的别名。这样，对一个引用的所有操作，实际上都是对其所代表的变量的操作，就如同对一个人来说，即使有三四个名字，实际就是同一个人，用这三四个人名所做的事情，其实就是那一个人所做的事情。声明一个引用的格式如下：

类型 & 引用名=已定义的变量名；

例如：

```
int i=5;
int &j=i;              //声明 j 是一个整型变量的引用,用整型变量 i 对它进行初始化
```

在此 j 是一个整型变量的引用，用整型变量 i 对它进行初始化，这时 j 就可看做是变量 i 的引用，即是变量 i 的别名。经过了这样声明后，使用 i 和 j 的作用相同，都代表同一个变量。上述声明中"&"是引用声明符，此时它不代表地址。对变量声明一个引用，并不另外开辟内存单元，变量 i 和引用 j 占用内存的同一位置。当 i 变化时，j 也随之变化，反之亦然。

例 2.18 变量和引用的关系。

```
#include<iostream>
using namespace std;
int main()
{ int i;
  int &j=i;                          //声明 j 是一个整型变量 i 的引用
  i=30;
  cout<<"i="<<i<<"j="<<j<<"\n";       //输出变量 i 和引用 j 的值
  j=80;
  cout<<"i="<<i<<"j="<<j<<"\n";       //输出变量 i 和引用 j 的值
  cout<<"变量 i 的地址:"<<&i<<"\n";    //输出变量 i 的地址
  cout<<"引用 j 的地址:"<<&j<<"\n";    //输出引用 j 的地址
  return 0;
}
```

程序运行结果如下：

```
i=30 j=30
i=80 j=80
变量 i 的地址:0012FF7C
引用 j 的地址:0012FF7C
```

由运行结果可以看出,i 和 j 的值同步更新,且使用内存的同一地址,此例中变量 i 和引用 j 的地址均为 0012FF7C(注意:此地址视实际运行而有所不同)。

说明:

(1) 引用名可以使用任何合法的变量名。除了用作函数的参数或返回类型外,在声明引用时,必须立即对它进行初始化,不能声明完成后再赋值。例如下述声明是错误的。

```
int i;
int &j;                    //错误,没有指定 j 代表哪个变量
j=i;
```

(2) 为引用提供的初始值,可以是一个变量或另一个引用。例如:

```
int i=5;                   //定义整型变量 i
int &j1=i;                 //声明 j1 是整型变量 i 的引用(别名)
int &j2=j1;                //声明 j2 是整型引用 j1 的引用(别名)
```

这样定义后,变量 i 有两个别名:j1 和 j2。

(3) 指针是通过地址间接访问某个变量,而引用是通过别名直接访问某个变量。每次使用引用时,可以不用书写间接运算符"*",因而使用引用可以简化程序。

请看以下的例子。

例 2.19　比较引用和指针的使用方法。

```
#include<iostream>
using namespace std;
int main()
{ int i=15;                              //定义整型变量 i,赋初值为 15
  int *iptr=&i;                          //定义指针变量 iptr,将变量 i 的地址赋给 iptr
  int &rptr=i;                           //声明变量 i 的引用 rptr,rptr 是变量 i 的别名
  cout<<"i is   "<<i<<endl;              //输出 i 的值
  cout<<"*iptr is   "<<*iptr<<endl;      //输出 *iptr 的值
  cout<<"rptr is   "<<rptr<<endl;        //输出 rptr 的值
  i=29;
  cout<<"After changing i to 29 :"<<endl;
  cout<<"i is   "<<i<<endl;              //输出 i 的值
  cout<<"*iptr is   "<<*iptr<<endl;      //输出 *iptr 的值
  cout<<"rptr is   "<<rptr<<endl;        //输出 rptr 的值
  return 0;
}
```

程序运行结果如下:

```
i is 15
*iptr is 15
rptr is 15
After changing i to 29 :
i is 29
*iptr is 29
```

```
rptr is 29
```

从这个程序可以看出,如果要使用指针变量 iptr 所指的变量 i,必须用"*"来间接引用指针;而使用引用 rptr 所代表的变量 i,不必书写间接引用运算符"*"。

(4) 引用在初始化后不能再被重新声明为另一个变量的引用(别名)。例如:

```
int i,k;                //定义 i 和 k 是整型变量
int &j=i;               //声明 j 是整型变量 i 的引用(别名)
j=&k;                   //错误,企图重新声明 j 是整型变量 k 的引用(别名)
```

(5) 并不是任何类型的数据都可以引用,下列情况的引用声明都是非法的。

① 不允许建立 void 类型的引用。例如:

```
void &r=10;             //错误
```

void 只是在语法上相当于一个类型,本质上不是类型,void 的含义是无类型或空类型,任何实际存在的变量都是属于非 void 类型的。

② 不能建立引用的数组。例如:

```
int a[4]="abcd";
int &ra[4]=a;           //错误,不能建立引用数组
```

③ 不能建立引用的引用,不能建立指向引用的指针。引用本身不是一种数据类型,所以没有引用的引用,也没有引用的指针。例如:

```
int n=3;
int &&r=n;              //错误,不能建立引用的引用
int & * p=n;            //错误,不能建立指向引用的指针
```

(6) 可以将引用的地址赋给一个指针,此时指针指向的是原来的变量。例如:

```
int num=50;
int &ref=num;
int * p=&ref;
```

则 p 中保存的是变量 num 的地址。

(7) 尽管引用运算符与地址操作符使用相同的符号"&",但是它们是不一样的。引用仅在声明时带有引用运算符"&",以后就像普通变量一样使用,不能再带"&"。其他场合使用的"&"都是地址操作符。例如:

```
int j=5;
int &i=j;               //声明引用 i,"&"为引用运算符
i=123;                  //使用引用 i,不带引用运算符
int * pi=&i;            //在此,"&"为地址操作符
cout<<&pi;              //在此,"&"为地址操作符
```

2. 引用作为函数参数

C++提供引用,其主要的一个用途就是将引用作为函数的参数。在讨论这个问题之

前,先看一个指针变量作为函数参数的例子。

例 2.20 指针变量作为函数参数的例子。

```cpp
#include<iostream>
using namespace std;
void swap(int *m,int *n)
{ int temp;
  temp=*m;
  *m=*n;
  *n=temp;
}
int main()
{ int a=5,b=10;
  cout<<"a="<<a<<" b="<<b<<endl;
  swap(&a,&b);
  cout<<"a="<<a<<" b="<<b<<endl;
  return 0;
}
```

程序运行结果如下:

a=5 b=10
a=10 b=5

可见,采用指针变量作为函数参数,调用函数 swap 后,a 和 b 的值被交换了。请读者复习 C 语言的有关内容,分析 a 和 b 的值被交换的原因。

除了采用指针变量作为函数参数的方式外,C++ 又提供了引用作为函数参数。请看下面的例子。

例 2.21 引用作为函数参数的例子。

```cpp
#include<iostream>
using namespace std;
void swap(int &m,int &n)        //形参 m 和 n 是整数类型变量的引用
{ int temp;
  temp=m;
  m=n;
  n=temp;
}
int main()
{ int a=5,b=10;
  cout<<"a="<<a<<" b="<<b<<endl;
  swap(a,b);                    //实参 a 和 b 是整型变量,可以通过引用来修改实参 a 和 b 的值
  cout<<"a="<<a<<" b="<<b<<endl;
  return 0;
}
```

程序运行结果如下:

a=5 b=10
a=10 b=5

当程序中调用函数 swap 时,实参 a 和 b 分别初始化引用 m 和 n,所以 m 和 n 分别是变量 a 和 b 的别名,对 m 和 n 的访问就是对 a 和 b 的访问。调用函数 swap 后,引用 m 和 n 的值被交换了,所以变量 a 和 b 的值也随着交换了。

尽管通过引用作为函数参数产生的效果同采用指针变量作为函数参数的效果是一样的,但引用作为函数参数更清楚简单。采用这种方法,函数的形参前不需要间接引用运算符"*",函数调用时实参是变量。C++ 主张采用引用作为函数参数,因为这种方法容易且不易出错。

3. 使用引用返回函数值

使用引用可以返回函数的值,采用这种方法可以将该函数调用放在赋值运算符的左边。请看下面的例子。

例 2.22 使用引用返回函数值。

```
#include<iostream>
using namespace std;
int a[]={1,3,5,7,9};
int &index(int);            //声明函数返回一个整数类型的引用
int main()
{ index(2)=25;              //将函数调用放在赋值运算符的左边,等价于将 a[2]赋值为 25
  cout<<index(2);           //等价于输出数组元素 a[2]的值
  return 0;
}
int &index(int i)
{ return a[i];              //定义函数返回一个整数类型的引用,等价于返回数组元素 a[i]
}
```

程序运行结果如下:

25

除了将函数定义为返回一个引用外,通常一个函数是不能直接用在赋值运算符左边的。本例中,如果将函数 index 定义成:

```
int index(int i)
{ return a[i];}
```

编译时,语句"index(2)=25;"将出错,而语句"cout<<index(2);"可以通过。请读者思考,为什么会发生这种情况?

4. 引用举例

下面再举一个有关应用引用的综合例子。

例 2.23 应用引用的综合例子。

```cpp
#include<iostream>
using namespace std;
int &max(int &num1,int &num2);
int &min(int &num1,int &num2);
int main()
{ int num1,num2;
  cout<<"请输入第 1 个数:";
  cin>>num1;
  cout<<"请输入第 2 个数:";
  cin>>num2;
  max(num1,num2)=0;
  cout<<"\n 找出最大数,然后把最大数赋值为 0 后,两个数分别为:"<<endl;
  cout<<num1<<"和"<<num2<<endl;
  cout<<"现在,请再输入两个数:"<<endl;
  cout<<"请输入第 1 个数:";
  cin>>num1;
  cout<<"请输入第 2 个数:";
  cin<<num2;
  min(num1,num2)=0;
  cout<<"\n 找出最小数,然后把最小数赋值为 0 后,两个数分别为:"<<endl;
  cout<<num1<<"和"<<num2<<endl;
  return 0;
}
int &max(int &num1,int &num2)
{ return (num1>num2)?num1:num2;
}
int &min(int &num1,int &num2)
{ return (num1<num2)?num1:num2;
}
```

程序的一次运行结果为:

请输入第 1 个数: 45↙
请输入第 2 个数: 78↙
找出最大数,然后把最大数赋值为 0 后,两个数分别为:
45 和 0
现在,请再输入两个数:
请输入第 1 个数: 13↙
请输入第 2 个数: 56↙
找出最小数,然后把最小数赋值为 0 后,两个数分别为:
0 和 56

分析以上程序,不难看出,如果没有使用引用返回函数值功能,就不得不把程序中的语句 max(num1,num2)=0 和 min(num1,num2)=0 扩展成多行的 if_else 语句。例如,必须先找出最大数,然后把最大数赋为零;找出最小值的情况也类似。

习　题

【2.1】 简述C++的主要特点。

【2.2】 下面是一个C程序，改写它，使它采用C++风格的I/O语句。

```
#include<stdio.h>
int main()
{ int a,b,d,min;
  printf("Enter two numbers:");
  scanf("%d%d",&a,&b);
  min=a>b?b:a;
  for (d=2; d<min; d++)
    if (((a%d)==0)&&((b%d)==0)) break;
  if (d==min)
  { printf("No common denominators\n");
    return 0;
  }
  printf("The lowest common denominator is %d\n",d);
  return 0;
}
```

【2.3】 测试下面的注释(它在C++风格的单行注释中套入了类似于C的注释)是否有效。

```
//this is a strange /* way to do a comment */
```

【2.4】 以下这个简短的C++程序不可能编译通过，为什么？

```
#include<iostream>
using namespace std;
int main()
{ int a,b,c;
  cout<<"Enter two numbers:";
  cin>>a>>b;
  c=sum(a,b);
  cout<<"sum is:"<<c;
  return 0;
}
sum(int a,int b)
{ return a+b;
}
```

【2.5】 回答问题。

(1) 以下两个函数原型是否等价：

```
float fun(int a,float b,char *c);
```

float fun(int,float,char*);

(2) 以下两个函数的第一行是否等价：

  float fun(int a,float b,char*c)
  float fun(int,float,char*)

【2.6】 下列语句中错误的是( )。
   A. int*p=new int(10);   B. int*p=new int[10];
   C. int*p=new int;   D. int*p=new int[40](0);

【2.7】 假设已经有定义"const char*const name="chen";"下面的语句中正确的是( )。
   A. name[3]='a';   B. name="lin";
   C. name=new char[5];   D. cout<<name[3];

【2.8】 假设已经有定义"char*const name="chen";"下面的语句中正确的是( )。
   A. name[3]='q';   B. name="lin";
   C. name=new char[5];   D. name=new char('q');

【2.9】 假设已经有定义"const char*name="chen";"，下面的语句中错误的是( )。
   A. name[3]='q';   B. name="lin";
   C. name=new char[5];   D. name=new char('q');

【2.10】 重载函数在调用时选择的依据中,( )是错误的。
   A. 函数名字   B. 函数的返回类型
   C. 参数个数   D. 参数的类型

【2.11】 在( )情况下适宜采用内联函数。
   A. 函数代码小,频繁调用   B. 函数代码多,频繁调用
   C. 函数体含有递归语句   D. 函数体含有循环语句

【2.12】 下列描述中,( )是错误的。
   A. 内联函数主要解决程序的运行效率问题
   B. 内联函数的定义必须出现在内联函数第一次被调用之前
   C. 内联函数中可以包括各种语句
   D. 对内联函数不可以进行异常接口声明

【2.13】 在C++中,关于下列设置默认参数值的描述中,( )是正确的。
   A. 不允许设置默认参数值
   B. 在指定了默认值的参数右边,不能出现没有指定默认值的参数
   C. 只能在函数的定义性声明中指定参数的默认值
   D. 设置默认参数值时,必须全部都设置

【2.14】 下面的类型声明中正确的是( )。
   A. int & a[4];   B. int & *p;
   C. int && q;   D. int i,*p=& i;

【2.15】 下面有关重载函数的说法中正确的是( )。
   A. 重载函数必须具有不同的返回值类型

B. 重载函数形参个数必须不同
C. 重载函数必须有不同的形参列表
D. 重载函数名可以不同

【2.16】 关于 new 运算符的下列描述中,(   )是错误的。
A. 它可以用来动态创建对象和对象数组
B. 使用它创建的对象或对象数组可以使用运算符 delete 删除
C. 使用它创建对象时要调用构造函数
D. 使用它创建对象数组时必须指定初始值

【2.17】 关于 delete 运算符的下列描述中,(   )是错误的。
A. 它必须用于 new 返回的指针
B. 使用它删除对象时要调用析构函数
C. 对一个指针可以使用多次该运算符
D. 指针名前只有一对方括号符号,不管所删除数组的维数

【2.18】 写出下列程序的运行结果。

```cpp
#include<iostream>
using namespace std;
int i=15;
int main()
{ int i;
  i=100;
  ::i=i+1;
  cout<<::i<<endl;
  return 0;
}
```

【2.19】 写出下列程序的运行结果。

```cpp
#include<iostream>
using namespace std;
void f(int &m,int n)
{ int temp;
  temp=m;
  m=n;
  n=temp;
}
int main()
{ int a=5,b=10;
  f(a,b);
  cout<<a<<" "<<b<<endl;
  return 0;
}
```

【2.20】 分析下面程序的输出结果。

```
#include<iostream>
using namespace std;
int &f(int &i)
{ i+=10;
  return i;
}
int main()
{ int k=0;
  int &m=f(k);
  cout<<k<<endl;
  m=20;
  cout<<k<<endl;
  return 0;
}
```

【2.21】 举例说明可以使用 const 替代 #define 以消除 #define 的不安全性。

【2.22】 编写一个C++风格的程序，用动态分配空间的方法计算 Fibonacci 数列的前 20 项并存储到动态分配的空间中。

【2.23】 编写一个C++风格的程序，建立一个被称为 sroot() 的函数，返回其参数的二次方根。重载 sroot() 3 次，让它返回整数、长整数与双精度数的二次方根（计算二次方根时，可以使用标准库函数 sqrt()）。

【2.24】 编写一个C++风格的程序，解决百钱问题：将一元人民币兑换成 1、2、5 分的硬币，有多少种换法？

【2.25】 编写一个C++风格的程序，输入两个整数，将它们按由小到大的顺序输出。要求使用变量的引用。

【2.26】 编写C++风格的程序，用二分法求解 $f(x)=0$ 的根。

第 3 章 类 和 对 象

类(class)是面向对象程序设计的最基本的概念,是C++最强有力的特征,是进行封装和数据隐藏的工具,它将数据与操作紧密地结合起来。对象是类的实例,面向对象程序设计中的对象来源于现实世界,更接近人们的思维。本章介绍有关类和对象的基本概念和使用方法。

3.1 类与对象的基本概念

3.1.1 结构体与类

1. 结构体的扩充

结构体是C语言的一种自定义的数据类型,在结构体中可以含有各种不同类型的数据。C++语言对结构体类型进行了扩充,它不仅可以含有不同类型的数据,而且还可以含有函数。例如下面声明了一个扩充的结构体Complex:

```
struct Complex{                    //声明了一个名为Complex的结构体
    double real;                   //复数的实部
    double imag;                   //复数的虚部
    void init (double r,double i)  //定义函数init,给real和imag赋初值
    { real=r;
      imag=i;
    }
    double abscomplex()            //定义函数abscomplex,求复数的绝对值
    { double t;
      t=real*real+imag*imag;
      return sqrt(t);
    }
};
```

在这个声明为Complex的结构体中,含有两个双精度数据real和imag,分别代表复数的实数部分和虚数部分,另外含有两个属于结构体的函数:init和abscomplex。函数init用于给real及imag赋初值,函数abscomplex用于计算和返回复数的绝对值。

结构体中的数据和函数都是结构体的成员,在C++中,通常把结构体中的数据称为数据成员,把函数称为成员函数。在这个结构体中,real和imag是数据成员,函数init和abscomplex是成员函数。为了访问这些成员函数,必须先定义该结构体类型的变量,然后

像访问结构体中的数据一样进行访问。

以下是这个例子的完整程序。

例 3.1 用扩充的结构体类型求复数的绝对值。

```cpp
#include<iostream>
#include<cmath>
using namespace std;
struct Complex{                       //声明了一个名为 Complex 的结构体类型
 double real;                         //数据成员,复数的实部
 double imag;                         //数据成员,复数的虚部
 void init(double r,double i)         //成员函数,给 real 和 imag 赋初值
 { real=r; imag=i; }
 double abscomplex()                  //成员函数,求复数的绝对值
 {
  double t;
  t=real*real+imag*imag;
  return sqrt(t);
 }
};
int main()
{ Complex   A;                        //定义结构体 Complex 的变量 A
  A.init(1.1,2.2);                    //调用成员函数 init,给 real 和 imag 赋初值
  cout<<"复数的绝对值是:"<<A.abscomplex()<<endl;   //调用成员函数 abscomplex
  return 0;
}
```

程序运行结果如下:

复数的绝对值是:2.45967

2. 类的声明

C++ 提供了一种比结构体类型更安全有效的数据类型——类。类与结构体的扩充形式十分相似,例如,上面的结构体类型 Complex 可以用类改写如下:

```cpp
class Complex{                        //用关键字 class 取代结构体的 struct
                                      //声明了一个名为 Complex 的类
 double real;                         //数据成员,复数的实部
 double imag;                         //数据成员,复数的虚部
 void init(double r,double i)         //成员函数,给 real 和 imag 赋初值
 { real=r; imag=i;
 }
 double abscomplex()                  //成员函数,求复数的绝对值
 { double t;
   t=real*real+imag*imag;
   return sqrt(t);
 }
};
```

从本例可以看出声明类的方法与声明结构体类型的方法相似,第1行"class Complex"是类头,由关键字class和类名Complex组成。从第1行的左花括号起到最后一行的右花括号是类体。

在第1章中已说明,类是一种数据类型,它是一种用户定义的抽象的数据类型。类代表了一批对象的共性和特征。类是对象的抽象,而对象是类的实例。如同结构体类型和结构体变量的关系一样,在C++中也是先声明一个类类型,然后用它去定义若干的同类型的对象,对象是类类型的变量。如果使用类,则例3.1的程序可以改写如下。

例3.2 用类类型替代例3.1中的结构体类型。

```
#include<iostream>
#include<cmath>
using namespace std;
class Complex{                              //声明了一个名为Complex的类
  double real;                              //数据成员,复数的实部
  double imag;                              //数据成员,复数的虚部
  void init(double r,double i)              //成员函数,给real和imag赋初值
  { real=r; imag=i; }
  double abscomplex()                       //成员函数,求复数的绝对值
  {
    double t;
    t=real*real+imag*imag;
    return sqrt(t);
  }
};
int main()
{ Complex A;                                //定义类Complex的对象A
  A.init(1.1,2.2);                          //编译错误
  cout<<"复数的绝对值是:"<<A.abscomplex()<<endl;  //编译错误
  return 0;
}
```

但是,当我们对例3.2进行编译时,程序中标注出的两条语句将出现编译错误。那么,为什么在例3.1中使用结构体类型时程序能够正常运行,而在例3.2中将结构体类型改成类类型时出现了错误呢?原因是,为了保护类中数据的安全,在C++中将类中的成员分为两类:私有成员(用private声明)和公有成员(用public声明)。私有成员(包括数据成员和成员函数)只能被类内的成员函数访问,而不能被类外的对象访问;公有成员(包括数据成员和成员函数)既可被类内的成员函数访问,也可被类外的对象访问。

C++规定,在默认情况下(即没有指定属于私有或公有时),类中的成员是私有的。C++结构体中的成员同样可以分为私有成员和公有成员,但是在默认情况下,结构体中的成员是公有的。因此,在例3.1结构体Complex中的成员默认为公有的,即成员函数init和abscomplex是公有的,结构体外的变量A能够对它们直接进行访问,所以以下两条语句是可以正常运行的:

```
A.init(1.1,2.2);
cout<<"复数的绝对值是:"<<A.abscomplex()<<endl;
```

而在例 3.2 类 Complex 中的成员都是私有的,即成员函数 init 和 abscomplex 是私有的,类外的对象 A 不能对它们直接进行访问,所以以下两条语句编译时将出现错误:

```
A.init(1.1,2.2);                                    //编译错误
cout<<"复数的绝对值是:"<<A.abscomplex()<<endl;      //编译错误
```

声明为私有(private)的成员对外界是隐蔽的,在类外不能直接访问。如果一个类的所有成员都声明为私有的,即只有私有(private)部分,那么该类将完全与外界隔绝,这样,虽然数据"安全"的目的达到了,但是这样的类是没有实际意义的。在实际应用中,一般把需要保护的数据设置为私有的,把它隐蔽起来,而把成员函数设置为公有的,作为类与外界的接口。

为了帮助大家理解私有成员和公有成员的作用,我们用彩色电视机作一个例子。所有的彩色电视机都有图像、亮度、色彩、频道等数据,也都有相应的调节按钮(或在遥控器上)。正如第 1 章所述,可以把所有的彩色电视机的共性抽象为彩色电视机类。正常使用时,使用者只能通过屏幕观看图像,通过按钮来调整各项数据。为了保证彩色电视机数据的安全,除了专业人员可以拆开电视机调整图像等数据外,普通用户是不准拆开电视机的。这样,屏幕和各种按钮就是用户接触电视机的仅有途径,因此将它们设计成类的公有成员函数,作为类的外部接口。而电视机的图像、亮度等数据便是类的私有成员,使用者只能通过它的外部接口(公有成员函数)去访问这些私有成员。

按照这种思路,例 3.2 可以改写如下。

例 3.3 含有公有成员和私有成员的 Complex 的类。

```
#include<iostream>
#include<cmath>
using namespace std;
class Complex{                       //声明了一个名为 Complex 的类
 private:                            //声明以下部分为私有的
   double real;                      //私有数据成员,复数的实部
   double imag;                      //私有数据成员,复数的虚部
 public:                             //声明以下部分为公有的
   void init(double r,double i)      //公有成员函数,作为类的外部接口
   { real=r;
     imag=i;
   }
   double abscomplex()               //公有成员函数,作为类的外部接口
   { double t;
     t=real*real+imag*imag;
     return sqrt(t);
   }
};
int main()
{ Complex  A;                        //定义类 Complex 的对象 A
  A.init(1.1,2.2);                   //类外的对象 A 可以访问公有成员函数 init
```

```
        cout<<"复数的绝对值是:"<<A.abscomplex()<<endl;
                        //类外的对象 A 可以访问公有成员函数 abscomplex
        return 0;
}
```

由于在本程序中成员函数 init 和 abscomplex 都被设置成公有成员,所以类 Complex 的对象 A 可以访问这些函数。程序运行结果如下:

复数的绝对值是:2.45967

归纳以上对类类型的说明,类类型声明的一般形式如下:

```
class 类名{
  [private:]
      私有数据成员和成员函数
  public:
      公有数据成员和成员函数
};
```

其中,class 是声明类的关键字,类名是要声明的类类型的名字;后面的花括号表示出类的声明范围;最后的分号表示类声明结束。

在类中,封装了有关数据和对这些数据进行操作的函数,分别称为类的数据成员和成员函数。

private 和 public 称为成员访问限定符,用它们来声明各成员的访问属性。每个成员访问限定符下面又都可以有数据成员和成员函数。数据成员和成员函数一般统称为类的成员。

private 部分称为类的私有部分,这一部分的数据成员和成员函数称为类的私有成员。私有成员只能由本类的成员函数访问,而类外部的任何访问都是非法的。这样,私有成员就整个隐藏在类中,在类的外部,对象无法直接访问它们,实现了访问权限的有效控制。

public 部分称为类的公有部分,这一部分的数据成员和成员函数称为类的公有成员。公有成员对外是完全开放的。公有成员既可以被本类的成员函数访问,也可以在类外被该类的对象访问。公有成员函数是类与外界的接口,来自类外部的对私有成员的访问需要通过这些接口来进行。

从以上的分析可以看出,类和结构体的功能基本上相同。那么,何必多此一举,在C++中设两种功能一样的类型呢?这主要是考虑到设计C++语言的一条原则,即C++必须兼容C,要使得以前用 C 编写的已在广泛使用的 C 程序能够不加修改地在C++的环境下使用。所以,在C++中必须保留 C 结构体这种数据类型,并对其功能进行扩充。

另外,结构体和类是有区别的。考虑到 C 的传统原因,在结构体中,如果对其成员不作 private 或 public 声明,系统将其默认为公有的(public),外界可以任意地访问其中的数据成员和成员函数,它不具有信息隐蔽的特性,除非将其中某些成员显式声明为 private。而在类声明中,如果对其成员不作 private 或 public 声明,系统将其默认为私有的(private),外界不可以访问其中的数据成员和成员函数,它提供了默认的安全性。这一规定符合面向对象思想中数据隐藏的准则。数据隐藏使得类中的成员得到更好的保护。

虽然，类和结构体的功能基本上相同，但是建议读者尽量使用类与对象，写出完全体现 C++ 风格的程序。

说明：

(1) 除了 private 和 public 之外，类中的成员还可以用另一个关键字 protected 来说明。被 protected 说明的数据成员和成员函数称为保护成员。保护成员可以由本类的成员函数访问，也可以由本类的派生类的成员函数访问，而类外的任何访问都是非法的，即它是半隐蔽的，关于保护成员将在第 4 章详细介绍。

(2) 对一个具体的类来讲，类声明格式中的三个部分并非一定要全有，但至少要有其中的一个部分。一般情况下，一个类的数据成员应该声明为私有成员，成员函数声明为公有成员。这样，内部的数据隐蔽在类中，在类前面的外部无法直接访问，使数据得到有效的保护，也不会对该类以外的其余部分造成影响，程序模块之间的相互作用就被降低到最小。

(3) 类声明中的 private、protected 和 public 三个关键字可以按任意顺序出现任意次。但是，如果把所有的私有成员和公有成员归类放在一起，程序将更加清晰。

(4) 有些程序员主张将所有的私有成员放在其他成员的前面，因为一旦用户忘记了使用说明符 private，由于默认值是 private，这将使用户的数据仍然得到保护。另一些程序员主张将公有成员放在最前面，这样可以使用户将注意力集中在能被外界调用的成员函数上，使用户思路更清晰一些。不论 private 部分放在前面，还是 public 部分放在前面，类的作用是完全相同的。

(5) 数据成员可以是任何数据类型，但是不能用自动（auto）、寄存器（register）或外部（extern）进行说明。

3.1.2　成员函数的定义

类的成员函数是函数的一种，它也有函数名、返回值类型和参数表，用法与普通函数基本上是一样的，只是它属于一个类的成员。成员函数可以访问本类中任何成员（包括公有的、保护的和私有的）。成员函数可以被指定为私有的（private）、公有的（public）和保护的（protected）。其中，私有的成员函数只能被本类中其他成员函数调用，不能被类外的对象调用；公有的成员函数既可以被本类的成员函数访问，也可以在类外被该类的对象访问。保护的成员函数将在第 5 章详细介绍。

在 C++ 程序设计中，成员函数既可以定义成普通的成员函数（即非内联的成员函数），也可以定义成内联成员函数。以下介绍成员函数的三种定义方式中，第一种方式是定义成普通成员函数，而后两种方式是定义成内联成员函数。

成员函数的第一种定义方式是：在类声明中只给出成员函数的原型，而将成员函数的定义放在类的外部。这种成员函数在类外定义的一般形式是：

返回值类型 类名::成员函数名(参数表)
{
　　函数体
}

例如,表示坐标点的类 Point 可声明如下:

```
class Point{
  public:
    void setpoint (int,int);           //设置坐标点的成员函数 setpoint 的函数原型
    int getx();                        //取 x 坐标点的成员函数 getx 的函数原型
    int gety();                        //取 y 坐标点的成员函数 gety 的函数原型
  private:
    int x,y;
};
void Point::setpoint(int a,int b)     //在类外定义成员函数 setpoint
{ x=a;
  y=b;
}
int Point::getx()                      //在类外定义成员函数 getx
{ return x;
}
int Point::gety()                      //在类外定义成员函数 gety
{ return y;
}
```

从这个例子可以看出,虽然函数 setpoint、getx 和 gety 在类外部定义,但它们属于类 Point 的成员函数,它们可以直接访问类 Point 中的私有数据成员 x 和 y。

说明:

(1) 在类外定义成员函数时,必须在成员函数名之前缀上类名,在类名和函数名之间应加上作用域运算符"::",用于声明这个成员函数是属于哪个类的。例如上面例子中的"Point::",说明这些成员函数是属于类 Point 的。如果在函数名前没有类名,或既无类名又无作用域运算符"::",如

```
::getx() 或 getx()
```

则表示 getx 函数不属于任何类,这个函数不是成员函数,而是普通的函数。

(2) 在类声明中,成员函数的原型的参数表中可以不说明参数的名字,而只说明它们的类型。例如:

```
void setpoint (int,int);
```

但是,在类外定义成员函数时,不但要说明参数表中参数的类型,还必须要指出其参数名。

(3) 采用"在类声明中只给出成员函数的原型,而将成员函数的定义放在类的外部"的定义方式,是 C++ 程序设计的良好习惯。这种方式不仅可以减少类体的长度,使类的声明简洁明了,便于阅读,而且有助于把类的接口和类的实现细节相分离,隐藏了执行的细节。

成员函数的第二种定义方式是:将成员函数直接定义在类的内部。例如:

```
class Point{
  public:
    void setpoint(int a,int b)         //成员函数 setpoint 直接定义在类的内部
```

```
    { x=a;
      y=b;
    }
    int getx()                          //成员函数 getx 直接定义在类的内部
    { return x;
    }
    int gety()                          //成员函数 gety 直接定义在类的内部
    { retrun y;
    }
  private:
    int x,y;
};
```

此时,C++编译器将函数 setpoint、getx 和 gety 作为内联函数进行处理,即将这些函数隐含地定义为内联成员函数。和第 2 章中介绍的普通内联函数相同,内联成员函数的函数体代码也会在编译时被插入到每一个调用它的地方。这种做法可以减少调用函数的开销,提高执行效率,但是却增加了编译后代码的长度,所以只有相当简短的成员函数才定义为内联函数。

这种定义内联成员函数的方法没有使用关键字 inline 进行声明,因此称为隐式定义。

成员函数的第三种定义方式是:为了书写清晰,在类声明中只给出成员函数的原型,而将成员函数的定义放在类的外部。但是在类内函数原型声明前或在类外定义成员函数前冠以关键字 inline,以此显式地说明这是一个内联函数。这种定义内联成员函数的方法称为显式定义。

例如,使用显式定义内联成员函数,上面表示坐标点的类 Point 可声明如下:

```
class Point{
  public:
    inline void setpoint(int,int);      //声明成员函数 setpoint 为内联函数
    inline int getx();                  //声明成员函数 getx 为内联函数
    inline int gety();                  //声明成员函数 gety 为内联函数
  private:
    int x,y;
};
inline void Point::setpoint(int a,int b)  //在类外定义此函数为内联函数
{ x=a;
  y=b;
}
inline int Point::getx()                //在类外定义此函数为内联函数
{ return x;
}
inline int Point::gety()                //在类外定义此函数为内联函数
{ return y;
}
```

说明:

可以在声明函数原型和定义函数时同时写 inline,也可以在其中一处声明 inline,效果是相同的,都能按内联函数处理。使用 inline 定义内联函数时,必须将类的声明和内联成员函数的定义都放在用一个文件(或同一个头文件)中,否则编译时无法进行代码置换。

3.1.3 对象的定义及使用

1. 类与对象的关系

通常我们把具有共同属性和行为的事物所构成的集合叫做类。在 C++ 中,可以把具有相同数据和相同操作集的对象看成属于同一类。

一个类也就是用户声明的一个数据类型。每一种数据类型(包括基本数据类型和自定义类型)都是对一类数据的抽象,在程序中定义的每一个变量都是其所属数据类型的一个实例。类的对象可以看成是该类类型的一个实例,定义一个对象和定义一个一般变量相似。

在 C++ 中,类与对象间的关系,可以用数据类型 int 和整型变量 i 之间的关系来类比。类类型和 int 类型均代表的是一般的概念,而对象和整型变量却是代表具体的东西。正像定义 int 类型的变量一样,也可以定义类的变量。C++ 把类的变量叫做类的对象,对象也称为类的实例。

2. 对象的定义

可以用以下两种方法定义对象。

(1) 在声明类的同时,直接定义对象,即在声明类的右花括号"}"后,直接写出属于该类的对象名表。例如:

```
class Point {
  public:
    void setpoint(int,int);
    int getx();
    int gety();
  private:
    int x,y;
} op1,op2;
```

在声明类 Point 的同时,直接定义了对象 op1 和 op2。

(2) 声明了类之后,在使用时再定义对象。定义对象的格式与定义基本数据类型变量的格式类似,其一般形式如下:

类名 对象名1,对象名2,……;

例如:

```
Point op1,op2;
```

此时定义了 op1 和 op2 为 Point 类的两个对象。

说明：

声明了一个类便声明了一种类型，它并不接收和存储具体的值，只作为生成具体对象的一种"样板"，只有定义了对象后，系统才为对象分配存储空间，以存放对象中的成员。

3. 对象中成员的访问

不论是数据成员，还是成员函数，只要是公有的，在类的外部可以通过类的对象进行访问。访问对象中的成员通常有以下三种方法。

1) 通过对象名和对象选择符访问对象中的成员

其一般形式是：

对象名.数据成员名

或

对象名.成员函数名 [(实参表)]

其中"."叫做对象选择符，简称点运算符。

下面的例子中定义了 Point 类的两个对象 op1 和 op2，并对这两个对象的成员进行了一些操作。

例 3.4 通过对象名和对象选择符访问对象中的成员。

```cpp
#include<iostream>
using namespace std;
class Point{
  public:
    void setpoint(int a,int b)
    { x=a;
      y=b;
    }
    int getx()
    { return x;
    }
    int gety()
    { return y;
    }
  private:
    int x,y;
};
int main()
{ Point op1,op2;              //定义对象 op1 和 op2
  int i,j;
  op1.setpoint(1,2);          //调用对象 op1 的成员函数 setpoint,给 op1 的数据成员赋值
  op2.setpoint(3,4);          //调用对象 op2 的成员函数 setpoint,给 op2 的数据成员赋值
  i=op1.getx();               //调用对象 op1 的成员函数 getx,取 op1 的 x 值
```

```
        j=op1.gety();              //调用对象op1的成员函数gety,取op1的y值
        cout<<"op1 i="<<i<<"  op1 j="<<j<<endl;
        i=op2.getx();              //调用对象op2的成员函数getx,取op2的x值
        j=op2.gety();              //调用对象op2的成员函数gety,取op2的y值
        cout<<"op2 i="<<i<<"  op2 j="<<j<<endl;
        return 0;
}
```

程序运行结果如下:

op1 i=1 op1 j=2
op2 i=3 op2 j=4

说明:

在类的内部所有成员之间都可以通过成员函数直接访问,但是类的外部不能访问对象的私有成员。如果将例3.4中的主程序改成下面的形式:

```
int main()
{ Point op;
    int i,j;
    op.setpoint(1,2);
    i=op.x;                    //错误,不能直接访问对象的私有成员x
    j=op.y;                    //错误,不能直接访问对象的私有成员y
    cout<<"op x="<<i<<"  op y="<<j<<endl;
}
```

编译这个程序时,编译器将指示标出的两条语句有错误。这时可将这两条错误语句改成调用公有的成员函数来间接获得私有数据成员x和y的值,如下所示:

```
i=op.getx();
j=op.gety();
```

修改后,程序运行结果如下:

op x=1 op y=2

2) 通过指向对象的指针访问对象中的成员

在定义对象时,若我们定义的是指向此对象的指针,则访问此对象的成员时,不能用"."操作符,而应使用"->"操作符,例如:

```
class Date{
    public:
        int year;
};
    ⋮
Date d,*ptr;                   //定义对象d和指向类Date的指针变量ptr
ptr=&d;                        //使ptr指向对象d
cout<<ptr->year;               //输出ptr指向对象中的成员year
```

在此,ptr->year 表示 ptr 当前指向对象 d 中的成员 year,因为(*ptr)就是对象 d,(*ptr).year表示的也就是对象 d 中的成员 year。所以,在此

```
d.year
(*ptr).year    }三者是等价的
ptr->year
```

3) 通过对象的引用访问对象中的成员

如果为一个对象定义了一个引用,也就是为这个对象起了一个别名。因此完全可以通过引用来访问对象中的成员,其方法与通过对象名来访问对象中的成员是相同的。例如:

```
class Date{
  public:
    int year;
};
    ⋮
Date  d1;                //定义类 Date 的对象 d1
Date  &d2=d1;            //定义类 Date 的引用 d2,并用对象 d1 进行初始化
cout<<d1.year;           //输出对象 d1 中的数据成员 year
cout<<d2.year;           //输出对象 d2 中的数据成员 year
```

由于 d2 是 d1 的引用(即 d2 和 d1 占有相同的存储单元),因此 d2.year 和 d1.year 是相同的。

3.1.4 类的作用域和类成员的访问属性

所谓类的作用域就是指在类的声明中的一对花括号所形成的作用域。一个类的所有成员都在该类的作用域内。在类的作用域内,一个类的任何成员函数成员可以不受限制地访问该类中的其他成员。而在类作用域之外,对该类的数据成员和成员函数的访问则要受到一定的限制,有时甚至是不允许的,这主要与类成员的访问属性有关。

下面,我们归纳一下类成员的访问属性。类成员有两种访问属性:公有属性和私有属性(保护属性将在第 4 章介绍)。说明为公有的成员不但可以被类中成员函数访问,还可在类的外部,通过类的对象进行访问。说明为私有的成员只能被类中成员函数访问,不能在类的外部,通过类的对象进行访问。例如声明了以下一个类:

```
class Sample{
  private:
    int i;
  public:
    int j;
    set(int i1,int j1)
    {i=i1; j=j1;}
};
```

在类的外部,主函数 main 定义如下:

```
int main()
{ Sample a;                //定义类 Sample 的对象 a
  a.set(3,5);              //在类外,类 Sample 的对象 a 可以访问公有成员函数 set
  cout<<a.i<<endl;         //非法,类 Sample 的对象 a 不能访问类的私有成员 i
  cout<<a.j<<endl;         //合法,类 Sample 的对象 a 能够访问类的公有成员 j
  return 0;
}
```

通过上例可以说明,类 Sample 的成员函数可以访问类的私有成员 i 和公有成员 j。但是,在类的外部,类 Sample 的对象 a 可以访问类的公有成员 j,而不能访问类的私有成员 i。

一般来说,公有成员是类的对外接口,而私有成员是类的内部数据和内部实现,不希望外界访问。将类的成员划分为不同的访问级别有两个好处:一是信息隐蔽,即实现封装,将类的内部数据与内部实现和外部接口分开,这样使该类的外部程序不需要了解类的详细实现;二是数据保护,即将类的重要信息保护起来,以免其他程序不恰当地修改。

3.2 构造函数与析构函数

我们知道,在计算机中不同数据类型的变量分配的存储空间是不同的。类是一种用户自定义的类型,它可能比较简单,也可能很复杂。当声明一个类的对象时,编译程序需要为对象分配存储空间,也可以同时对它的数据成员赋初值,这部分工作随着类的不同而不同。在 C++ 中,可由构造函数来完成这些工作。构造函数是属于某一个类的,它可以由用户提供,也可以由系统自动生成。与构造函数对应的是析构函数,当撤销类的对象时,析构函数就回收存储空间,并做一些善后工作。析构函数也属于某一个类,它可以由用户提供,也可以由系统自动生成。

3.2.1 对象的初始化和构造函数

类是一种抽象的数据类型,它不占存储空间,不能容纳具体的数据。因此在类声明中不能给数据成员赋初值。例如下面的描述是错误的:

```
class Complex{
  double real=0;           //在类声明中不能给数据成员赋初值
  double imag=0;           //在类声明中不能给数据成员赋初值
};
```

与使用变量一样,使用对象时也应该先定义,后使用。在定义对象时,对数据成员赋初值,称为对象的初始化。在定义对象时,如果某一数据成员没有被赋值,则它的值是不可预知的。对象是一个实体,在使用对象时,它的每一个数据成员都应该有确定的值。

如果一个类中所有的成员,都是公有的,则可以在定义对象时对数据成员进行初始化。例如:

```
class Complex{
  public:
    double real;
    double imag;
};
Complex c1={1.1,2.2};        //定义类 Complex 的对象 c1 时,将对象 c1 的
                             //数据成员 real 和 imag 分别初始化为 1.1 和 2.2
```

这种方法类似于结构体变量初始化的方法。但是,如果类中包含私有的或保护的成员时,就不能用这种方法进行初始化。这时,可以采用类中的公有成员函数来对对象中的数据成员赋初值(例如例 3.3 中的 init 函数)。从例 3.3 中可以看到,在主函数中通过调用公有成员函数 init 来为数据成员 real 和 imag 赋值。但是,使用成员函数给数据成员赋初值既不方便也容易忘记,甚至可能出错。C++ 提供了一个更好的方法,利用构造函数来完成对象的初始化。

构造函数是一种特殊的成员函数,它主要用于为对象分配空间,进行初始化。构造函数的名字必须与类名相同,而不能由用户任意命名。它可以有任意类型的参数,但不能具有返回值类型。它不需要用户来调用,而是在建立对象时自动执行的。

下面我们为类 Complex 建立一个构造函数。

```
class Complex{
  private:
    double real;                         //表示复数的实部
    double imag;                         //表示复数的虚部
  public:
    Complex(double r,double i)           //定义构造函数,其名与类名相同
    { real=r; imag=i; }                  //在构造函数中,对私有数据 real 和 imag 赋值
    double abscomplex()
    {
      double t;
      t=real*real+imag*imag;
      return sqrt(t);
    }
};
```

上面声明的类名为 Complex,其构造函数名也是 Complex。构造函数的主要功能是对对象进行初始化,即对数据成员赋初值。这些数据成员通常为私有成员。

在建立对象的同时,采用构造函数给数据成员赋初值,通常有以下两种形式。

形式 1:

类名 对象名[(实参表)];

这里的"类名"与构造函数名相同,"实参表"是为构造函数提供的实际参数。

下面的例子可以帮助我们理解建立对象时构造函数是如何被调用的。

例 3.5 建立对象的同时,采用构造函数给数据成员赋初值。

```
#include<iostream>
#include<cmath>
using namespace std;
class Complex{
  public:
    Complex(double r,double i)              //构造函数
    { real=r;
      imag=i;
    }
    double abscomplex()
    { double t;
      t=real*real+imag*imag;
      return sqrt(t);
    }
  private:
    double real;
    double imag;
};
int main()
{
  Complex A(1.1,2.2);           //定义类 Complex 的对象 A 时调用构造函数 Complex
                                //分别给数据成员 real 和 imag 赋初值 1.1 和 2.2
  cout<<"复数的绝对值是:"<<A.abscomplex()<<endl;
  return 0;
}
```

从上面的例子可看出,在 main 函数中,没有显式调用构造函数 Complex 的语句。构造函数是在定义对象时被系统自动调用的。也就是说,在定义对象 A 的同时,构造函数 Complex 被自动调用,分别给数据成员 real 和 imag 赋初值 1.1 和 2.2。程序运行结果如下:

复数的绝对值是:2.459675

形式 2：

类名 * 指针变量名=new 类名 [(实参表)];

这是一种使用 new 运算符动态建立对象的方式。例如：

```
Complex * pa=new Complex(1.1,2.2);
```

这时编译系统开辟了一段内存空间,并在此空间中存放了一个 Complex 类对象,同时调用了该类的构造函数给数据成员赋初值。这个对象没有名字,称为无名对象。但是该对象有地址,这个地址存放在指针变量 pa 中。访问用 new 动态建立的对象一般是不用对象名的,而是通过指针访问。例如：

```
cout<<"复数的绝对值是:"<<pa->abscomplex()<<endl;
```

当 new 建立的对象使用结束,不再需要它时,可以用 delete 运算符予以释放。例如:

delete pa;

下面,将例 3.5 的主函数改成用这种方法来实现。

```
int main()
{ Complex * pa=new Complex(1.1,2.2);
  cout<<"复数的绝对值是:"<<pa->abscomplex()<<endl;
  delete pa;
  return 0;
}
```

说明:

(1) 构造函数的名字必须与类名相同,否则编译程序将把它当作一般的成员函数来处理。

(2) 构造函数没有返回值,在定义构造函数时,是不能说明它的类型的,甚至说明为 void 类型也不行。例如上述构造函数不能写成

```
void Complex(double r,double i)
{ real=r;
  imag=i;
}
```

(3) 与普通的成员函数一样,构造函数的函数体可写在类体内,也可写在类体外。例如例 3.5 中的类 Complex 可以声明如下:

```
class Complex{
  private:
    double real;
    double imag;
  public:
    Complex(double r,double i);              //声明构造函数原型
    double abscomplex();                      //声明成员函数原型
};
Complex::Complex(double r,double i)           //在类外定义构造函数
{ real=r;
  imag=i;
}
double Complex::abscomplex()                  //在类外定义成员函数
{ double t;
  t=real * real+imag * imag;
  return sqrt(t);
}
```

与普通的成员函数一样,当构造函数直接定义在类内时(如例 3.5),系统将构造函数作为内联函数处理。

(4) 构造函数的作用主要是用来对对象进行初始化,用户根据初始化的要求设计函数

体和函数参数。在构造函数的函数体中不仅可以对数据成员赋初值,而且可以包含其他语句,但是,为了保持构造函数的功能清晰,一般不提倡在构造函数中加入与初始化无关的内容。

(5) 构造函数一般声明为公有成员,但它不需要也不能像其他成员函数那样被显式地调用,它是在定义对象的同时被自动调用的,而且只执行一次。例如,下面的用法是错误的:

```
A.Complex(1.1,2.2);
```

(6) 在实际应用中,通常需要给每个类定义构造函数。如果没有给类定义构造函数,则编译系统自动地生成一个默认构造函数。例如,编译系统为类 Complex 生成类似下述形式的默认构造函数:

```
Complex::Complex()
{ }
```

这个默认的构造函数不带任何参数,函数体是空的,它只能为对象开辟数据成员存储空间,而不能给对象中的数据成员赋初值。

(7) 构造函数可以不带参数,例如:

例 3.6 构造函数可以不带参数。

```
#include<iostream>
#include<cmath>
using namespace std;
class Complex{
  private:
    double real;
    double imag;
  public:
    Complex()                           //不带参数的构造函数
    { real=0;
      imag=0;
    }
    void init(double r,double i)        //公有成员函数,作为类的外部接口
    { real=r;
      imag=i;
    }
    double abscomplex()
    { double t;
      t=real*real+imag*imag;
      return sqrt(t);
    }
};
int main()
{ Complex  A;                           //定义类 Complex 的对象 A 时调用不带参数的
                                        //构造函数 Complex 分别给数据成员 real 和 imag 赋初值 0
```

```
    A.init(1.1,2.2);              //调用公有成员函数 init,
                                  //分别给数据成员 real 和 imag 赋值 1.1 和 2.2
    cout<<"复数的绝对值是:"<<A.abscomplex()<<endl;
    return 0;
}
```

此时,类 Complex 的构造函数就没有带参数,在 main 函数中可以采用如下方法定义对象:

`Complex A;`

在定义对象 A 的同时,构造函数 Complex 被系统自动执行。执行结果是:通过构造函数分别给对象 A 的私有数据成员 real 和 imag 赋初值 1.1 和 2.2。

不带参数的构造函数对对象的初始化是固定的。如果需要在建立一个对象时,通过传递某些参数,对其中的数据成员进行初始化,应该采用前面讲到的带参数的构造函数来解决。

3.2.2 用成员初始化列表对数据成员初始化

在声明类时,对数据成员的初始化工作一般在构造函数中用赋值语句进行。例如:

```
class Complex{
  private:
    double real;
    double imag;
  public:
    Complex(double r,double i);              //声明构造函数原型
    ⋮
};
Complex::Complex(double r,double i)          //在构造函数中用赋值语句对数据成员赋初值
{ real=r; imag=i; }
```

C++ 还提供另一种初始化数据成员的方法——用成员初始化列表来实现对数据成员的初始化。这种方法不在函数体内用赋值语句对数据成员初始化,而是在函数首部实现的。例如上面例子可以改写成:

```
class Complex{
  private:
    double real;
    double imag;
  public:
    Complex(double r,double i);              //声明构造函数原型
    ⋮
};
Complex::Complex(double r,double i):real(r),imag(i)
{                                            //使用成员初始化列表对数据成员初始化
}
```

即在原来的函数首部的末尾加一个冒号,然后列出成员初始化列表"real(r),imag(i)"。这个成员初始化列表表示,用形参 r 的值初始化数据成员 real,用形参 i 的值初始化数据成员 imag。

带有成员初始化列表的构造函数的一般形式如下:

类名::构造函数名([参数表])[:(成员初始化列表)]

{

    //构造函数体

}

成员初始化列表的一般形式为:

数据成员名 1(初始值 1),数据成员名 2(初始值 2),……

成员初始化列表写法方便、简练,尤其当需要初始化的数据成员较多时更显其优越性,很多程序员喜欢用这种方法。

以上两种方法乍一看没有什么不同,确实,对于上面的这种简单例子来说,也真的没有太大不同。那我们为什么要用成员初始化列表,什么时候用初始化成员列表来初始化数据成员呢? 原来,在 C++ 中某些类型的成员是不允许在构造函数中用赋值语句直接赋值的。例如,对于用 const 修饰的数据成员,或是引用类型的数据成员,是不允许用赋值语句直接赋值的。因此,只能用成员初始化列表对其进行初始化。下面用一个例子给予说明。

例 3.7 用成员初始化列表对引用类型的数据成员和 const 修饰的数据成员初始化。

```
#include<iostream>
using namespace std;
class A{
  public:
    A(int x1):x(x1), rx(x), pi(3.14)     //用成员初始化列表对引用类型的数据成员 rx 和
                                         //const 修饰的数据成员 pi 初始化
    {
    }
    void print()
    {
       cout<<"x="<<x<<" "<<"rx="<<rx<<" "<<"pi="<<pi<<endl;
    }
  private:
    int x;
    int& rx;                             //rx 是整型变量的引用
    const double pi;                     //pi 是用 const 修饰的常量
};
int main()
{ A a(10);
  a.print();
  return 0;
}
```

程序运行结果如下：

x=10 rx=10 pi=3.14

说明：

数据成员是按照它们在类中声明的顺序进行初始化的，与它们在成员初始化列表中列出的顺序无关。例如，下面的例子用成员初始化列表对两个数据成员进行初始化，但运行结果却出乎意料。

例 3.8 用成员初始化列表对数据成员进行初始化。

```
#include<iostream>
using namespace std;
class D {
  public:
    D(int i):mem2(i),mem1(mem2+1)      //用成员初始化列表对数据成员进行初始化
      { cout<<"mem1:"<<mem1<<endl;
        cout<<"mem2:"<<mem2<<endl;
      }
  private:
      int mem1;
      int mem2;
};
int main()
{ D d(15);
  return 0;
}
```

程序运行结果如下：

mem1:-858993459
mem2:15

按照构造函数中的成员初始化列表的顺序，它的原意是用"mem2+1"来初始化 mem1。但是按规定，数据成员是按照它们在类中声明的顺序进行初始化的，数据成员 mem1 应在 mem2 之前被初始化。因此，在 mem2 尚未初始化时，mem1 使用"mem2+1"的值来初始化，所得结果是随机值，而不是 16。

3.2.3 构造函数的重载

与一般的成员函数一样，C++ 允许构造函数重载，以适应不同的场合。这些构造函数之间以它们所带参数的个数或类型的不同而区分。

下面我们通过一个例子来了解怎样使用构造函数的重载。

例 3.9 构造函数重载的应用。

```
#include<iostream>
```

```cpp
using namespace std;
class Date
{ public:
    Date();                          //声明1个无参数的构造函数
    Date(int y,int m,int d);         //声明1个带有3个参数的构造函数
    void showDate();
  private:
    int year;
    int month;
    int day;
};
Date::Date()                         //定义1个无参数的构造函数
{ year=2000;
  month=4;
  day=28;
}
Date::Date(int y,int m,int d)        //定义1个带有3个参数的构造函数
{ year=y;
  month=m;
  day=d;
}
inline void Date::showDate()
{ cout<<year<<"."<<month<<"."<<day<<endl;
}
int main()
{ Date date1;                        //定义类Date的对象date1,调用无参数的构造函数
  cout<<"Date1 output:"<<endl;
  date1.showDate();                  //调用函数showDate,显示date1的数据
  Date date2(2002,11,14);            //定义类Date的对象date2,调用带参数的构造函数
  cout<<"Date2 output:"<<endl;
  date2.showDate();                  //调用函数showDate,显示date2的数据
  return 0;
}
```

程序运行结果如下：

```
Date1 output:
2000.4.28
Date2 output:
2002.11.14
```

在类中定义了两个构造函数,第1个构造函数没有参数,在函数体中对私有的数据成员赋以固定的值。第2构造函数有3个参数,在函数体中分别把参数值赋给数据成员。这两个构造函数同名,是两个重载的构造函数。在主函数中建立对象date1时,由于没有给出参数,系统找到无参的构造函数Date与之对应,把date1的3个数据成员分别初始化为2000、4和28,然后调用函数showDate将其显示出来。建立对象date2时给出了3个实参,系统找到了有3个形参的构造函数Date与之对应,把对象date2的3个数据成员的值分别初始

化为 2002、11 和 14,然后调用函数 showDate 将其显示出来。

说明：

（1）使用无参构造函数创建对象时,应该用语句"Date date1;",而不能用语句"Date date1();"。因为语句"Date date1();"表示声明一个名为 date1 的普通函数,此函数的返回值为 Date 类型。

（2）前已说明,如果在类中用户没有定义构造函数,系统会自动提供一个函数体为空的默认构造函数。但是,只要类中定义了一个构造函数（不一定是无参构造函数）,系统将不再给它提供默认构造函数。请分析下面程序的运行结果。

例 3.10 分析程序的运行结果。

```cpp
#include<iostream>
using namespace std;
class Location{
  public:
    Location(int m, int n)
    { X=m; Y=n;
    }
    void Init(int initX, int initY)          //定义带有两个参数的成员函数
    { X=initX;
      Y=initY;
    }
    int GetX()
    { return X;
    }
    int GetY()
    { return Y;
    }
  private:
    int X,Y;
};
int main()
{ Location A3;
  A3.Init(785,980);
  cout<<A3.GetX()<<" "<<A3.GetY()<<endl;
  return 0;
}
```

经过编译,发现在以上程序的语句"Location A3;"处,出现错误,请读者想一想,为什么？如何改正,使它能正确运行？

（3）尽管在一个类中可以包含多个构造函数,但对每一个对象而言,建立对象时只执行其中的一个构造函数。

下面再举一个计时器的例子。首先定义一个类 timer,在创建对象时就赋给对象一个初始时间值。本例中,通过重载构造函数使用户可以用一个整数参数表示初始的秒数；也可用数字串参数表示初始的秒数,或用两个整数参数分别表示初始的分钟数秒数；还可以不带参

数,使初始值为 0。

例 3.11　关于计时器的例子。

```cpp
#include<iostream>
using namespace std;
class timer{
  public:
    timer()                    //无参数的构造函数,给 seconds 清 0
    { seconds=0;
    }
    timer(char * t)            //含 1 个数字串参数的构造函数
    { seconds=atoi(t);
    }
    timer(int t)               //含 1 个整型参数的构造函数
    { seconds=t;
    }
    timer(int min,int sec)     //含两个整型参数的构造函数
    { seconds=min * 60+sec;
    }
    int gettime()
    { return seconds; }
  private:
    int seconds;
};
int main()
{ timer a;                     //定义类 timer 的对象 a,调用无参数的构造函数
  timer b(10);                 //定义类 timer 的对象 b,调用含 1 个整型参数的构造函数
  timer c("20");               //定义类 timer 的对象 c,调用含 1 个数字串参数的构造函数
  timer d(1,10);               //定义类 timer 的对象 d,调用含两个整型参数的构造函数
  cout<<"seconds1="<<a.gettime()<<endl;
  cout<<"seconds2="<<b.gettime()<<endl;
  cout<<"seconds3="<<c.gettime()<<endl;
  cout<<"seconds4="<<d.gettime()<<endl;
  return 0;
}
```

在本例的 main 函数中定义了 4 个对象。对象 a 没有传递参数,所以定义对象 a 时调用无参数的构造函数 timer;定义对象 b 时传递了 1 个整型参数,所以定义对象 b 时调用含 1 个整型参数的构造函数 timer;定义对象 c 时传递了 1 个数字串参数,所以定义对象 c 时调用含 1 个数字串参数的构造函数 timer;对象 d 在定义时传递了两个整型参数,所以定义对象 d 时调用含两个整型参数的构造函数 timer。

程序运行结果如下:

```
seconds1=0
seconds2=10
```

```
seconds3=20
seconds4=70
```

3.2.4　带默认参数的构造函数

对于带参数的构造函数,在定义对象时必须给构造函数的形参传递参数的值,否则构造函数将不被执行。但在实际使用中,有些构造函数的参数值在大部分情况是相同的,只有在特殊情况下才需要改变它的参数值,例如大学本科的学制一般默认为 4 年,某大学工科的学费一般默认为每年 5000 元,计时器的初始值一般默认为 0 等。这时可以将其定义成带默认参数的构造函数,例如:

例 3.12　带默认参数的构造函数。

```
#include<iostream>
#include<cmath>
using namespace std;
class Complex{
  public:
    Complex(double r=0.0,double i=0.0);       //在声明构造函数时指定默认参数值
    double abscomplex();
  private:
    double real;
    double imag;
};
Complex::Complex(double r,double i)            //在类外定义构造函数时
{ real=r; imag=i; }                            //可以不再指定参数的默认值
double Complex::abscomplex()
{ double t;
  t=real * real+imag * imag;
  return sqrt(t);
}
int main()
{ Complex S1;                                  //没有传递实参,全部用默认值
  cout<<"复数 1 的绝对值是:"<<S1.abscomplex()<<endl;
  Complex S2(1.1);                             //只传递了 1 个实参
  cout<<"复数 2 的绝对值是:"<<S2.abscomplex()<<endl;
  Complex S3(1.1,2.2);                         //传递了两个实参
  cout<<"复数 3 的绝对值是:"<<S3.abscomplex()<<endl;
  return 0;
}
```

在类 Complex 中,构造函数 Complex 的两个参数均含有默认参数值 0.0。因此,在定义对象时可根据需要使用其默认值。在主函数 main 中定义了 3 个对象 S1、S2 和 S3,它们都是合法的对象。由于传递参数的个数不同,使它们的私有数据成员 real 和 imag 取得不同的值。由于定义对象 S1 时,没有传递参数,所以 real 和 imag 均取构造函数的默认值为

其赋值,因此 real 和 imag 均为 0.0。在定义对象 S2 时,只传递了 1 个实参,这个参数传递给构造函数的第 1 个形参,而第 2 个形参取默认值,所以对象 S2 的 real 取值为 1.1,而 imag 取值为 0.0。在定义对象 S3 时,传递了两个实参,这两个实参分别传给了 real 和 imag,因此 real 取值为 1.1,imag 取值为 2.2。

程序运行结果如下:

```
复数 1 的绝对值是:0
复数 2 的绝对值是:1.1
复数 3 的绝对值是:2.45967
```

说明:

(1) 如果构造函数在类的声明外定义,那么默认参数应该在类内声明构造函数原型时指定,而不能在类外构造函数定义时指定。因为类的声明是放在头文件中的,用户可以看到,而构造函数的定义是类的实现细节,用户往往是看不到的。因此,在声明时指定默认参数,可以保证用户在建立对象时知道怎样使用默认参数。

(2) 如果构造函数的全部参数都指定了默认值,则在定义对象时可以指定 1 个或几个实参,也可以不给出实参,这时的构造函数也属于默认构造函数,例如:

```
Complex(double r=0.0,double i=0.0);
```

因为一个类只能有一个默认构造函数,因此不能同时再声明无参数的默认构造函数

```
Complex();
```

否则,如用下面的语句建立对象

```
Complex S1;
```

编译系统计将无法识别应该调用哪个构造函数,因此产生了二义性。在实际应用时,一定要注意避免这种情况。

(3) 在一个类中定义了全部是默认参数的构造函数后,不能再定义重载构造函数。例如在一个类中有以下构造函数的声明:

```
Complex(double r=0.0,double i=0.0);        //声明全部是默认参数的构造函数
Complex(double r);                         //声明有 1 个参数的构造函数
```

如果用以下语句定义对象

```
Complex S2(1.1);                           //无法判断应该调用以上哪个构造函数
```

编译系统将无法判断应该调用哪个构造函数。因此,一般不要同时使用构造函数的重载和有默认参数的构造函数。

3.2.5 析构函数

析构函数也是一种特殊的成员函数。它执行与构造函数相反的操作,通常用于执行一些清理任务,如释放分配给对象的内存空间等。析构函数有以下一些特点:

(1) 析构函数名与类名相同,但它前面必须加一个波浪号(~)。

(2) 析构函数不返回任何值。在定义析构函数时,是不能说明它的类型的,甚至说明为 void 类型也不行。

(3) 析构函数没有参数,因此它不能被重载。一个类可以有多个构造函数,但是只能有一个析构函数。

(4) 撤销对象时,编译系统会自动地调用析构函数。

下面我们重新说明 Complex 类,使它既含有构造函数,又含有析构函数。

例 3.13 含有构造函数和析构函数的 Complex 类。

```
#include<iostream>
#include<cmath>
using namespace std;
class Complex{
  public:
    Complex(double r=0.0,double i=0.0);     //声明构造函数
    ~Complex();                              //声明析构函数
    double abscomplex();
  private:
    double real;
    double imag;
};
Complex::Complex(double r,double i)          //定义构造函数
{ real=r;
  imag=i;
  cout<<"Constructor called."<<endl;         //显示构造函数被调用的信息
}
Complex::~Complex()                          //定义析构函数
{ cout<<"Destructor called."<<endl;          //显示析构函数被调用的信息
}
double Complex::abscomplex()
{ double t;
  t=real*real+imag*imag;
  return sqrt(t);
}
int main()
{ Complex A(1.1,2.2);
  cout<<"复数的绝对值是:"<<A.abscomplex()<<endl;
  return 0;
}
```

在类 Complex 中定义了构造函数和析构函数。在这两个函数中,都含有一条输出语句,显示相应函数被调用的信息,目的是帮助初学者更好地理解构造函数和析构函数的使用方法。在执行主函数时先建立对象 A,在建立对象 A 时调用构造函数,对对象 A 中的数据成员赋初值,然后调用 A 的函数 abscomplex,计算并输出对象 A 的复数的绝对值。在执行

return 语句之后，主函数中的语句已执行完毕，对象 A 的生命周期结束，在撤销对象 A 时就要调用析构函数，释放分配给对象 A 的存储空间，并显示信息"Destructor called."。这条信息的显示并不是必须的，在此，只是说明析构函数被调用了，帮助大家理解析构函数的使用方法。

程序运行结果如下：

```
Constructor called.
复数的绝对值是：2.459675
Destructor called.
```

说明：

(1) 每个类必须有一个析构函数。若没有显式地为一个类定义析构函数，则编译系统会自动地生成一个默认析构函数。例如，编译系统为类 Complex 生成类似下述形式的默认析构函数：

```
Complex::~Complex()
{}
```

类似于系统自动生成的默认构造函数，这个自动生成的默认析构函数的函数体也是空的。但是它能够完成释放对象所占存储空间的任务。

对于大多数类而言，这个默认析构函数就能满足要求。但是，如果在一个对象撤销之前需要完成另外一些处理工作的话，则应该显式地定义析构函数，例如：

```
class String_data{
  public:
    String_data(char * s)          //构造函数
    { str=new char[strlen(s)+1];   //用运算符 new 为字符串 str 动态地分配了一个存储空间
      strcpy(str,s);
    }
    ~String_data()                 //析构函数
    { delete str;                  //用运算符 delete 释放动态分配的存储空间
    }
    void get_info(char *);
    void sent_info(char *);
  private:
    char * str;
};
```

这是构造函数和析构函数常见的用法，即在构造函数中用运算符 new 为字符串分配存储空间，最后在析构函数中用运算符 delete 释放已分配的存储空间。

(2) 除了在主函数结束（或调用 exit 函数）时，对象被撤销，系统会自动调用析构函数外，在以下情况，析构函数也会被调用：

① 如果一个对象被定义在一个函数体内，则当这个函数被调用结束时，该对象将释放，析构函数被自动调用。

② 若一个对象是使用 new 运算符动态创建的，在使用 delete 运算符释放它时，delete

会自动调用析构函数。

3.3 对象数组与对象指针

3.3.1 对象数组

所谓对象数组是指每一个数组元素都是对象的数组,也就是说,若一个类有若干个对象,我们把这一系列的对象用一个数组来存放。对象数组的元素是对象,不仅具有数据成员,而且还有函数成员。

定义一个一维数组的格式如下:

类名 数组名[下标表达式];

例如有 10 个复数,每个复数的属性包括实部与虚部。如果为每一个复数建立一个对象,需要分别取 10 个对象名。显然用程序处理起来很不方便。这时可以定义一个复数类 Complex 的对象数组,每一个数组元素是 Complex 类的一个对象,例如:

```
Complex com[10];                //定义类 Complex 的对象数组 com,含有 10 个对象数组元素
```

在建立数组时,同样要调用构造函数。有几个数组元素就要调用几次构造函数。例如有 10 个数组元素,就要调用 10 次构造函数。类 Complex 的构造函数有两个参数,分别用于给实部数据和虚部数据赋值。在介绍类 Complex 对象数组的初始化之前,我们先看一个只有 1 个参数的构造函数例子。如果构造函数只有 1 个参数,在定义对象数组时可以直接在等号后面的花括号内提供实参。

例 3.14 用只有 1 个参数的构造函数给对象数组赋值。

```cpp
#include<iostream>
using namespace std;
class exam{
  public:
    exam(int n)                  //只有1个参数的构造函数
    { x=n;
    }
    int get_x()
    { return x;
    }
  private:
    int x;
};
int main()
{ exam ob1[4]={11,22,33,44};     //用只有1个参数的构造函数给对象数组赋值
  for (int i=0;i<4;i++)
    cout<<ob1[i].get_x()<<' ';
  return 0;
}
```

本例在执行语句"exam ob1[4]={11,22,33,44};"时,定义了类 exam 的 1 个对象数组,其含有 4 个对象数组元素,定义时共 4 次调用带参数的构造函数,分别用实参 11、22、33 和 44 初始化对象数组元素 ob1[0]、ob1[1]、ob1[2]和 ob1[3]的数据成员 x。

与基本数据类型的数组一样,在使用对象数组时也只能访问单个数组元素,其一般形式是:

数组名[下标].成员名

本例在执行语句:

```
for (int i=0;i<4;i++)
  cout<<ob1[i].get_x()<<' ';
```

时,相当于以下执行了 4 条语句:

```
cout<<ob1[0].get_x()<<' ';
cout<<ob1[1].get_x()<<' ';
cout<<ob1[2].get_x()<<' ';
cout<<ob1[3].get_x()<<' ';
```

程序运行结果如下:

11 22 33 44

在设计类的构造函数时就要充分考虑到对象数组元素初始化的需要。当各个元素的初始值相同时,可以在类中定义不带参数的构造函数或带有默认参数值的构造函数;当各元素对象的初值要求为不同时,需要定义带参数(无默认值)的构造函数。请看下面的例子。

例 3.15 用不带参数和带 1 个参数的构造函数给对象数组赋值。

```
#include<iostream>
using namespace std;
class exam{
  public:
    exam()                    //不带参数的构造函数
    { x=123;
    }
    exam(int n)               //带 1 个参数的构造函数
    { x=n;
    }
    int get_x()
    { return x;
    }
  private:
    int x;
};
int main()
{
```

```
    exam ob1[4]={ 11,22,33,44 };
    exam ob2[4]={ 55,66 };
    for (int i=0;i<4;i++)
      cout<<ob1[i].get_x()<<' ';
    cout<<endl;
    for (int i=0;i<4;i++)
      cout<<ob2[i].get_x()<<' ';
    return 0;
}
```

程序运行结果如下：

11 22 33 44
55 66 123 123

说明：

本例在执行语句"exam ob1[4]={11,22,33,44};"时,先后 4 次调用带 1 个参数的构造函数,分别初始化 ob1[0]、ob1[1]、ob1[2]和 ob1[3]。如果没有指定初始值,就调用不带参数的构造函数,例如：

```
exam ob2[4]={55,66};
```

在执行时首先调用带 1 个参数的构造函数,初始化 ob2[0]和 ob2[1],然后调用不带参数的构造函数,初始化 ob2[2]和 ob2[3]。

在本例中,编译系统只为对象数组元素的构造函数传递 1 个实参,所以在定义数组时提供的实参个数不能超过数组元素个数,如：

```
exam ob1[4]={11,22,33,44,55};        //编译出错,实参个数超过对象数组元素个数
```

以上例子中构造函数只有一个参数,如果构造函数有多个参数,在定义对象数组时应当怎样实现初始化呢？我们只需在花括号中分别写出构造函数并指定实参即可。例如类 Complex 的构造函数有两个参数,分别代表复数的实部和虚部,则可以这样定义对象数组：

```
Complex com[3]={             //定义对象数组 com
  Complex(1.1,2.2),          //调用构造函数,为第 1 个对象数组元素提供实参 1.1 和 2.2
  Complex(3.3,4.4),          //调用构造函数,为第 2 个对象数组元素提供实参 3.3 和 4.4
  Complex(5.5,6.6)           //调用构造函数,为第 3 个对象数组元素提供实参 5.5 和 6.6
};
```

由于这个对象数组有 3 个对象数组元素,因此在建立对象数组时,3 次调用构造函数,对每一个对象数组元素初始化。每一个元素的实参分别用括号包起来,对应构造函数的一组形参,不会产生混淆。

例 3.16 用带有多个参数的构造函数给对象数组赋值。

```
#include<iostream>
#include<cmath>
using namespace std;
class Complex{
```

```cpp
    public:
      Complex(double r=0.0,double i=0.0): real(r), imag(i)
      { }                 //定义带有默认参数的构造函数,用成员初始化列表对数据成员初始化
      ~Complex()          //析构函数
      { cout<<"Destructor called."<<endl;
      }
      double abscomplex()
      { double t;
        t=real*real+imag*imag;
        return sqrt(t);
      }
    private:
      double real;
      double imag;
};
int main()
{ Complex com[3]={                    //定义对象数组
      Complex(1.1,2.2),               //调用构造函数,为第1个对象数组元素提供实参1.1和2.2
      Complex(3.3,4.4),               //调用构造函数,为第2个对象数组元素提供实参3.3和4.4
      Complex(5.5,6.6)                //调用构造函数,为第3个对象数组元素提供实参5.5和6.6
    };
    cout<<"复数1的绝对值是:"<<com[0].abscomplex()<<endl;
                                      //调用com[0]的abscomplex函数
    cout<<"复数2的绝对值是:"<<com[1].abscomplex()<<endl;
                                      //调用com[1]的abscomplex函数
    cout<<"复数3的绝对值是:"<<com[2].abscomplex()<<endl;
                                      //调用com[2]的abscomplex函数
    return 0;
}
```

程序运行结果如下:

复数1的绝对值是:2.45967
复数2的绝对值是:5.5
复数3的绝对值是:8.59127
Destructor called.
Destructor called.
Destructor called.

说明:

当1个数组中的对象数组元素被删除时,系统会调用析构函数来完成扫尾工作。本例中有3个对象数组元素,因此调用了3次析构函数。

3.3.2 对象指针

每一个对象在初始化后都会在内存中占有一定的空间。因此,既可以通过对象名访问

一个对象,也可以通过对象地址来访问一个对象。对象指针就是用于存放对象地址的变量。声明对象指针的一般语法形式为:

类名 * 对象指针名;

1. 用指针访问单个对象成员

说明对象指针的语法和说明其他数据类型指针的语法相同。使用对象指针时,首先要把它指向一个已创建的对象,然后才能引用该对象的成员。

在一般情况下,用点运算符"."来访问对象成员,当用指向对象的指针来访问对象成员时,就要用"->"操作符。下例说明了对象指针的使用。

例 3.17 对象指针的使用。

```
#include<iostream>
using namespace std;
class exe{
  public:
    void set_a(int a)        //定义成员函数 set_a,给数据成员赋值
    { x=a;
    }
    void show_a()            //定义成员函数 show_a,输出数据成员的值
    { cout<<x<<endl;
    }
  private:
    int x;
};
int main()
{ exe ob;                    //定义类 exe 的对象 ob
  exe * p;                   //定义指向类 exe 的对象指针变量 p
  ob.set_a(2);               //调用对象 ob 的成员函数 set_a,给数据成员赋值
  ob.show_a();               //调用对象 ob 的成员函数 show_a,输出数据成员的值
  p=&ob;                     //将对象 ob 的地址赋给对象指针变量 p
  p->show_a();               //调用 p 所指向的对象中的成员函数 show_a,即 ob.show_a()
  (*p).show_a();             //调用 p 所指向的对象中的成员函数 show_a,即 ob.show_a()
  return 0;
}
```

程序运行结果如下:

2
2
2

在这个例子中,声明了一个类 exe,ob 是类 exe 的一个对象,p 是类 exe 的对象指针,对象 ob 的地址是用地址操作符(&)获得并赋给对象指针 p 的。

2. 用对象指针访问对象数组

对象指针不仅能引用单个对象,也能访问对象数组。下面的语句定义了一个对象指针

和一个有两个数组元素的对象数组：

```
exe * p;              //定义指向类 exe 的对象指针变量 p
exe ob[2];            //定义类 exe 的对象数组 ob[2]
```

若只有数组名，没有下标，这时该数组名代表第一个元素的地址，所以执行语句：

```
p=ob;
```

就表示把对象数组的第一个元素的地址（即数组的地址）赋给对象指针变量 p。如果将例 3.17 的主函数改写为：

```
int main()
{ exe ob[2];          //定义类 exe 的对象数组 ob[2]
  exe * p;            //定义指向类 exe 的对象指针变量 p
  ob[0].set_a(10);    //调用对象数组元素 ob[0]的成员函数 set_a,给数据成员赋值
  ob[1].set_a(20);    //调用对象数组元素 ob[1]的成员函数 set_a,给数据成员赋值
  p=ob;               //把对象数组的地址赋给对象指针变量 p
  p->show_a();        //调用 p 所指向的对象中的成员函数 show_a,即 ob[0].show_a()
  p++;                //对象指针变量 p 加 1,即指向下一个对象数组元素 ob[1]的地址
  p->show_a();        //调用 p 所指向的对象中的成员函数 show_a,即 ob[1].show_a()
  return 0;
}
```

程序运行结果如下：

```
10
20
```

一般而言，当指针加 1 或减 1 时，它总是指向其基本类型中相邻的一个元素，对象指针也是如此。本例中对象指针 p 加 1 时，指向下一个数组元素。

3.3.3 this 指针

当定义了一个类的若干对象后，系统会为每一个对象分配存储空间。如果一个类包含了数据成员和成员函数，就要分别为数据和函数的代码分配存储空间。按照通常的思路，如果用一个类定义了 5 个对象，那么就应该分别为这 5 个对象的数据和函数代码分配存储空间。

事实上，给对象赋值就是给对象的数据成员赋值，不同对象的存储单元中存放的数据值通常是不相同的，而不同对象的函数代码是相同的，不论调用哪一个对象的成员函数，其实调用的都是相同内容的代码。因此，没有必要为每一个对象都开辟存储成员函数的空间。

实际上，C++ 的编译系统只用了一段空间来存放这个共同的函数代码段，在调用各对象的成员函数时，都去调用这个公用的函数代码。因此，每个对象的存储空间都只是该对象数据成员所占用的存储空间，而不包括成员函数代码所占用的空间，函数代码是存储在对象空间之外的。

每个对象都有属于自己的数据成员，但是所有对象的成员函数代码却合用一份。那么

成员函数是怎样辨别出当前调用自己的是哪个对象,从而对该对象的数据成员而不是对其他对象的数据成员进行处理呢?下面,让我们看一个简单的例子。

例 3.18 this 指针的引例。

```
#include<iostream>
using namespace std;
class A{
  public:
    A(int x1)
    { x=x1;
    }
    void disp()
    { cout<<"x="<<x<<endl;
    }
  private:
    int x;
};
int main()
{ A a(1),b(2);
  cout<<"a:";
  a.disp();
  cout<<"b:";
  b.disp();
  return 0;
}
```

读者不难理解,运行这个程序的结果是:

a:x=1
b:x=2

但是,执行 a.disp()时,成员函数 disp 怎么会知道现在是对象 a 在调用自己,从而应该输出对象 a 的 x 值 1 呢?类似地,执行 b.disp()时,成员函数 disp 又怎么会知道现在是对象 b 在调用自己,从而应该输出对象 b 的 x 值 2 呢?要知道,不论对象 a 还是对象 b 调用 disp 函数时都执行同一条语句"cout<<"x="<<x<<endl;",为什么在输出值时不会搞乱呢?原来,C++为成员函数提供了一个名字为 this 的指针,这个指针称为自引用指针。每当创建一个对象时,系统就把 this 指针初始化为指向该对象,即 this 指针的值是当前调用成员函数的对象的起始地址。例如,当调用成员函数 a.disp 时,编译系统就把对象 a 的起始地址赋给 this 指针,于是在成员函数引用数据成员时,就按照 this 的指向找到对象 a 的数据成员。例如 disp 函数要输出数据成员 x 的值,实际上是执行:

cout<<"x="<<this->x<<endl;

由于当前 this 指针指向对象 a,因此相当于执行:

cout<<"x="<<a.x<<endl;

这样就输出了对象 a 的数据成员 x 的值。同样当调用成员函数 b.disp()时,编译系统就把对象 b 的起始地址赋给 this 指针,于是在成员函数 disp 引用数据成员时,就按照 this 的指向找到对象 b 的数据成员。此时的"cout<<" x = " << this-> x << endl;"就是"cout<<"x="<<b.x<<endl;",显然这就输出了对象 b 的数据成员 x 的值。

为了帮助读者理解 this 指针的作用,下面对 this 指针的实现机理作一些分析。this 指针是隐式使用的,它是作为参数被传递给成员函数的。在例 3.18 的程序中,成员函数 disp 的定义如下:

```
void disp()
{ cout<<"x="<<x<<endl;
}
```

实际使用时,C++编译系统把它处理为:

```
void disp(*this)
{ cout<<"x="<<this->x<<endl;
}
```

读者不难看出,经编译系统处理后,成员函数 disp 的形参表中增加了一个参数"*this",同时在函数体中数据成员 x 前面加上了"this->",并且在主函数中调用成员函数 a.disp 时,调用方式也被处理成:

```
a.disp(&a);
```

这样在进行函数调用时,编译系统就将对象 a 的地址传给形参 this 指针,成员函数执行后,输出了 a.x 的值。

在通常情况下,this 指针在系统中是隐含地存在的。我们也可以将其显式地表示出来。下面的例子,通过显示 this 的值,我们可更加清楚地了解其功能和原理。

例 3.19 显示 this 指针的值。

```
#include<iostream>
using namespace std;
class A{
  public:
    A(int x1)
    { x=x1; }
    void disp()
    { cout <<"this="<<this<<"  when x="<<this->x<<endl;
    }
  private:
    int x;
};
int main()
{ A a(1),b(2),c(3);
  a.disp();
  b.disp();
  c.disp();
```

```
    return 0;
}
```

运行这个程序,屏幕上显示的结果是:

```
this=0012FF7C  when x=1
this=0012FF78  when x=2
this=0012FF74  when x=3
```

分析这个例子,我们可以看出,this 指针的值是随着对象的不同而改变的。

3.4　string　类

C++支持两种类型的字符串,第一种是 C 语言中介绍过的包括一个结束符'\0'(即以 NULL 结束)的字符数组,标准库函数提供了一组对其进行操作的函数,可以完成许多常用的字符串操作,如字符串复制函数 strcpy、字符串连接函数 strcat 和求字符串长度函数 strlen 等。C++中仍保留了这种格式字符串。使用数组来存放字符串,调用系统函数来处理字符串,使用起来不太方便,而且数据与处理数据的函数分离也不符合面向对象方法的要求。为此,在 C++的标准库中,声明了一种更方便的字符串类型,即字符串类 string,类 string 提供了对字符串进行处理所需要的操作。

使用 string 类必须在程序的开始包括头文件 string,即要有如下语句:

#include <string>

string 类的字符串对象的使用方法与其他对象一样,也必须先定义才可以使用。其定义格式如下:

string 对象 1,对象 2,……;

例如:

```
string str1,str2;                //定义 string 类对象 str1 和 str2
string str3("China");            //定义 string 类对象 str3 同时对其初始化
```

字符串对象初始化方式也可写成:

```
string str4="China";             //定义 string 类对象 str4 同时对其初始化
```

同时,C++还为 string 类的对象定义了许多应用于字符串的运算符,常用的字符串运算符如表 3.1 所示(假设表中的 s1 和 s2 均已定义为 string 类对象)。

这些运算符允许在一般的表达式中使用 string 类对象,而不再需要调用诸如 strcpy 或 strcat 之类的函数。同时,也可以在表达式中把 string 类对象和以'\0'结束的字符串混在一起使用,例如可以把一个以'\0'结束的字符串赋给一个 string 类对象。

C++的 string 类使得字符串的处理比使用字符串函数直观而方便,下面举例说明这些操作。

表 3.1 常用的 string 类运算符

运算符	示 例	注 释
=	s1=s2	用 s2 给 s1 赋值
+	s1+s2	用 s1 和 s2 连接成一个新串
+=	s1+=s2	等价于 s1=s1+s2
==	s1==s2	判断 s1 与 s2 是否相等
!=	s1!=s2	判断 s1 与 s2 是否不等
<	s1<s2	判断 s1 是否小于 s2
<=	s1<=s2	判断 s1 是否小于或等于 s2
>	s1>s2	判断 s1 是否大于 s2
>=	s1>=s2	判断 s1 是否大于或等于 s2
[]	s1[i]	访问串对象 s1 中下标为 i 的字符
>>	cin>>s1	从键盘输入一个字符串给串对象 s1
<<	cout<<s1	将串对象 s1 输出

例 3.20 string 类运算符的操作。

```
#include<iostream>
#include <string>
using namespace std;
int main()
{ string  s1="ABC";                        //定义 string 类对象 s1 并进行初始化
  string  s2="DEF";                        //定义 string 类对象 s2 并进行初始化
  string  s3("GHI");                       //定义 string 类对象 s3 并进行初始化
  string  s4,s5;                           //定义 string 类对象 s4 和 s5
  s4=s1;                                   //字符串赋值
  cout<<"s4 is"<<s4<<endl;                 //字符串输出
  s5=s1+s2;                                //字符串连接
  cout<<"s1+s2 is"<<s5<<endl;
  s5=s1+"123";                             //字符串连接
  cout<<"s1+\"123\"is"<<s5<<endl;
  if (s3>s1)                               //字符串比较
     cout<<"s3>s1"<<endl;
  else  cout<<"s3<s1"<<endl;
  if (s4==s1)                              //字符串比较
     cout<<"s4==s1"<<endl;
  else  cout<<"s4<>s1"<<endl;
  cout<<"请输入一个字符串给 s5:";
  cin>>s5;                                 //从键盘输入一个字符串给 s5
  cout<<"s5 is"<<s5<<endl;
  return 0;
}
```

程序运行结果如下：

s4 is ABC

```
s1+s2 is ABCDEF
s1+"123" is ABC123
s3>s1
s4==s1
请输入一个字符串给s5: ok!↙
S5 is ok!
```

这个程序是很好理解的。从这个程序可以看出,使用 string 类后,字符串运算变得非常简单、直观。

3.5 向函数传递对象

3.5.1 使用对象作为函数参数

对象可以作为参数传递给函数,其方法与传递基本类型的变量相同。在向函数传递对象时,是通过"传值调用"传递给函数的,即单向传递,只由实参传给形参,而不能由形参传回来给实参。因此函数中对对象的任何修改均不影响调用该函数的对象(实参)本身。下例说明了这一点。

例 3.21 使用对象作为函数参数。

```
#include<iostream>
using namespace std;
class Tr{
  public:
    Tr(int n)
    { i=n; }
    void set_i(int n)
    { i=n; }
    int get_i()
    { return i; }
  private:
    int i;
};
void sqr_it(Tr ob)                              //对象 ob 作为函数 sqr_it 的形参
{ ob.set_i(ob.get_i() * ob.get_i());
  cout<<"在函数 sqr_it 内,形参对象 ob 的数据成员 i 的值为:"<<ob.get_i();
  cout<<endl;
}
int main()
{ Tr obj(10);
  cout<<"调用函数 sqr_it 前,实参对象 obj 的数据成员 i 的值为:";
  cout<<obj.get_i()<<endl;
  sqr_it(obj);                                  //调用函数 sqr_it,实参为对象 obj
```

```
    cout<<"调用函数 sqr_it 后,实参对象 obj 的数据成员 i 的值为:";
    cout<<obj.get_i();
    return 0;
}
```

程序运行结果如下:

调用函数 sqr_it 前,实参对象 obj 的数据成员 i 的值为:10
在函数 sqr_it 内,形参对象 ob 的数据成员 i 的值为:100
调用函数 sqr_it 后,实参对象 obj 的数据成员 i 的值为:10

从运行结果可以看出,本例函数 sqr_it 中对对象的任何修改均不影响调用该函数的对象本身。但是,我们也可以将对象的地址传递给函数,此时在函数中对形参对象的修改将影响调用该函数的实参对象本身。下面介绍有关的方法。

3.5.2 使用对象指针作为函数参数

对象指针可以作为函数的参数,使用对象指针作为函数参数可以实现"传址调用",即在函数调用时使实参对象和形参对象指针变量指向同一内存地址,在函数调用过程中,对形参对象指针所指对象值的改变也同样影响着实参对象的值。

当函数的形参是对象指针时,调用函数的对应实参应该是某个对象的地址值。下面我们对例 3.21 稍作修改,说明对象指针作为函数参数这个问题。

例 3.22 使用对象指针作为函数参数。

```
#include<iostream>
using namespace std;
class Tr{
  public:
    Tr(int n)
    { i=n; }
    void set_i(int n)
    { i=n; }
    int get_i()
    { return i; }
  private:
    int i;
};
void sqr_it(Tr * ob)                    //对象指针作为函数 sqr_it 的形参
{ ob->set_i(ob->get_i() * ob->get_i());
    cout<<"在函数 sqr_it 内,形参对象 ob 的数据成员 i 的值为:"<<ob->get_i();
    cout<<endl;
}
int main()
{ Tr obj(10);
    cout<<"调用函数 sqr_it 前,实参对象 obj 的数据成员 i 的值为:";
```

```
       cout<<obj.get_i()<<endl;
       sqr_it(&obj);                        //调用函数 sqr_it,实参为对象 obj 的地址
       cout<<"调用函数 sqr_it 后,实参对象 obj 的数据成员 i 的值为:";
       cout<<obj.get_i();
       return 0;
   }
```

程序运行结果如下:

调用函数 sqr_it 前,实参对象 obj 的数据成员 i 的值为:10
在函数 sqr_it 内,形参对象 ob 的数据成员 i 的值为:100
调用函数 sqr_it 后,实参对象 obj 的数据成员 i 的值为:100

不难看出,调用函数前实参对象 obj.i 的值是 10,函数调用中形参对象 ob.i 的值修改为 100,函数调用后实参对象 obj.i 的值也变为 100。可见形参对象指针所指对象的值的改变也同样影响着实参对象的值。

3.5.3 使用对象引用作为函数参数

在实际中,使用对象引用作为函数参数非常普遍,大部分程序员喜欢用对象引用取代对象指针作为函数参数。因为使用对象引用作为函数参数不但具有对象指针用作函数参数的优点,而且用对象引用作函数参数将更简单、更直接。下面我们对例 3.22 稍作修改,说明对象引用作为函数参数这个问题。

例 3.23 使用对象引用作为函数参数。

```
#include<iostream>
using namespace std;
class Tr{
  public:
    Tr(int n)
    { i=n; }
    void set_i(int n)
    { i=n; }
    int get_i()
    { return i; }
  private:
    int i;
};
void sqr_it(Tr &ob)                    //对象引用作为函数 sqr_it 的形参
{ ob.set_i(ob.get_i() * ob.get_i());
   cout<<"在函数 sqr_it 内,形参对象 ob 的数据成员 i 的值为:"<<ob.get_i();
   cout<<endl;
}
int main()
{ Tr obj(10);
```

```
    cout<<"调用函数 sqr_it 前,实参对象 obj 的数据成员 i 的值为:";
    cout<<obj.get_i()<<endl;
    sqr_it(obj);                    //调用函数 sqr_it,实参为对象 obj
    cout<<"调用函数 sqr_it 后,实参对象 obj 的数据成员 i 的值为:";
    cout<<obj.get_i();
    return 0;
}
```

程序运行结果如下:

调用函数 sqr_it 前,实参对象 obj 的数据成员 i 的值为:10
在函数 sqr_it 内,形参对象 ob 的数据成员 i 的值为:100
调用函数 sqr_it 后,实参对象 obj 的数据成员 i 的值为:100

说明:

例 3.23 和例 3.22 的主要区别在于例 3.22 使用对象指针作为函数参数,而例 3.23 使用对象引用作为函数参数,两个例子的输出结果是完全相同的。请读者比较一下这两种函数参数在使用上的区别。

3.6 对象的赋值和复制

3.6.1 对象赋值语句

如果有两个整型变量 x 和 y,那么用 y=x,就可以把变量 x 的值赋给变量 y。同类型的对象之间也可以进行赋值,即一个对象的值可以赋给另一个对象。这里所指的对象的赋值是指对其中的数据成员赋值,而不对成员函数赋值。例如,A 和 B 是同一类的两个对象,那么下述对象赋值语句

```
B=A;
```
就能把对象 A 的数据成员的值逐位复制给对象 B。

下面我们看一个使用对象赋值语句的例子。

例 3.24 对象赋值语句示例。

```
#include<iostream>
using namespace std;
class Myclass{
  public:
    void set(int i,int j)
    { a=i;
      b=j;
    }
    void show()
```

```
    { cout<<a<<" "<<b<<endl;
    }
  private:
    int a,b;
};
int main()
{ Myclass o1,o2;
  o1.set(20,5);
  o2=o1;                    //将对象 o1 的值赋给对象 o2
  o1.show();
  o2.show();
  return 0;
}
```

在该程序中,语句:

  o2=o1;

等价于语句:

  o2.a=o1.a;
  o2.b=o1.b;

因此,运行此程序将显示:

  20 5
  20 5

说明:

(1) 在使用对象赋值语句进行对象赋值时,两个对象的类型必须相同,如对象的类型不同,编译时将出错。

(2) 两个对象之间的赋值,仅仅使这些对象中数据成员相同,而两个对象仍是分离的。例如本例对象赋值后,再调用 o1.set() 设置 o1 的值,不会影响 o2 的值。

(3) 对象赋值是通过默认赋值运算符函数实现的,有关赋值运算符函数将在第 5 章介绍。

(4) 将一个对象的值赋给另一个对象时,多数情况下都是成功的,但当类中存在指针时,可能会产生错误。这个问题我们将在第 5 章分析。

3.6.2 拷贝构造函数

  拷贝构造函数是一种特殊的构造函数,其形参是本类对象的引用。拷贝构造函数的作用是,在建立一个新对象时,使用一个已经存在的对象去初始化这个新对象。例如:

  Point p2(p1);

其作用是,在建立新对象 p2 时,用已经存在的对象 p1 去初始化新对象 p2,在这个过程中就要调用拷贝构造函数。

拷贝构造函数具有以下特点：

（1）因为该函数也是一种构造函数，所以其函数名与类名相同，并且该函数也没有返回值类型。

（2）该函数只有一个参数，并且是同类对象的引用。

（3）每个类都必须有一个拷贝构造函数。程序员可以自定义拷贝构造函数，用于按照需要初始化新对象。如果程序员没有定义类的拷贝构造函数，系统就会自动生成产生一个默认拷贝构造函数，用于复制出数据成员值完全相同的新对象。

1. 自定义拷贝构造函数

自定义拷贝构造函数的一般形式如下：

类名::类名(const 类名 & 对象名)

{

　　//拷贝构造函数的函数体

}

下面是一个用户自定义的拷贝构造函数：

```
class Point{
  public:
    Point(int a,int b)                  //构造函数
    { x=a;
      y=b
    }
    Point(const Point &p)               //拷贝构造函数
    { x=2*p.x;
      y=2*p.y;
    }
      ⋮
  private:
    int x,y;
};
```

假如 p1 为类 Point 的一个对象，则下述语句可以在建立新对象 p2 时调用拷贝构造函数初始化 p2：

```
Point p2(p1);
```

下面是使用这个自定义拷贝构造函数的完整程序。

例 3.25 自定义拷贝构造函数的使用。

```
#include<iostream>
using namespace std;
class Point{
  public:
    Point(int a,int b)                  //普通构造函数
```

```
    { x=a;
      y=b;
    }
    Point(const Point &p)          //自定义的拷贝构造函数
    { x=2*p.x;
      y=2*p.y;
    }
    void print()
    { cout<<x<<" "<<y<<endl;
    }
  private:
    int x,y;
};
int main()
{ Point p1(30,40);                 //定义对象p1,调用了普通的构造函数
  Point p2(p1);                    //调用拷贝构造函数,用对象p1初始化对象p2
  p1.print();
  p2.print();
  return 0;
}
```

本例在定义对象 p2 时,调用了自定义拷贝构造函数。程序运行结果如下:

```
30 40
60 80
```

从运行结果可以看出,该程序中调用过一次普通的构造函数,用来初始化对象 p1。程序中又调用了一次自定义的拷贝构造函数,用对象 p1 去初始化对象 p2。

在程序中,用一个对象去初始化另一个对象,或者说,用一个对象去复制另一个对象,可以有选择、有变化地复制,类似于用复印机复制文件一样,可大可小,也可以复印其中的一部分。本例将对象 p1 数据成员的值逐域乘上 2 后,去初始化对象 p2。

调用拷贝构造函数的一般形式为:

类名　对象2(对象1);

如例 3.25 中的

```
Point p2(p1);
```

这种调用拷贝构造函数的方法称为"代入法"。除了用代入法调用拷贝构造函数外,还可以采用"赋值法"调用拷贝构造函数。这种调用方法的一般形式为:

类名　对象2=对象1;

如将例 3.25 主函数 main 改成如下形式:

```
int main()
{ Point p1(10,20);
  Point p2=p1;                     //以赋值法调用拷贝构造函数
```

```
    p1.print();
    p2.print();
    return 0;
}
```

在执行语句"Point p2=p1;"时,虽然从形式上看是将对象 p1 赋值给了对象 p2,但实际上调用的是拷贝构造函数,运行结果没有发生变化。

说明:

以赋值法调用拷贝构造函数的形式与变量初始化语句类似,请与下面定义变量的语句作比较:

```
int y=x;
```

这种方法可以在一个语句中进行多个对象的复制。如

```
Point p2=p1,p3=p1;
```

请与下面定义变量的语句作比较:

```
int y=x,z=x;
```

2. 默认拷贝构造函数

每个类都必须有一个拷贝构造函数。程序员可以自定义拷贝构造函数,用于需要初始化新的对象时。如果程序员没有定义拷贝构造函数,系统就会自动生成一个默认拷贝构造函数,用于复制出完全相同的新对象。

若将例 3.25 中的自定义拷贝构造函数去掉,改变为例 3.26,如下所示。

例 3.26 默认拷贝构造函数的使用。

```
#include<iostream>
using namespace std;
class Point{
  public:
    Point(int a,int b)              //普通构造函数
    { x=a;
      y=b;
    }
    void print()
    { cout<<x<<" "<<y<<endl;
    }
  private:
    int x,y;
};
int main()
{ Point p1(30,40);                  //定义类 Point 的对象 p1,调用了普通构造函数
  Point p2(p1);                     //用代入法调用默认拷贝构造函数
                                    //用对象 p1 初始化对象 p2
```

```
        Point p3=p1;              //用赋值法调用默认拷贝构造函数
                                  //用对象 p1 初始化对象 p3
        p1.print();
        p2.print();
        p3.print();
        return 0;
    }
```

程序运行结果如下：

```
30  40
30  40
30  40
```

由于例 3.26 没有用户自定义的拷贝构造函数，因此在定义对象 p2 时，采用了"Point p2(p1)"的形式后，用代入法调用的是系统默认的拷贝构造函数。默认拷贝构造函数将对象 p1 的各个数据成员的值一一复制给了新对象 p2 中对应的数据成员，因此 p2 对象的数据成员的值与 p1 对象完全相同。在定义对象 p3 时，采用了"Point p3=p1"的形式后，用赋值法调用了系统默认的拷贝构造函数，将对象 p1 的各数据成员的值一一复制给了新对象 p3 中对应的数据成员，因此 p3 对象的数据成员的值与 p1 对象完全相同。

在通常情况下，默认拷贝构造函数是能够胜任工作的，但如果类中有指针类型时，调用默认拷贝构造函数有时会产生错误，使用时要予以注意。

3. 调用拷贝构造函数的 3 种情况

普通的构造函数是在对象创建时被调用，而拷贝构造函数在以下 3 种情况下都会被调用：

(1) 当用类的一个对象去初始化该类的另一个对象时，拷贝构造函数将会被调用。如例 3.26 主函数 main 中的下述语句：

```
Point p2(p1);              //用代入法调用拷贝构造函数，用对象 p1 初始化对象 p2
Point p3=p1;               //用赋值法调用拷贝构造函数，用对象 p1 初始化对象 p3
```

(2) 当函数的形参是类的对象，在调用函数进行形参和实参结合时，拷贝构造函数将会被调用。例如：

```
    void fun1(Point p)          //形参是类 Point 的对象 p
    { p.print();
    }
    int main()
    { Point  p1(10,20);
      fun1(p1);                 //调用函数 fun1 时，实参 p1 是类 Point 的对象
                                //将调用拷贝构造函数，初始化形参对象 p
      return 0;
    }
```

在 main 函数内，执行语句"fun1(p1);"便是这种情况。在调用这个函数时，对象 p1 是实参，

用它来初始化被调用函数的形参 p 时,需要调用拷贝构造函数。这时,如果类 Point 中有自定义的拷贝构造函数,就调用这个自定义的拷贝构造函数,否则就调用系统自动生成的默认拷贝构造函数。

(3) 当函数的返回值是类的对象,在函数调用完毕将返回值(对象)带回函数调用处时。此时就会调用拷贝构造函数,将此对象复制给一个临时对象并传到该函数的调用处。例如:

```
Point fun2()                    //函数 fun2 的返回值类型是 Point 类类型
{ Point p1(10,30);              //定义类 Point 的对象 p1
  return p1;                    //函数的返回值是 Point 类的对象
}
int main()
{ Point p2;                     //定义类 Point 的对象 p2
  P2=fun2();                    //函数执行完成,返回调用者时,调用拷贝构造函数
  return 0;
}
```

由于对象 p1 是在函数 fun2 中定义的,在调用函数 fun2 结束时,p1 的生命周期结束了,因此在函数 fun2()结束前,执行语句"return p1;"时,将会调用拷贝构造函数将 p1 的值复制到一个临时对象中,这个临时对象是编译系统在主程序中临时创建的。函数运行结束时对象 p1 消失,但临时对象将会通过语句"p2=fun2()"将它的值赋给对象 p2。执行完这个语句后,临时对象的使命也就完成了,该临时对象便自动消失了。

例 3.27 演示调用拷贝构造函数的 3 种情况。

```
#include<iostream>
using namespace std;
class Point     {
  public:
     Point(int a0,int b=0);              //声明构造函数
     Point(const Point &p);              //声明拷贝构造函数
     void print()
     { cout<<x<<" "<<y<<endl;
     }
  private:
     int x,y;
};
Point::Point(int a,int b)               //定义构造函数
{ x=a;
  y=b;
  cout<<"Using   normal constructor\n";
}
Point::Point(const Point &p)            //定义拷贝构造函数
{ x=2*p.x;
  y=2*p.y;
  cout<<"Using copy constructor\n";
```

```cpp
}
void fun1(Point p)              //函数fun1的形参是类对象
{ p.print();
}
Point fun2()                    //函数fun2的返回值是类对象
{ Point p4(10,30);              //定义对象p4时,要调用普通的构造函数
  return p4;                    //返回对象p4时,要调用拷贝的构造函数
}
int main()
{ Point p1(30,40);              //定义对象p1时,第1次调用普通的构造函数
  p1.print();
  Point p2(p1);                 //建立新对象p2时,第1次调用拷贝构造函数
                                //用对象p1初始化对象p2
  p2.print();
  Point p3=p1;                  //建立新对象p3时,第2次调用拷贝构造函数
                                //用对象p1初始化对象p3
  p3.print();
  fun1(p1);                     //在调用函数fun1,实参与形参结合时,第3次调用拷贝构造函数
  p2=fun2();                    //在调用函数fun2时,第2次调用普通的构造函数
                                //当调用函数fun2结束时,第4次调用拷贝构造函数
  p2.print();
  return 0;
}
```

在主函数main中,执行语句"Point p1(30,40);",定义对象p1时,第1次调用普通的构造函数。执行语句"Point p2(p1);",建立新对象p2时,第1次调用拷贝构造函数,用对象p1初始化对象p3。执行语句"Point p3=p1;",建立新对象p3时,第2次调用拷贝构造函数,用对象p1初始化对象p3。执行语句"fun1(p1);",在调用函数,实参与形参结合时,第3次调用拷贝构造函数。执行语句"p2=fun2();",在函数fun2内部定义对象p4时,第2次调用普通的构造函数,当调用函数fun2结束时,由于函数fun2的返回值是对象p4,第4次调用拷贝构造函数。

程序运行结果如下:

```
Using normal constructor
30    40
Using copy constructor
60    80
Using copy constructor
60    80
Using copy constructor
60    80
Using normal constructor
Using copy constructor
20    60
```

如果在类中没有自定义的拷贝构造函数,程序运行结果将会变成以下情况:

```
Using  normal constructor
30  40
30  40
30  40
30  40
Using  normal constructor
10  30
```

请读者分析一下,为什么?

3.7 静 态 成 员

为了实现一个类的多个对象之间的数据共享,C++提出了静态成员的概念。静态成员包括静态数据成员和静态函数成员。下面分别对它们进行讨论。

3.7.1 静态数据成员

我们知道,类是对具有相同属性和相同行为的一组对象的描述。例如,学生类可由学号、姓名、成绩等表示其属性的数据项和对这些数据的录入、修改和显示等操作组成。在C++语言中把类中数据称为数据成员。

对象是类的一个实例,每个对象具有自己的数据成员。例如,学生类对象张三或李四,都具有自己的学号、姓名和成绩。在实际使用时,常常还需要一些其他的数据项,比如学生人数、总成绩和平均成绩等。但是,如果把这些数据项也作为普通的数据成员来处理,将会产生错误。下面通过例题来说明。

例 3.28 静态数据成员的引例。

```cpp
#include<iostream>
#include<string>
using namespace std;
class Student {
    public:
        Student(string name1,string stu_no1,float score1);    //声明构造函数
        ~Student();                                            //声明析构函数
        void show();                                           //输出姓名、学号和成绩
        void show_count_sum_ave();                             //输出学生人数和平均成绩
    private:
        string name;                                           //学生姓名
        string stu_no;                                         //学生学号
        float score;                                           //学生成绩
        int count;                                             //学生人数
        float sum;                                             //累加成绩
```

```cpp
        float ave;                                  //平均成绩
};
Student::Student(string name1,string stu_no1,float score1)   //定义构造函数
{   stu_no=stu_no1;
    score=score1;
    ++count;                                        //累加学生人数
    sum=sum+score;                                  //累加成绩
    ave=sum/count;                                  //计算平均成绩
}
Student::~Student()                                 //定义析构函数
{
    --count;
    sum=sum-score;
}
void Student::show()
{   cout<<"\n 姓名："<<name;
    cout<<"\n 学号："<<stu_no;
    cout<<"\n 成绩："<<score;
}
void Student::show_count_sum_ave()
{   cout<<"\n 学生人数："<<count;
    cout<<"\n 平均成绩："<<ave;
}
int main()
{   Student stu1("李明","08150201",90);             //建立第 1 个学生对象 stu1
    stu1.show();
    stu1.show_count_sum_ave();
    cout<<"\n----------------\n";
    Student stu2("张大伟","08150202",80);           //建立第 2 个学生对象 stu2
    stu2.show();
    stu2.show_count_sum_ave();
    return 0;
}
```

程序运行结果如下：

姓名：李明
学号：08150201
成绩：90
学生人数：-858993459   (注：此结果错误)
平均成绩：0.125   (注：此结果错误)

姓名：张大伟
学号：08150202
成绩：80
学生人数：-858993459   (注：此结果错误)

平均成绩：0.125   （注：此结果错误）

本例的设计思想是，希望每定义一个对象，调用一次构造函数，使数据成员 count 加 1，从而累计学生人数；同时用数据成员 sum 累加学生成绩，求出学生的累加成绩，用数据成员 ave 计算平均成绩。但是，实际上这个例题的运行结果是错误的。其原因是，一个学生对象的 count、sum 和 ave 仅仅属于这个学生对象，而不是所有学生对象所共享的，因此它们不能表示所有学生的人数、累加成绩和平均成绩。

要想统计学生人数、总成绩和平均成绩，count、sum 和 ave 不能够定义为类的普通数据成员，必须使它们为所有的对象共享。那么，怎样才能使 count、sum 和 ave 被多个对象的数据共享呢？

一个方法是，将 count、sum 和 ave 说明为全局变量，这样可以达到多个对象数据共享的目的。但是使用全局变量会带来不安全性，并且破坏了面向对象程序设计的信息隐蔽技术，与面向对象的封装性特点是矛盾的。为了实现同一个类的多个对象之间的数据共享，C++ 提出了静态数据成员的概念。

在一个类中，若将一个数据成员说明为 static，这种成员称为静态数据成员。与一般的数据成员不同，无论建立多少个类的对象，都只有一个静态数据成员的拷贝。从而实现了同一个类的不同对象之间的数据共享。

定义静态数据成员的格式如下：

static 数据类型 数据成员名；

下面将例 3.28 中 count、sum 和 ave 改为静态数据成员来处理，就能很好地完成预想的功能。

例 3.29　静态数据成员的使用。

```
#include<iostream>
#include<string>
using namespace std;
class Student {
    public:
        Student(string name1,string stu_no1,float score1);    //声明构造函数
        ~Student();                                           //声明析构函数
        void show();                                          //输出姓名、学号和成绩
        void show_count_sum_ave();                            //输出学生人数和平均成绩
    private:
        string name;                //普通数据成员,用于表示学生姓名
        string stu_no;              //普通数据成员,用于表示学生学号
        float score;                //普通数据成员,用于表示学生成绩
        static int count;           //静态数据成员,用于统计学生人数
        static float sum;           //静态数据成员,用于统计累加成绩
        static float ave;           //静态数据成员,用于统计平均成绩
};
Student::Student(string name1,string stu_no1,float score1)    //定义构造函数
{   stu_no=stu_no1;
```

```cpp
        score=score1;
        ++count;                                    //累加学生人数
        sum=sum+score;                              //累加成绩
        ave=sum/count;                              //计算平均成绩
}
Student::~Student()                                 //定义析构函数
{
    --count;
    sum=sum-score;
}
void Student::show()
{   cout<<"\n 姓名："<<name;
    cout<<"\n 学号："<<stu_no;
    cout<<"\n 成绩："<<score;
}
void Student::show_count_sum_ave()
{   cout<<"\n 学生人数："<<count;                    //输出静态数据成员 count
    cout<<"\n 平均成绩："<<ave<<endl;                //输出静态数据成员 ave
}
int Student::count=0;                               //静态数据成员 count 初始化
float Student::sum=0.0;                             //静态数据成员 sum 初始化
float Student::ave=0.0;                             //静态数据成员 ave 初始化
int main()
{   Student stu1("李明","08150201",90);             //建立第 1 个学生对象 stu1
    stu1.show();
    stu1.show_count_sum_ave();
    cout<<"\n----------------\n";
    Student stu2("张大伟","08150202",80);           //建立第 2 个学生对象 stu2
    stu2.show();
    stu2.show_count_sum_ave();
    return 0;
}
```

程序运行结果如下：

姓名：李明
学号：08150201
成绩：90
学生人数：1
平均成绩：90

姓名：张大伟
学号：08150202
成绩：80
学生人数：2
平均成绩：85

在上面的例子中,类 Student 的数据成员 count、sum 和 ave 被声明为静态的,它们为所有 Student 类的对象所共享。因此,每定义一个对象,就调用一次构造函数,使数据成员 count 加 1,从而累计学生人数;同时数据成员 sum 累加每个对象(即学生)的学生成绩,求出学生的累加成绩,数据成员 ave 计算出所有学生的平均成绩。不难看出,本例的运行结果是正确的。

·说明:

(1) 静态数据成员的定义与普通数据成员相似,但前面要加上 static 关键字。例如:

```
static int count;              //静态数据成员,用于统计学生人数
static float sum;              //静态数据成员,用于统计累加成绩
static float ave;              //静态数据成员,用于统计平均成绩
```

(2) 静态数据成员的初始化与普通数据成员不同。静态数据成员初始化应在类外单独进行,而且应在定义对象之前进行。一般在主函数 main 之前,类声明之后的特殊地带为它提供定义和初始化。初始化的格式如下:

数据类型 类名::静态数据成员名=初始值;

例如上面的静态数据成员,在定义对象之前就应该先进行如下的初始化:

```
int Student::count=0;
float Student::sum=0.0;
float Student::ave=0.0;
```

注意:这时在数据成员名的前面不要加 static。

(3) 静态数据成员属于类(准确地说,是属于类对象的集合),而不像普通数据成员那样属于某一对象,因此可以使用"类名::"访问静态的数据成员。用类名访问静态数据成员的格式如下:

类名::静态数据成员名

例如上面例子中的 Student::count 和 Student::sum。

(4) 静态数据成员与静态变量一样,是在编译时创建并初始化。它在该类的任何对象被建立之前就存在。因此,公有的静态数据成员可以在对象定义之前被访问。对象定义后,公有的静态数据成员,也可以通过对象进行访问。用对象访问静态数据成员的格式如下:

对象名.静态数据成员名;
对象指针->静态数据成员名;

例 3.30 公有静态数据成员的访问。

```
#include<iostream>
using namespace std;
class myclass {
  public:
    static int i;
    int geti()
    { return i;
```

```cpp
    }
};
int myclass::i=0;                    //静态数据成员初始化,不必在前面加 static
int main()
{ myclass::i=200;                    //公有静态数据成员可以在对象定义之前被访问
  myclass ob1,ob2;
  cout<<"ob1.i="<<ob1.geti()<<endl;
  cout<<"ob2.i="<<ob2.geti()<<endl;
  ob1.i=300;                         //公有静态数据成员可通过对象进行访问
  cout<<"ob1.i="<<ob1.geti()<<endl;
  cout<<"ob2.i="<<ob2.geti()<<endl;
  return 0;
}
```

程序运行结果如下:

ob1.i=200
ob2.i=200
ob1.i=300
ob2.i=300

从本例也可以看出,由于静态数据成员只有一个值,所以不论用哪个对象访问,所得的结果是一样的。所以,从这个意义上讲,静态数据成员也是类的公共数据成员,是对象的共享数据项。

(5) 私有静态数据成员不能在类外直接访问,必须通过公有的成员函数访问。

(6) C++支持静态数据成员的一个重要原因是可以不必使用全局变量。依赖于全局变量的类几乎都是违反面向对象程序设计的封装特性的。静态数据成员主要用作类的所有对象所公用的数据,如统计总数、平均数等。

3.7.2 静态成员函数

在类定义中,前面有 static 说明的成员函数称为静态成员函数。静态成员函数属于整个类,是该类所有对象共享的成员函数,而不属于类中的某个对象。定义静态成员函数的格式如下:

static 返回类型 静态成员函数名(参数表);

与静态数据成员类似,调用公有静态成员函数的一般格式有如下几种:

类名::静态成员函数名(实参表)
对象.静态成员函数名(实参表)
对象指针->静态成员函数名(实参表)

下面的例子给出了静态成员函数访问静态数据成员的方法。

例 3.31 静态成员函数访问静态数据成员。

```cpp
#include<iostream>
using namespace std;
class Small_cat{
  public:
    Small_cat(double w);                    //声明构造函数
    void display();                         //声明非静态成员函数
    static void total_disp();               //声明静态成员函数
  private:
    double weight;                          //普通数据成员,表示一只小猫的质量
    static double total_weight;             //静态数据成员,用来累计小猫的质量
    static double total_number;             //静态数据成员,用来累计小猫的只数
};
Small_cat::Small_cat(double w)              //定义构造函数
{ weight=w;
  total_weight+=w;                          //累加小猫的质量
  total_number++;                           //累加小猫的只数
}
void Small_cat::display()                   //定义非静态成员函数
{                                           //显示每只小猫的质量
  cout<<"这只小猫的质量是:"<<weight<<"千克\n";
}
void Small_cat::total_disp()                //定义静态成员函数,显示小猫的只数和总质量
{                                           //在此,不要用 static 前缀
  cout<<total_number<<"只小猫的总质量是:";
  cout<<total_weight<<"千克"<<endl;
}
double Small_cat::total_weight=0;           //静态数据成员初始化
double Small_cat::total_number=0;           //静态数据成员初始化
int main()
{ Small_cat w1(0.5),w2(0.6),w3(0.4);
  w1.display();                             //调用非静态成员函数,显示第 1 只小猫的质量
  w2.display();                             //调用非静态成员函数,显示第 2 只小猫的质量
  w3.display();                             //调用非静态成员函数,显示第 3 只小猫的质量
  Small_cat::total_disp();                  //调用静态成员函数,显示小猫的只数和总质量
  return 0;
}
```

程序运行结果如下:

这只小猫的质量是:0.5 千克
这只小猫的质量是:0.6 千克
这只小猫的质量是:0.4 千克
3 只小猫的总质量是:1.5 千克

上面的程序中定义了一个类 Small_cat,在类中定义了两个静态数据成员 total_weight 和 total_number,分别用来累计小猫的质量和累计小猫的只数,在类中还定义了一个静态成

员函数 total_disp 用于显示小猫的只数和总质量。每当定义了一个类 Small_cat 的对象时，就通过调用构造函数把每只小猫的质量（weight）加到总质量（total_weight）上，同时对象计数器（total_number）加 1，即累计小猫的只数。

下面对静态成员函数的使用再作几点说明：

（1）一般情况下，静态函数成员主要用来访问静态数据成员。当它与静态数据成员一起使用时，达到了对同一个类中对象之间共享数据的目的。

（2）私有静态成员函数不能做类外部的函数和对象访问。

（3）使用静态成员函数的一个原因是，可以用它在建立任何对象之前调用静态成员函数，以处理静态数据成员，这是普通成员函数不能实现的功能。例如：

```
int main()
{ Small_cat::total_disp();          //可以用它在建立任何对象之前调用静态成员函数
  Small_cat w1(0.5),w2(0.6),w3(0.4);
  ⋮
  return 0;
}
```

（4）编译系统将静态成员函数限定为内部连接，也就是说，与现行文件相连接的其他文件中的同名函数不会与该函数发生冲突，维护了该函数使用的安全性，这是使用静态成员函数的另一个原因。

（5）静态成员函数是类的一部分，而不是对象的一部分。如果要在类外调用公有的静态成员函数，使用如下格式较好：

类名::静态成员函数名()

如例 3.31 中的：

```
small_cat::total_disp();
```

当然，如果已经定义了这个类的对象（例如 w1），使用以下语句也是正确的：

```
w1.total_disp();
```

（6）静态成员函数与非静态成员函数的重要的区别是：非静态成员函数有 this 指针，而静态成员函数没有 this 指针。静态成员函数可以直接访问本类中的静态数据成员，因为静态数据成员同样是属于类的，可以直接访问。一般而言，静态成员函数不访问类中的非静态成员。假如在一个静态成员函数中有以下语句：

```
cout<<"一只小猫的质量是:"<<weight<<"千克\n";
                    //不合法,weight 是非静态数据成员
cout<<"小猫的总质量是"<<total_weight<<"千克"<<endl;
                    //合法,total_weight 是静态数据成员
```

若确实需要访问非静态数据成员，静态成员函数只能通过对象名（或对象指针、对象引用）访问该对象的非静态成员。如把 display 函数定义为静态成员函数时，可将对象的引用作为函数参数，将它定义为：

```
static void display(small_cat &w)
{ cout<<"这只小猫的质量是:"<<w.weight<<"千克\n"; }
```

下面的例子给出了静态成员函数访问非静态数据成员的方法。

例3.32 静态成员函数访问非静态数据成员。

```
#include<iostream>
using namespace std;
class Small_cat{
  public:
    Small_cat(double w);                    //声明构造函数
    static void display(Small_cat& w);      //声明静态成员函数
    static void total_disp();               //声明静态成员函数
  private:
    double weight;                          //普通数据成员,表示一只小猫的质量
    static double total_weight;             //静态数据成员,用来累计小猫的质量
    static double total_number;             //静态数据成员,用来累计小猫的只数
};
Small_cat::Small_cat(double w)              //定义构造函数
{ weight=w;
  total_weight+=w;                          //累加小猫的质量
  total_number++;                           //累加小猫的只数
}
void Small_cat::display(Small_cat& w)       //定义静态成员函数,将对象的引用
{                                           //作为参数,显示每只小猫的质量
  cout<<"这只小猫的质量是:"<<w.weight<<"千克\n";
}
void Small_cat::total_disp()                //定义静态成员函数,显示小猫的只数和总质量
{                                           //在此,不要用static前缀
  cout<<total_number<<"只小猫的总质量是:";
  cout<<total_weight<<"千克"<<endl;
}
double Small_cat::total_weight=0;           //静态数据成员初始化
double Small_cat::total_number=0;           //静态数据成员初始化
int main()
{ Small_cat w1(0.5),w2(0.6),w3(0.4);
  Small_cat::display(w1);                   //调用静态成员函数,显示第1只小猫的质量
  Small_cat::display(w2);                   //调用静态成员函数,显示第2只小猫的质量
  Small_cat::display(w3);                   //调用静态成员函数,显示第3只小猫的质量
  Small_cat::total_disp();                  //调用静态成员函数,显示小猫的只数和总质量
  return 0;
}
```

上面的程序中声明了一个类Small_cat,在类中定义了两个静态数据成员total_weight和total_number分别用来累计小猫的质量和累计小猫的只数;在类中还定义了一个静态成员函数display用于访问非静态数据成员,显示一只小猫的质量,这个静态成员函数将对象

的引用作为参数;在类中还定义了一个静态成员函数 total_disp,用于显示小猫的只数和总质量。每当定义了一个 small_cat 的对象时,就通过调用构造函数把每只小猫的质量(weight)加到总质量(total_weight)上,同时对象计数器(total_number)加 1,即累计小猫的只数。

程序运行结果如下:

这只小猫的质量是:0.5 千克
这只小猫的质量是:0.6 千克
这只小猫的质量是:0.4 千克
3 只小猫的总质量是:1.5 千克

3.8 友　　元

类的主要特点之一是信息隐藏和封装,即类的私有成员(或保护成员)只能在类定义的范围内使用,也就是说私有成员(或保护成员)只能通过它的成员函数来访问。但是,有时候需要在类的外部访问类的私有成员(或保护成员)。为此,就需要寻找一种途径,在不放弃私有成员(或保护成员)数据安全性的情况下,使得一个普通函数或者类的成员函数可以访问到封装于某一类中的信息(私有、保护成员),在 C++ 中用友元作为实现这个要求的辅助手段。C++ 中的友元为数据隐藏这堵不透明的墙开了一个小孔,外界可以通过这个小孔窥视类内部的秘密,友元是一扇通向私有(保护)成员的后门。

友元包括友元函数和友元类,下面分别予以介绍。

3.8.1 友元函数

既可以是不属于任何类的非成员函数,也可以是另一个类的成员函数,统称为友元函数。友元函数不是当前类的成员函数,而是独立于当前类的外部函数,但它可以访问该类所有的成员,包括私有成员、保护成员和公有成员。

在类中声明友元函数时,需在其函数名前加上关键字 friend。此声明可以放在公有部分,也可以放在保护部分和私有部分。友元函数可以定义在类内部,也可以定义在类的外部。

1. 将非成员函数声明为友元函数

下面是一个使用友元函数的例子。

例 3.33 友元函数的使用。

```
#include<iostream>
#include<string>
using namespace std;
class Girl{
    public:
```

```
        Girl(string n,int d)        //定义构造函数,为name和age赋初值
        {   name=n;
            age=d;
        }
        friend void disp(Girl &);   //声明disp函数为类Girl的友元函数
    private:
        string name;
        int age;
};
void disp(Girl &x)                  //定义友元函数,形参是类Girl的对象的引用
{                                   //在此函数名前不要加关键字friend,也不要加"类名::"
    cout<<"女孩的姓名是:"<<x.name<<",年龄:"<<x.age<<endl;
}
int main()
{   Girl g1("陈晓丽",18);
    disp(g1);                       //调用友元函数disp,实参g1是Girl类对象
    return 0;
}
```

程序运行结果如下:

女孩的姓名是:陈晓丽,年龄:18

从例3.33可以看出,友元函数可以访问类对象的各个私有数据。若在类Girl的声明中将友元函数disp的关键字friend去掉,那么函数disp对类对象的私有数据的访问将变为非法。

说明:

(1) 友元函数虽然可以访问类对象的私有成员,但它毕竟不是成员函数。因此,在类的外部定义友元函数时,不必像成员函数那样,在函数名前加上"类名::"。

(2) 因为友元函数不是类的成员,所以它不能直接访问对象的数据成员,也不能通过this指针访问对象的数据成员,它必须通过作为入口参数传递进来的对象名(或对象指针、对象引用)来访问引用该对象的数据成员。例如上面例子中的友元函数void disp(Girl &x)的形参x是Girl类的对象的引用,此时函数体应写成

```
cout<<"女孩的姓名是:"<<x.name<<",年龄:"<<x.age<<endl;
```

(3) 由于函数disp是Girl类的友元函数,所以disp函数可以访问Girl中的私有数据成员name和age。但在访问name和age时,必须加上对象名x,不能写成

```
cout<<"女孩的姓名是:"<<name<<",年龄:"<<age<<endl;
```

在C++中为什么要引入友元机制呢?

首先,友元机制是对类的封装机制的补充,利用这种机制,一个类可以赋予某些函数访问它的私有成员的特权。声明了一个类的友员函数,就可以用这个函数直接访问该类的私有数据,从而提高程序运行的效率。如果没有友元机制,外部函数访问类的私有数据,必须通过调用公有的成员函数,这在需要频繁调用私有数据的情况下,会带来较大的开销,从而

降低程序的运行效率。但是,引入友元机制并不是使数据成为公有的或全局的,未经授权的其他函数仍然不能直接访问这些私有数据。因此,慎重、合理地使用友元机制不会彻底丧失安全性,不会使软件可维护性大幅度降低。

其次,友元提供了不同类的成员函数之间、类的成员函数与一般函数之间进行数据共享的机制。尤其当一个函数需要访问多个类时,友元函数非常有用,普通的成员函数只能访问其所属的类,但是多个类的友元函数能够访问相关的所有类的数据。

例如有 Boy 和 Girl 两个类,现要求打印出所有的男生和女生的名字和年龄,我们只需一个独立的函数 prdata 就能够完成,但它必须同时定义为这两个类的友元函数。例 3.34 给出了这样的一个程序。

例 3.34 一个函数同时定义为两个类的友元函数。

```cpp
#include<iostream>
#include<string>
using namespace std;
class Boy;                    //对 Boy 类的提前引用声明
class Girl{                   //声明 Girl 类
    public:
        Girl(string N,int A);
        friend void prdata(const Girl & ,const Boy &);
        //声明函数 prdata 为类 Girl 的友元函数
    private:
        string name;
        int age;
};
Girl::Girl(string N,int A)
{   name=N;
    age=A;
}
class Boy {                   //声明 Boy 类
    public:
        Boy(string N,int A);
        friend void prdata(const Girl& plg,const Boy& plb);
        //声明函数 prdata 为类 Boy 的友元函数
    private:
        string name;
        int age;
};
Boy::Boy(string N,int A)
{   name=N;
    age=A;
}
void prdata(const Girl& plg,const Boy& plb)
//定义函数 prdata()为类 Girl
```

```cpp
        //和类 Boy 的友元函数,形参 plg 和 plb 分别是 Girl 类和 Boy 类的对象的引用
{       cout<<"女孩的姓名:"<<plg.name<<"\n";
        cout<<"女孩的年龄:"<<plg.age<<"\n";
        cout<<"男孩的姓名:"<<plb.name<<"\n";
        cout<<"男孩的年龄:"<<plb.age<<"\n";
}
int main()
{   Girl g1("张小好",12);    //定义 Girl 类对象 g1
    Girl g2("李 芳",13);     //定义 Girl 类对象 g2
    Girl g3("王 红",12);     //定义 Girl 类对象 g3
    Boy b1("陈大林",11);     //定义 Boy 类对象 b1
    Boy b2("赵 超",13);      //定义 Boy 类对象 b2
    Boy b3("白晓光",12);     //定义 Boy 类对象 b3
    prdata(g1,b1);          //调用友元函数 prdata,实参是 Girl 类对象 g1 和 Boy 类对象 b1
    prdata(g2,b2);          //调用友元函数 prdata,实参是 Girl 类对象 g2 和 Boy 类对象 b2
    prdata(g3,b3);          //调用友元函数 prdata,实参是 Girl 类对象 g3 和 Boy 类对象 b3
    return 0;
}
```

程序运行结果如下:

女孩的姓名:张小好
女孩的年龄:12
男孩的姓名:陈大林
男孩的年龄:11
女孩的姓名:李　芳
女孩的年龄:13
男孩的姓名:赵　超
男孩的年龄:13
女孩的姓名:王　红
女孩的年龄:12
男孩的姓名:白晓光
男孩的年龄:12

程序中的第 4 行是由于第 8 行的要求而存在的。因为友元函数带了两个不同的类的对象,其中一个是类 Boy 的对象,而类 Boy 要在后面才被定义。为了避免编译时的错误,编程时必须通过提前引用声明(forward reference)告诉C++类 Boy 将在后面定义。在提前引用类声明之前,可以使用该类的参数,这样第 8 行就不会出错了。

由于函数 prdata 被定义成类 Boy 和类 Girl 的友元函数,所以它能够访问这两个类中的所有数据(包括私有数据)。

引入友元机制的另一个原因是方便编程,在某些情况下,如运算符被重载时,需要用到友元函数,这方面内容将在第 5 章中介绍。

应该指出的是,引入友元提高了程序运行效率、实现了类之间的数据共享和方便了编程。但是声明友元函数相当于在实现封装的黑盒子上开洞,如果一个类声明了许多友元,则相当于在黑盒子上开了很多洞,显然这将破坏数据的隐蔽性和类的封装性,降低程序的可维

护性,这与面向对象的程序设计思想是背道而驰的,因此使用友元函数应谨慎。

2. 将成员函数声明为友元函数

除了一般的非成员函数可以作为某个类的友元外,一个类的成员函数也可以作为另一个类的友元,它是友元函数中的一种,称为友元成员函数。友元成员函数不仅可以访问自己所在类对象中的私有成员和公有成员,还可以访问 friend 声明语句所在类对象中的所有成员,这样能使两个类相互合作、协调工作,完成某一任务。

在例 3.35 所列的程序中,声明了 disp 为类 Boy 的成员函数,又是类 Girl 的友元函数。

例 3.35 一个类的成员函数作为另一个类的友元函数。

```
#include<iostream>
#include<string>
using namespace std;
class Girl;                            //对 Girl 类的提前引用声明
class Boy{                             //声明 Boy 类
    public:
        Boy(string n,int d)
        {   name=n;
            age=d;
        }
        void disp(Girl &);             //声明函数 disp 为类 Boy 的成员函数
    private:
        string name;
        int age;
};
class Girl{                            //声明 Girl 类
    public:
        Girl(string n,int d)
        {
            name=n;
            age=d;
        }
        friend void Boy::disp(Girl &);
        //声明类 Boy 的成员函数 disp 为类 Girl 的友元成员函数
    private:
        string name;
        int age;
};
void Boy::disp(Girl &x)                //定义类 Boy 的成员函数 disp,同时也为类 Girl
{                                      //的友元成员函数,形参为 Girl 类对象的引用
    cout<<"男孩的姓名:"<<name<<"\n";   //函数 disp 作为 Boy 类的成员函数,
                                       //可以访问 Boy 类对象中的私有数据
    cout<<"男孩的年龄:"<<age<<"\n";    //注释同上
```

```
            cout<<"女孩的姓名:"<<x.name<<"\n";  //函数 disp 作为 Girl 类的友元成员函数,
                                              //可以访问 Girl 类对象中的私有数据
            cout<<"女孩的年龄:"<<x.age<<"\n";   //注释同上
    }
    int main()
    {   Boy b1("陈大林",11);              //定义 Boy 类对象 b1
        Girl g1("张小好",12);             //定义 Girl 类对象 g1
        b1.disp(g1);                      //调用 Boy 类对象 b1 的成员函数 disp 和 Girl 类
                                          //的友元成员函数 disp,实参是 Girl 类对象 g1
        return 0;
    }
```

程序运行结果如下:

男孩的姓名:陈大林
男孩的年龄:11
女孩的姓名:张小好
女孩的年龄:12

说明:

(1) 一个类的成员函数作为另一个类的友元函数时,必须先定义这个类。例如例 3.35 中,类 Boy 的成员函数为类 Girl 的友元函数,必须先定义类 Boy。并且在声明友元函数时,要加上成员函数所在类的类名,如:

```
friend void Boy::disp(Girl &);
```

(2) 程序中第 4 行"class Girl;"为 Girl 类的提前引用声明,因为函数 disp()中将 Girl & 作为参数,而 Girl 要在后面才被定义。

3.8.2 友元类

不仅函数可以作为一个类的友元,一个类也可以作为另一个类的友元,称为友元类。友元类的说明方法是在另一个类声明中加入语句

friend 类名;

此类名为友元类的类名。这条语句可以放在公有部分也可以放在私有部分,例如:

```
class Y{
    ⋮
};
class X{
    ⋮
    friend Y;                    //声明类 Y 为类 X 的友元类
    ⋮
};
```

当类 Y 被说明为类 X 的友元时,类 Y 的所有成员函数都成为类 X 的友元函数,这就意味着作为友元类 Y 中的所有成员函数都可以访问类 X 中的所有成员(包括私有成员)。

下面的例子中，声明了两个类 Boy 和 Girl，类 Boy 声明为类 Girl 的友元，因此类 Boy 的成员函数都成为类 Girl 的友元函数，它们都可以访问类 Girl 的私有成员。

例 3.36 友元类的应用。

```
#include<iostream>
#include<string>
using namespace std;
class Girl;                              //对 Girl 类的提前引用声明
class Boy {                              //声明 Boy 类
    public:
        Boy(string n,int d)
        {   name=n;
            age=d;
        }
        void disp1(Girl &);              //声明函数 disp1 为类 Boy 的成员函数
        void disp2(Girl &);              //声明函数 disp2 为类 Boy 的成员函数
    private:
        string name;
        int age;
};
class Girl {                             //声明 Girl 类
    public:
        Girl(string n,int d)
        {   name=n;
            age=d;
        }
        friend Boy;                      //声明类 Boy 为类 Girl 的友元类，则类 Boy 中的
                                         //所有成员函数为 Girl 类的友元成员函数
    private:
        string name;
        int age;
};
void Boy::disp1(Girl &x)                 //定义类 Boy 的成员函数 disp1，同时也为类
{                                        //Girl 的友元成员函数，形参为 Girl 类对象的引用
    cout<<"男孩的姓名:"<<name<<"\n";      //函数 disp1 作为 Boy 类的成员函数，
                                         //访问 Boy 类对象中的私有数据
    cout<<"女孩的姓名:"<<x.name<<"\n";    //函数 disp1 作为 Girl 类的友元成员函数，
                                         //访问 Girl 类对象中的私有数据
}
void Boy::disp2(Girl &x)                 //定义类 Boy 的成员函数 disp2，同时也为类
{                                        //Girl 的友元成员函数，形参为 Girl 类对象的引用
    cout<<"男孩的年龄:"<<age<<"\n";       //函数 disp2 作为 Boy 类的成员函数，
                                         //访问 Boy 类对象中的私有数据
    cout<<"女孩的年龄:"<<x.age<<"\n";     //函数 disp2 作为 Girl 类的友元成员函数，
                                         //访问 Girl 类对象中的私有数据
```

```
}
int main()
{   Boy b1("陈大林",11);              //定义 Boy 类对象 b1
    Girl g1("张小好",12);             //定义 Girl 类对象 g1
    b1.disp1(g1);                     //调用 Boy 类对象 b1 的成员函数和 Girl 类
                                      //的友元成员函数 disp1,实参是 Girl 类对象 g1
    b1.disp2(g1);                     //调用 Boy 类对象 b1 的成员函数和 Girl 类
                                      //的友元成员函数 disp2,实参是 Girl 类对象 g1
    return 0;
}
```

在这个程序中,声明了类 Boy 为类 Girl 的友元类,则类 Boy 中的所有成员函数为 Girl 类的友元成员函数。因此类 Boy 中的两个成员函数 disp1 和 disp2 都是类 Girl 的友元成员函数,它们不但可以访问类 Boy 中的所有成员,也可以访问类 Girl 中的所有成员。

程序运行结果如下:

男孩的姓名:陈大林
女孩的姓名:张小好
男孩的年龄:11
女孩的年龄:12

说明:

友元关系是单向的,不具有交换性。若声明了类 X 是类 Y 的友元(即在类 Y 定义中声明 X 为 friend 类),不等于类 Y 一定是 X 的友元,这要看在类 X 中是否有相应的声明。

友元关系也不具有传递性。若类 X 是类 Y 的友元,类 Y 是类 Z 的友元,不一定类 X 是类 Z 的友元。如果想让类 X 是类 Z 的友元类,应在类 Z 中作出声明。

3.9 类的组合

在类中定义的数据成员一般都是基本的数据类型或复合数据类型。但是还可以根据需要使用其他类的对象作为正在声明的类的数据成员。前面曾经介绍过,复杂的对象可以由比较简单的对象以某种方式组合而成,复杂对象和组成它的简单对象之间的关系是组合关系。

例如,计算机硬件可构成计算机硬件类,计算机硬件类的数据成员有型号、CPU 参数、内存参数、硬盘参数、厂家等。其中的数据成员"厂家"又是计算机公司类的对象。这样、计算机硬件类的数据成员中就可以有计算机公司类的对象,或者反过来说,计算机公司类的对象又是计算机硬件类的一个数据成员。这样,当生成一个计算机硬件类对象时,其中就嵌套着一个计算机公司类对象。

在一个类中内嵌另一个类的对象作为数据成员,称为类的组合。该内嵌对象称为对象成员,也称为子对象。例如:

```
class A
{
    //……
};
class B
{
    A a;                    //类A的对象a为类B的对象成员
public:
    //……
};
```

使用对象成员着重要注意的问题是如何完成对象成员的初始化工作。当创建类的对象时,如果这个类具有内嵌的对象成员,那么内嵌对象成员也将被自动创建。因此,在创建对象时既要对本类的基本数据成员初始化,又要对内嵌的对象成员进行初始化。含有对象成员的类,其构造函数和不含对象成员的构造函数有所不同,例如有以下的类X:

```
class  X{
  类名1    对象成员1;
  类名2    对象成员2;
     ⋮
  类名n    对象成员n;
};
```

一般来说,类X的构造函数的定义形式为:

X::X(形参表0): 对象成员1(形参表1),对象成员2(形参表2),……
{
    //类X的构造函数体
}

其中,"对象成员1(形参表1),对象成员2(形参表2),……"称做初始化表,其作用是对对象成员进行初始化。

当调用构造函数X::X()时,首先按各内嵌对象成员在类声明中的顺序依次调用它们的构造函数,对这些对象初始化。最后再执行类X的构造函数体,初始化类X中的其他成员。析构函数的调用顺序与构造函数的调用顺序相反。

例3.37 对象成员的初始化。

```
#include<iostream>
using namespace std;
class A{                                    //声明类A
  public:
    A(int x1,float y1)
    { x=x1;
      y=y1;
    }
    void show()
    { cout<<"\n x="<<x<<"y="<<y;
```

```
    }
  private:
    int x;
    float y;
};
class B{                                      //声明类B
  public:
    B(int x1,float y1,int z1):a(x1,y1)        //类B的构造函数,含有初始化列表
    { z=z1;                                   //用于对内嵌对象a进行初始化

    }
    void show()
    { a.show();
      cout<<"z="<<z;
    }
  private:
    A a;                                      //类A的对象a为类B的对象成员
    int z;
};
int main()
{ B b(11,22,33);
  b.show();
  return 0;
}
```

本例构造函数的调用过程是:定义类B的对象b时,自动调用类B的构造函数

```
B(int x1,float y1,int z1):a(x1,y1)
{ z=z1;
}
```

由该构造函数先自动通过"a(x1,y1)"调用类A的构造函数,然后再执行类B的构造函数体,给数据成员z赋值。

程序运行结果如下:

x=11   y=22   z=33

下面我们再看一个应用对象成员的例子。前面我们声明的学生类Student中,关于学生成绩只给出了一个数据成员score,表示一门课的成绩。但实际上每个学生的学习成绩应含有多门课的成绩。所以,应该再多设置几个学习成绩数据成员才更符合实际。考虑到所有学习成绩的性质和处理都是一致的,所以学习成绩也可单独作为一个类(成绩类),而把Student中的原成员score作为成绩类的一个对象。这样,一个学生类中就嵌套着一个成绩类对象。请看下面的例题。

例3.38 对象成员的应用。

```
#include<iostream>
#include<string>
```

```cpp
using namespace std;
class Score{                                    //声明类 Score
    public:
        Score(float c=0,float e=0,float m=0);
        void show();
    private:
        float computer;
        float english;
        float mathematics;
};
Score::Score(float c,float e,float m)           //构造函数
{   computer =c;
    english =e;
    mathematics =m;
}
void Score::show()
{   cout<<"\n 计算机成绩: "<<computer;
    cout<<"\n 英语成绩: "<<english;
    cout<<"\n 数学成绩: "<<mathematics;
}
class Student{                                  //声明类 Student
    private:
        string name;                            //学生姓名
        string stu_no;                          //学生学号
        Score score1;                           //对象成员,是类 Score 的对象
    public:
        Student(string name1,string stu_no1,float s1,float s2,float s3);
                                                //构造函数
        void show();                            //数据输出
};
Student::Student(string name1,string stu_no1,float s1,float s2,float s3)
:score1(s1,s2,s3)
{
    name=name1;
    stu_no=stu_no1;
}
void Student::show()
{   cout<<"\n 姓名: "<<name;
    cout<<"\n 学号: "<<stu_no;
    score1.show();
}
int main()
{   Student stu1("李小明","990201",90,80,70); //定义类 Student 的对象 stu1,
                                              //调用 stu1 的构造函数,初始化对象 stu1
    stu1.show();                              //调用 stu1 的 show(),显示 stu1 的数据
```

```
        cout<<endl;
        Student stu2("张永生","990202",95,85,75);  //定义类 Student 的对象 stu2,
                                                //调用 stu2 的构造函数,初始化对象 stu2
        stu2.show();                            //调用 stu2 的 show(),显示 stu1 的数据
        return 0;
}
```

程序运行结果如下:

姓名:李小明
学号:990201
计算机成绩:90
英语成绩:80
数学成绩:70

姓名:张永生
学号:990202
计算机成绩:95
英语成绩:85
数学成绩:75

从上面的程序可以看出,类 Student 的 show 函数中对于对象成员 score1 的处理就是通过调用类 Score 的 show 函数实现的。

本例可以使用前面介绍的 string 类来编写程序,这样程序会显得更加简单,读者可以试着自行改写。

说明:

(1) 声明一个含有对象成员的类,首先要创建对象成员。本例在声明类 Student 中,定义了对象成员 score1:

```
Score score1;
```

(2) 在定义类 Student 的对象,调用构造函数进行初始化的同时,也要对对象成员进行初始化,因为它也是属于此类的成员。因此在写类 Student 的构造函数时,也缀上了对象成员 score1 要调用的类 Score 的构造函数:

```
Student::Student(string name1,string stu_no1,float s1,float s2,float s3)
    :score1(s1,s2,s3){ … }
```

这时构造函数的调用顺序是:先调用对象成员 score1 的构造函数,对对象成员的数据成员进行初始化。随后再执行类 Student 构造函数的函数体,对派生类数据成员进行初始化。

这里需要注意的是:在定义类 Student 的构造函数时,必须缀上对象成员的名字 score1,而不能缀上类名,若写成:

```
Student::Student(string name1,string stu_no1,float s1,float s2,float s3)
    :Score(s1,s2,s3){ … }
```

是不允许的,因为在类 Student 中是类 Score 的对象 score1 作为成员,而不是类 Score 作为其成员。

3.10 常 类 型

程序中各种形式的数据共享,在不同程度上破坏了数据的安全性。常类型的引入,就是为了既保证数据共享又防止数据被改动。常类型是指使用类型修饰符 const 说明的类型,常类型的变量或对象成员的值在程序运行期间是不可改变的。

3.10.1 常引用

如果在说明引用时用 const 修饰,则被说明的引用为常引用。如果用常引用作形参,便不会产生对实参的不希望的更改。常引用的说明形式如下:

const 类型 & 引用名;

例如:

```
int a=5;
const int &b=a;
```

其中,b 是一个常引用,它所引用的对象不允许更改。如果出现:

```
b=12;
```

则是非法的。

在实际应用中,常引用往往用来作函数的形参,这样的参数称为常参数。

例 3.39 常引用作函数参数。

```
#include<iostream>
using namespace std;
int add(const int &i,const int &j);        //函数 add 的形参是常引用
int main()
{ int a=20;
  int b=30;
  cout<<a<<"+"<<b<<"="<<add(a,b)<<endl;
  a=15;                                     //在函数外,实参是可以改变的
  b=50;                                     //在函数外,实参是可以改变的
  cout<<a<<"+"<<b<<"="<<add(a,b)<<endl;
  return 0;
}
int add(const int &i,const int &j)          //常引用作函数形参
{
  //i=i+20;                                 //不允许改变 i 的值
  return i+j;
}
```

程序运行结果如下：

20+30=50
15+50=65

由于 add 函数的两个形参都定义为常引用，所以在该函数中不能改变 i 或 j 的值，如果改变它们的值，将在编译时出现错误，如本程序中执行函数 add 中加有注释的语句"i=i+20;"，将会出现编译错误。因此，用常引用作形参，能够避免对实参的更改，保证了数据的安全。

3.10.2 常对象

如果在说明对象时用 const 修饰，则被说明的对象为常对象。常对象的数据成员值在对象的整个生存期内不能被改变。常对象的说明形式如下：

类名 const 对象名[(参数表)];

或者

const 类名 对象名[(参数表)];

在定义对象时必须进行初始化，而且不能被更新。

下面的例子对非常对象和常对象的使用方法进行了比较。

例 3.40 常对象和非常对象的比较。

```cpp
#include<iostream>
using namespace std;
class Sample{
  public:
    int m;
    Sample(int i,int j)
    { m=i;
      n=j;
    }
    void setvalue(int i)
    { n=i;
    }
    void disply()
    { cout<<"m="<<m<<endl;
      cout<<"n="<<n<<endl;
    }
  private:
    int n;
};
int main()
{ Sample a(10,20);            //对象 a 是普通对象，而不是常对象
  a.setvalue(40);
```

```
    a.m=30;
    a.disply();
    return 0;
}
```

在这个例子中,对象 a 是一个普通的对象,而不是常对象,读者不难分析程序的运行结果为:

```
m=30
n=40
```

若将上述程序中的对象 a 定义为常对象,主函数修改如下:

```
int main()
{
    Sample const a(10,20);       //① a 是常对象,而不是普通对象
    a.setvalue(40);              //②
    a.m=30;                      //③
    a.disply();                  //④
    return 0;
}
```

编译这个程序时,将出现三个错误。语句②和语句③的错误指出,C++不允许直接或间接地更改常对象的数据成员。语句④的错误指出,C++不允许常对象调用普通的成员函数,这个问题将在 3.10.3 节中介绍。

3.10.3 常对象成员

1. 常数据成员

类的数据成员可以是常量或常引用,使用 const 说明的数据成员称为常数据成员。如果在一个类中说明了常数据成员,那么构造函数就只能通过成员初始化列表对该数据成员进行初始化,而其他任何函数都不能对该成员赋值。

例 3.41 常数据成员的使用。

```
#include<iostream>
using namespace std;
class Date{
  public:
    Date(int y,int m,int d);
    void showDate();
  private:
    const int year;          //常数据成员
    const int month;         //常数据成员
    const int day;           //常数据成员
};
```

```
Date::Date(int y,int m,int d):year(y),month(m),day(d)
{ }                             //采用成员初始化列表,对常数据成员赋初值
void Date::showDate()
{ cout<<year<<"."<<month<<"."<<day<<endl;
}
int main()
{ Date date1(1998,4,28);
  date1.showDate();
  return 0;
}
```

程序运行结果如下：

1998.4.28

该程序中定义了如下 3 个常数据成员：

```
const int year
const int month;
const int day;
```

其中 year、month、day 是 int 类型的常数据成员。需要注意的是构造函数的格式如下：

```
Date::Date(int y,int m,int d):year(y),month(m),day(d)
{ }
```

其中,冒号后面是一个成员初始化列表,它包含 3 个初始化项。这是由于 year、month 和 day 都是常数据成员,C++规定只能通过构造函数的成员初始化列表对常数据成员进行初始化。在函数体中采用赋值语句对常数据成员直接赋初值是非法的,如以下形式的构造函数是错误的：

```
Date::Date(int y,int m,int d)
{ year=y;                       //非法
  month=m;                      //非法
  day=d;                        //非法
}
```

一旦对某对象的常数据成员初始化后,该数据成员的值是不能改变的,但不同对象中的该数据成员的值可以是不同的(在定义对象时给出)。

2. 常成员函数

在类中使用关键字 const 说明的成员函数为常成员函数,常成员函数的说明格式如下：

类型说明符 函数名(参数表) const;

const 是函数类型的一个组成部分,因此在声明函数和定义函数时都要有关键字 const。在调用时不必加 const。

例 3.42 常成员函数的使用。

```cpp
#include<iostream>
using namespace std;
class Date{
  public:
    Date(int y,int m,int d);              //声明构造函数
    void showDate();                      //声明普通的成员函数 showDate
    void showDate() const;                //声明常成员函数 showDate
  private:
    int year;
    int month;
    int day;
};
Date::Date(int y,int m,int d):year(y),month(m),day(d)   //定义构造函数
{ }
void Date::showDate()                     //定义普通的成员函数 showDate
{ cout<<"showDate1:"<<endl;
  cout<<year<<"."<<month<<"."<<day<<endl;
}
void Date::showDate() const               //定义常成员函数 showDate
{
  cout<<"showDate2:"<<endl;
  cout<<year<<"."<<month<<"."<<day<<endl;
}
int main()
{
  Date date1(1998,4,28);                  //定义普通对象 date1
  date1.showDate();                       //调用普通的成员函数 showDate
  const Date date2(2002,11,14);           //定义常对象 date2
  date2.showDate();                       //调用常成员函数 showDate
  return 0;
}
```

程序运行结果如下：

showDate1:
1998.4.28
showDate2:
2002.11.14

本程序中，类 Date 中说明了两个同名成员函数 showDate，一个是普通的成员函数，另一个是常成员函数，它们是重载的。可见，关键字 const 可以被用于区分重载函数。在主函数中说明了两个对象 date1 和 date2，其中对象 date2 是常对象。通过对象 date1 调用的是没有用 const 修饰的成员函数 showDate，而通过对象 date2 调用的是用 const 修饰的常成员函数 showDate。

说明：

（1）常成员函数可以访问常数据成员，也可以访问普通数据成员。常数据成员可以被

常成员函数访问，也可以被普通成员函数访问。具体情况可以用表 3.2 表示。

表 3.2 常成员函数和普通成员函数的访问特性比较

数 据 成 员	普通成员函数	常成员函数
普通数据成员	可以访问，也可以改变值	可以访问，但不可以改变值
常数据成员	可以访问，但不可以改变值	可以访问，但不可以改变值
常对象的数据成员	不允许访问和改变值	可以访问，但不可以改变值

（2）如果将一个对象说明为常对象，则通过该对象只能调用它的常成员函数，而不能调用普通的成员函数。常成员函数是常对象惟一的对外接口，这是 C++ 从语法机制上对常对象的保护。

（3）常成员函数不能更新对象的数据成员，也不能调用该类中的普通成员函数，这就保证了在常成员函数中绝对不会更新数据成员的值。

习　　题

【3.1】 类声明的一般格式是什么？

【3.2】 构造函数和析构函数的主要作用是什么？它们各有什么特性？

【3.3】 什么是对象数组？

【3.4】 什么是 this 指针？它的主要作用是什么？

【3.5】 友元函数有什么作用？

【3.6】 假设在程序中已经声明了类 point，并建立了其对象 p1 和 p4。请回答以下几个语句有什么区别？

（1） point p2,p3;

（2） point p2=p1;

（3） point p2(p1);

（4） p4=p1;

【3.7】 在下面有关对构造函数的描述中，正确的是（　　）。

A. 构造函数可以带有返回值

B. 构造函数的名字与类名完全相同

C. 构造函数必须带有参数

D. 构造函数必须定义，不能默认

【3.8】 在声明类时，下面的说法正确的是（　　）。

A. 可以在类的声明中给数据成员赋初值

B. 数据成员的数据类型可以是 register

C. private、public、protected 可以按任意顺序出现

D. 没有用 private、public、protected 定义的数据成员是公有成员

【3.9】 在下面有关析构函数特征的描述中，正确的是（　　）。

A. 一个类中可以定义多个析构函数

B. 析构函数名与类名完全相同

C. 析构函数不能指定返回类型
D. 析构函数可以有一个或多个参数

【3.10】 构造函数是在(　　)时被执行的。
　　A. 程序编译　　　　　　　　B. 创建对象
　　C. 创建类　　　　　　　　　D. 程序装入内存

【3.11】 在下面有关静态成员函数的描述中,正确的是(　　)。
　　A. 在静态成员函数中可以使用 this 指针
　　B. 在建立对象前,就可以为静态数据成员赋值
　　C. 静态成员函数在类外定义时,要用 static 前缀
　　D. 静态成员函数只能在类外定义

【3.12】 在下面有关友元函数的描述中,正确的说法是(　　)。
　　A. 友元函数是独立于当前类的外部函数
　　B. 一个友元函数不能同时定义为两个类的友元函数
　　C. 友元函数必须在类的外部定义
　　D. 在外部定义友元函数时,必须加关键字 friend

【3.13】 友元的作用之一是(　　)。
　　A. 提高程序的运行效率　　　　B. 加强类的封装性
　　C. 实现数据的隐藏性　　　　　D. 增加成员函数的种类

【3.14】 以下程序的运行结果是(　　)。

```
#include<iostream>
using namespace std;
class B {
  public:
    B(){}
    B(int i,int j)
    { x=i;
      y=j;
    }
    void printb()
    { cout<<x<<","<<y<<endl;
    }
  private:
    int x,y;
};
class A{
  public:
    A()
    { }
    A(int I,int j);
    void printa();
  private:
    B c;
```

```
};
A::A(int i,int j):c(i,j)
{ }
void A::printa()
{ c.printb();
}
int main()
{ A a(7,8);
  a.printa();
  return 0;
}
```

A. 8,9   B. 7,8   C. 5,6   D. 9,10

【3.15】 以下程序的运行结果是(　　)。

```
#include<iostream>
using namespace std;
class A{
  public:
    void set(int i,int j)
    { x=i;
      y=j;
    }
    int get_y()
    { return y;
    }
  private:
    int x,y;
};
class box{
  public:
    void set(int l,int w,int s,int p)
    { length=l;
      width=w;
      label.set(s,p);
    }
    int get_area()
    { return length * width;
    }
  private:
    int length,width;
    A label;
};
int main()
{ box b;
```

```
        b.set(4,6,1,20);
        cout<<b.get_area()<<endl;
        return 0;
    }
```
  A. 24   B. 4   C. 20   D. 6

【3.16】以下程序的运行结果是(　　)。

```
    #include<iostream>
    using namespace std;
    class Sample{
      public:
        Sample(int i,int j)
        { x=i;
          y=j;
        }
        void disp()
        { cout<<"disp1"<<endl;
        }
        void disp() const
        { cout<<"disp2"<<endl;
        }
      private:
        int x,y;
    };
    int main()
    { const Sample a(1,2);
      a.disp();
      return 0;
    }
```
  A. disp1 B. disp2 C. disp1 disp2 D. 程序编译出错

【3.17】以下程序的运行结果是(　　)。

```
    #include<iostream>
    using namespace std;
    class R{
      public:
        R(int r1,int r2)
        { R1=r1;
          R2=r2;
        }
        void print();
        void print() const;
      private:
        int R1,R2;
    };
```

```cpp
void R::print()
{ cout<<R1<<","<<R2<<endl;
}
void R::print() const
{ cout<<R1<<","<<R2<<endl;
}
int main()
{ R a(6,8);
  const R b(56,88);
  b.print();
  return 0;
}
```

  A. 6,8   B. 56,88   C. 0,0   D. 8,6

【3.18】写出下面程序的运行结果。

```cpp
#include<iostream>
using namespace std;
class toy
{ public:
    toy(int q, int p)
    { quan =q;
      price =p;
    }
    int get_quan()
    { return quan;
    }
    int get_price()
    { return price;
    }
  private:
    int quan, price;
};
int main()
{ toy op[3][2]={
    toy(10,20),toy(30,48),
    toy(50,68),toy(70,80),
    toy(90,16),toy(11,120),
  };
  for (int i=0;i<3;i++)
  { cout<<op[i][0].get_quan()<<",";
    cout<<op[i][0].get_price()<<"\n";
    cout<<op[i][1].get_quan()<<",";
    cout<<op[i][1].get_price()<<"\n";
  }
  cout<<endl;
```

        return 0;
    }

【3.19】 写出下面程序的运行结果。

```cpp
#include<iostream>
using namespace std;
class example
{ public:
    example(int n)
    { i=n;
      cout<<"Constructing\n";
    }
    ~example()
    { cout <<"Destructing\n";
    }
    int get_i()
    {  return i;
    }
  private:
    int i;
};
int sqr_it(example o)
{ return o.get_i() * o.get_i();
}
int main()
{ example x(10);
  cout<<x.get_i()<<endl;
  cout<<sqr_it(x)<<endl;
  return 0;
}
```

【3.20】 写出下面程序的运行结果。

```cpp
#include<iostream>
using namespace std;
class aClass
{ public:
    aClass()
    { total++;
    }
    ~aClass()
    { total--;
    }
    int gettotal()
    { return total;
    }
```

```
        private:
            static int total;
    };
    int aClass::total=0;
    int main()
    { aClass o1,o2,o3;
      cout<<o1.gettotal()<<"objects in existence\n";
      aClass * p;
      p=new aClass;
      if (!p)
      { cout<<"Allocation error\n";
        return 1;
      }
      cout<<o1.gettotal();
      cout<<"objects in existence after allocation\n";
      delete p;
      cout<<o1.gettotal();
      cout<<"objects in existence after deletion\n";
      return 0;
    }
```

【3.21】 写出下面程序的运行结果。

```
#include<iostream>
using namespace std;
class test
{ public:
      test();
      ~test(){ };
  private:
      int i;
};
test::test()
{ i =25;
  for (int ctr=0; ctr<10; ctr++)
  { cout<<"Counting at"<<ctr<<"\n";
  }
}
test anObject;
int main()
{ return 0;
}
```

【3.22】 写出下面程序的运行结果。

```
#include<iostream>
using namespace std;
class A{
```

```cpp
    int a,b;
  public:
    A()
    { a=0;
      b=0;
      cout<<"Default constructor called.\n";
    }
    A(int i,int j)
    { a=i;
      b=j;
      cout<<"Constructor: a="<<a<<",b="<<b<<endl;
    }
};
int main()
{ A a[3];
  A b[3]={A(1,2),A(3,4),A(5,6)};
  return 0;
}
```

【3.23】 写出下面程序的运行结果。

```cpp
#include<iostream>
using namespace std;
class Test{
  private:
    int val;
  public:
    Test()
    { cout<<"default."<<endl;
    }
    Test(int n)
        { val=n;
          cout<<"Con."<<endl;
        }
        Test(const Test& t)
        { val=t.val;
          cout<<"Copy con."<<endl;
        }
};
int main()
{ Test t1(6);
  Test t2=t1;
  Test t3;
  t3=t1;
  return 0;
}
```

【3.24】 写出下面程序的运行结果。

```
#include<iostream>
using namespace std;
class N {
  private:
    int A;
    static int B;
  public:
    N (int a)
    { A=a;
      B+=a;
    }
    static void f1(N m);
};
void N::f1(N m)
{ cout<<"A="<<m.A<<endl;
  cout<<"B="<<B<<endl;
}
int N::B=0;
int main()
{ N P(5),Q(9);
  N::f1(P);
  N::f1(Q);
  Return 0;
}
```

【3.25】 写出下面程序的运行结果。

```
#include<iostream>
using namespace std;
class M{
    int x,y;
  public:
  M()
  { x=y=0;
  }
  M(int i,int j)
  { x=i;
    y=j;
  }
  void copy( M * m);
  void setxy(int i,int j)
  { x=i;
    y=j;
  }
  void print()
```

```cpp
    { cout<<x<<","<<y<<endl;
    }
};
void M::copy(M*m)
{ x=m->x;
  y=m->y;
}
void fun(M m1,M*m2)
{ m1.setxy(12,15);
  m2->setxy(22,25);
}
int main()
{ M p(5,7),q;
  q.copy(&p);
  fun(p,&q);
  p.print();
  q.print();
  return 0;
}
```

【3.26】 写出下面程序的运行结果。

```cpp
#include<iostream>
using namespace std;
class M{
  int A;
  static int B;
public:
  M(int a)
  { A=a;
    B+=a;
    cout<<"Constructing"<<endl;
  }
  static void f1(M m);
  ~M()
  {cout<<"Destructing \n";
  }
};
void M::f1(M m)
{ cout<<"A="<<m.A<<endl;
  cout<<"B="<<B<<endl;
}
int M::B=0;
int main()
{ M P(5),Q(10);
  M::f1(P);
  M::f1(Q);
  return 0;
}
```

【3.27】 指出下列程序中的错误,并说明为什么。

```cpp
#include<iostream>
using namespace std;
class Student{
  public:
    void printStu();
  private:
    char name[10];
    int age;
    float aver;
};
int main()
{ Student p1,p2,p3;
  p1.age  =30;
     ⋮
  return 0;
}
```

【3.28】 指出下列程序中的错误,并说明为什么。

```cpp
#include<iostream>
using namespace std;
class Student{
  int sno;
  int age;
  void printStu();
  void setSno(int d);
};
void printStu()
{ cout<<"\nSno is"<<sno<<",";
  cout<<"age is"<<age<<"."<<endl;
}
void setSno(int s)
{ sno=s;
}
void setAge(int a)
{ age=a;
}
int main()
{ Student lin;
  lin.setSno(20021);
  lin.setAge(20);
  lin.printStu();
}
```

【3.29】 指出下列程序中的错误,并说明为什么。

```cpp
#include<iostream>
using namespace std;
class Point{
public:
   int x,y;
private:
   Point()
   { x=1;   y=2;
   }
};
int main()
{ Point cpoint;
  cpoint.x=2;
  return 0;
}
```

【3.30】 下面是一个计算器类的定义,请完成该类成员函数的实现。

```cpp
class counter{
  public:
    counter(int number);
    void increment();                //给原值加1
    void decrement();                //给原值减1
    int getvalue();                  //取得计数器值
    int print();                     //显示计数
  private:
    int value;
};
```

【3.31】 根据注释语句的提示,实现类 Date 的成员函数。

```cpp
#include<iostream>
using namespace std;
class Date {
  public:
    void printDate();                //显示日期
    void setDay(int d);              //设置日的值
    void setMonth(int m);            //设置月的值
    void setYear(int y);             //设置年的值
  private:
    int day,month,year;
};
int main()
{ Date testDay;
  testDay.setDay(5);
```

```
            testDay.setMonth(10);
            testDay.setYear(2003);
            testDay.printDate();
            return 0;
        }
```

【3.32】 建立类 cylinder,cylinder 的构造函数被传递了两个 double 值,分别表示圆柱体的半径和高度。用类 cylinder 计算圆柱体的体积,并存储在一个 double 变量中。在类 cylinder 中包含一个成员函数 vol,用来显示每个 cylinder 对象的体积。

【3.33】 构建一个类 book,其中含有两个私有数据成员 qu 和 price,将 qu 初始化为 1~5,将 price 初始化为 qu 的 10 倍,建立一个有 5 个元素的数组对象。显示每个对象数组元素的 qu * price 值。

【3.34】 修改习题 3.33,通过对象指针访问对象数组,使程序以相反的顺序显示每个对象数组元素的 qu * price 值。

【3.35】 构建一个类 Stock,含字符数组 stockcode[]及整型数据成员 quan、双精度型数据成员 price。构造函数含 3 个参数:字符数组 na[]及 q、p。当定义 Stock 的类对象时,将对象的第 1 个字符串参数赋给数据成员 stockcode,第 2 和第 3 个参数分别赋给 quan、price。未设置第 2 和第 3 个参数时,quan 的值为 1000,price 的值为 8.98。成员函数 print 没有形参,需使用 this 指针,显示对象数据成员的内容。假设类 Stock 第 1 个对象的三个参数分别为:600001,3000 和 5.67,第 2 个对象的第 1 个数据成员的值是 600001,第 2 和第 3 个数据成员的值取默认值。要求编写程序分别显示这两个对象数据成员的值。

【3.36】 编写一个程序,已有若干学生的数据,包括学号、姓名、成绩,要求输出这些学生的数据并计算出学生人数和平均成绩(要求将学生人数和总成绩用静态数据成员表示)。

第4章 派生类与继承

继承是面向对象程序设计的一个重要特性,它允许在已有类的基础上创建新的类,新类可以从一个或多个已有类中继承函数和数据,而且可以重新定义或加进新的数据和函数,从而形成类的层次或等级。其中已有类称为基类或父类,在它基础上建立的新类称为派生类或子类。

4.1 派生类的概念

4.1.1 为什么要使用继承

继承性是一个非常自然的概念,现实世界中的许多事物是具有继承性的。人们一般用层次分类的方法来描述它们的关系。例如,图 4.1 是一个简单的汽车分类图。

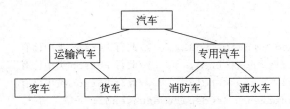

图 4.1 简单的汽车分类图

在这个分类树中建立了一个层次结构,最高层是最普遍、最一般的,每一层都比它的前一层更具体,低层含有高层的特性,同时也与高层有细微的不同,它们之间是基类和派生类的关系。例如,确定某一辆车是客车以后,没有必要指出它是进行运输的,因为客车本身就是从运输汽车类派生出来的,它继承了这一特性,同样也不必指出它会自行驱动,因为凡是汽车都会自行驱动。客车是从运输汽车类中派生而来,而运输汽车类又是从汽车类派生而来,因此客车也可以继承汽车类的一般特性。

所谓继承就是从先辈处得到属性和行为特征。类的继承就是新的类从已有类那里得到已有的特性。从另一个角度来看这个问题,从已有类产生新类的过程就是类的派生。类的继承和派生机制使程序员无需修改已有类,只需在已有类的基础上,通过增加少量代码或修改少量代码的方法得到新的类,从而较好地解决了代码重用的问题。由已有类产生新类时,新类便包含了已有类的特征,同时也可以加入自己的新特性。已有类称为基类或父类,产生的新类称为派生类或子类。派生类同样也可以作为基类派生出新的类,这样就形成了类的层次结构。

下面我们通过例子进一步说明为什么要使用继承。现有一个 Person 类,它包含有 name(姓名)、age(年龄)、sex(性别)等数据成员与成员函数 print,如下所示。

```
class Person {
  public:
    ⋮
    void print()
    { cout<<"name: "<<name<<endl;
      cout<<"age: "<<age<<endl;
      cout<<"sex: "<<sex<<endl;
    }

  protected:
    string   name;
    int age;
    char sex;
};
```

假如现在要声明一个 Employee 类,它包含有 name(姓名)、age(年龄)、sex(性别)、department(部门)及 salary(工资)等数据成员与成员函数 print1,如下所示。

```
class Employee {
  public:
    ⋮
    void print1()
    { cout<<"name: "<<name<<endl;        //此行 Person 类中已有
      cout<<"age: "<<age<<endl;          //此行 Person 类中已有
      cout<<"sex: "<<sex<<endl;          //此行 Person 类中已有
      cout<<"department: "<<department<<endl;
      cout<<" salary : "<<salary <<endl;
    }
  private:
    string name;                         //此行 Person 类中已有
    int age;                             //此行 Person 类中已有
    char sex;                            //此行 Person 类中已有
    string   department;
    float salary;
};
```

从以上两个类的声明中看出,这两个类中的数据成员和成员函数有许多相同的地方。只要在 Person 类的基础上再增加成员 department 和 salary,再对 print 成员函数稍加修改就可以声明出 Employee 类。像现在这样声明两个类,代码重复太严重。为了提高代码的可重用性,可以引入继承,将 Employee 类说明成 person 类的派生类,那些相同的成员在 Employee 类中就不需要再说明了。

说明:

在类 Person 中,我们使用了关键字 protected,将相关的数据成员说明成保护成员。保护成员可以被本类的成员函数访问,也可以被本类的派生类的成员函数访问,而类以外的任何访问都是非法的,即它是半隐蔽的。关于保护成员的特性将在 4.1.4 节中详细介绍。

4.1.2 派生类的声明

为了理解一个类如何继承另一个类,我们看一下 Employee 类是如何继承 Person 类的。

```
class Person {                          //声明基类 Person
  public:
    void print()
    { cout<<"name: "<<name<<endl;
      cout<<"age: "<<age<<endl;
      cout<<"sex: "<<sex<<endl;
    }
  protected:
    string  name;
    int age;
    char sex;
};
class Employee: public Person{          //声明派生类 Employee 公有继承了基类 Person
  public:
    void print1()                       //新增加的成员函数
    { print();
      cout<<"department: "<<department<<endl;
      cout<<"salary: "<<salary <<endl;
    }
  private:
    string department;                  //新增加的数据成员
    float salary;                       //新增加的数据成员
};
```

仔细分析以上两个类,不难发现,在"class Employee:"之后,跟着关键字 public 与类名 Person,这就意味着类 Employee 继承了类 Person。其中类 Person 是基类,类 Employee 是派生类。关键字 public 指出基类 Person 中的成员在派生类 Employee 中的继承方式。基类名前面有 public 的继承称为公有继承。

声明一个派生类的一般格式为:

class 派生类名: [继承方式] 基类名 {
　　派生类新增的数据成员和成员函数
};

这里,"基类名"是一个已经声明的类的名称,"派生类名"是继承原有类的特性而生成的新类的名称。"继承方式"规定了如何访问从基类继承的成员,它可以是关键字 private、protected 或 public,分别表示私有继承、保护继承和公有继承。因此,由类 Person 继承出类 Employee 可以采用下面的 3 种格式之一。

(1) 公有继承

```
class Employee: public Person{
    ⋮
};
```

(2) 私有继承

```
class Employee: private Person{
    ⋮
};
```

(3) 保护继承

```
class Employee: protected Person{
    ⋮
};
```

如果不显式地给出继承方式关键字,系统默认为私有继承(private)。类的继承方式指定了派生类成员以及类外对象对于从基类继承来的成员的访问权限,这将在 4.1.4 节详细介绍。

4.1.3 派生类的构成

派生类除了可以从基类继承成员外,还可以增加自己的数据成员和成员函数。这些新增的成员正是派生类不同于基类的关键所在,是派生类对基类的发展。派生类中的成员包括从基类继承过来的成员和自己增加的成员两大部分。每一部分均分别包括数据成员和成员函数。图 4.2 就以基类 Person 和派生类 Employee 为例说明了派生类和基类之间的关系。

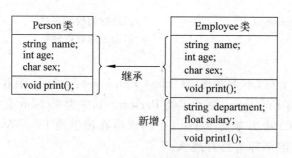

图 4.2 派生类 Employee 和基类 Person 的关系

实际上,并不是把基类的成员和派生类新增加的成员简单地加在一起就构成了派生类。构造一个派生类一般包括以下 3 部分工作。

1) 派生类从基类接收成员

在 C++ 的类继承中,派生类把基类的全部成员(除构造函数和析构函数之外)接收过来。

2) 调整从基类接收来的成员

派生类不能对接收基类的成员进行选择,但是可以对这些成员进行某些调整。对基类成员的调整包括两个方面:一方面是改变基类成员在派生类中的访问属性,这主要是通过派生类声明时的继承方式来控制的,例如通过继承可以使基类中的公有成员在派生类中的访问属性变为私有的,这一点将在4.1.4节中详细介绍;另一方面是派生类可以对基类的成员进行重定义,即在派生类中声明一个与基类成员同名的成员,则派生类中的新成员会覆盖基类的同名成员,这时在派生类中或者通过派生类对象,直接使用成员名就只能访问到派生类中声明的同名成员。但应注意:如果是成员函数,不仅应使函数名相同,而且函数的参数表也应相同,如果不相同,则称派生类重载了基类的成员函数,而不是覆盖了基类的同名函数。在图4.2中派生类Employee的print函数就覆盖了基类Person中的同名函数。

3) 在派生类中增加新的成员

在派生类中增加新的成员体现了派生类对基类功能的扩展,是继承和派生机制的核心。我们可以根据实际情况的需要,精心设计需要增加的数据成员和成员函数,来实现必要的新增功能。在图4.2中派生类Employee就增加了数据成员department、salary和成员函数print1,扩充了基类的功能。

由于在继承过程中,基类的构造函数和析构函数是不能被继承的,因此在声明派生类时,一般需要在派生类中定义新的构造函数和析构函数。为了简化程序、突出重点,在图4.2中基类和派生类中都没有定义构造函数和析构函数,而使用了系统自动生成的默认构造函数和析构函数。

以上所述构造派生类三部分工作的具体实现方法将在下面章节中详细介绍。

4.1.4 基类成员在派生类中的访问属性

派生类可以继承基类中除了构造函数与析构函数之外的成员,但是这些成员的访问属性在派生过程中是可以调整的。从基类继承来的成员在派生类中的访问属性是由继承方式控制的。

类的继承方式有public(公有继承)、protected(保护继承)和private(私有继承)3种,不同的继承方式导致不同访问属性的基类成员在派生类中的访问属性也有所不同。

在派生类中,从基类继承来的成员可以按访问属性划分为4种:不可直接访问、公有(public)、保护(protected)和私有(private)。表4.1列出了基类成员在派生类中的访问属性。

表4.1 基类成员在派生类中的访问属性

基类中的成员	在公有派生类中的访问属性	在私有派生类中的访问属性	在保护派生类中的访问属性
私有成员	不可直接访问	不可直接访问	不可直接访问
公有成员	公有	私有	保护
保护成员	保护	私有	保护

从表4.1中可以归纳出以下几点:

(1) 基类中的私有成员

无论哪种继承方式,基类中的私有成员不允许派生类继承,即在派生类中是不可直接访问的。

(2) 基类中的公有成员

当类的继承方式为公有继承时,基类中的所有公有成员在派生类中仍以公有成员的身份出现。

当类的继承方式为私有继承时,基类中的所有公有成员在派生类中都以私有成员的身份出现。

当类的继承方式为保护继承时,基类中的所有公有成员在派生类中都以保护成员的身份出现。

(3) 基类中的保护成员

当类的继承方式为公有继承时,基类中的所有保护成员在派生类中仍以保护成员的身份出现。

当类的继承方式为私有继承时,基类中的所有保护成员在派生类中都以私有成员的身份出现。

当类的继承方式为保护继承时,基类中的所有保护成员在派生类中仍以保护成员的身份出现。

4.1.5 派生类对基类成员的访问规则

基类的成员可以有 public(公有)、protected(保护)和 private(私有)3 种访问属性,基类的成员函数可以访问基类中其他成员,但是在类外通过基类的对象,就只能访问该基类的公有成员。同样,派生类的成员也可以有 public(公有)等 3 种访问属性,派生类的成员函数可以访问派生类中自己增加的成员,但是在派生类外通过派生类的对象,就只能访问该派生类的公有成员。

通过 4.1.4 节的分析,我们知道类的继承方式有 public(公有继承)、protected(保护继承)和 private(私有继承)3 种,不同的继承方式导致原来具有不同访问属性的基类成员在派生类中的访问属性也有所不同。本节将介绍派生类对基类成员的访问规则。派生类对基类成员的访问形式主要有以下两种:

(1) 内部访问。由派生类中新增的成员函数对基类继承来的成员的访问。

(2) 对象访问。在派生类外部,通过派生类的对象对从基类继承来的成员的访问。

下面具体讨论在三种继承方式下,派生类对基类成员的访问规则。

1. 私有继承的访问规则

通过表 4.1 可以看出,当类的继承方式为私有继承时,基类的公有成员和保护成员被继承后作为派生类的私有成员,派生类的成员函数可以直接访问它们,但是在类外部通过派生类的对象无法访问。基类的私有成员不允许派生类继承,因此在私有派生类中是不可直接访问的,所以无论是派生类成员函数还是通过派生类的对象,都无法直接访问从基类继承来的私有成员。表 4.2 总结了私有继承的访问规则。

表 4.2 私有继承的访问规则

基类中的成员		私有成员	公有成员	保护成员
访问方式	内部访问	不可访问	可访问	可访问
	对象访问	不可访问	不可访问	不可访问

下面是一个私有继承的例子。

例 4.1　私有继承的访问规则举例 1。

```cpp
#include<iostream>
using namespace std;
class Base {                    //声明基类 Base
  public:
    void setx(int n)            //正确,成员函数 setx 可以访问本类的私有成员 x
    { x=n;
    }
    void showx()                //正确,成员函数 showx 可以访问本类的私有成员 x
    { cout<<x<<endl;
    }
  private:
    int x;
};
class Derived: private Base{    //声明基类 Base 的私有派生类 Derived
  public:
    void setxy(int n,int m)
    { setx(n);                  //基类的 setx 函数在派生类中为私有成员,派生类成员函数可以访问
      y=m;                      //正确,成员函数 setxy 可以访问本类的私有成员 y
    }
    void showxy()
    { cout<<x;                  //错误,派生类成员函数不能直接访问基类的私有成员 x
      cout<<y<<endl;            //正确,成员函数 showxy 可以访问本类的私有成员 y
    }
  private:
    int y;
};
int main()
{ Derived obj;
  obj.setx(10);                 //错误,setx 在派生类中为私有成员,派生类对象不能访问
  obj.showx();                  //错误,showx 在派生类中为私有成员,派生类对象不能访问
  obj.setxy(20,30);             //正确,setxy 在类 derived 为公有成员,派生类对象能访问
  obj.showxy();                 //正确,showxy 在类 derived 为公有成员,派生类对象能访问
  return 0;
}
```

本例中首先定义了一个类 Base,它有一个私有数据成员 x 和两个公有成员函数 setx 和 showx。将类 Base 作为基类,派生出一个类 Derived。派生类 Derived 除继承了基类的成员外,还有只属于自己的成员:私有数据成员 y,公有成员函数 setxy 和 showxy。继承方式关键字是 private,所以这是一个私有继承。

由于是私有继承,所以基类 Base 的公有成员函数 setx 和 showx 被派生类 Derived 私有继承后,成为派生类 Derived 的私有成员,只能被类 Derived 的成员函数访问,不能被派生类的对象访问。所以在 main 函数中,对函数 obj.setx 和 obj.showx 的调用是错误的,因为

这两个函数在派生类 Derived 中已成为私有成员。

需要注意的是，虽然函数 setx 和 showx 被派生类继承，但它们仍然是 Base 的公有成员，因此以下的调用是正确的：

```
Base base_obj;
base_obj.setx(2);
```

虽然派生类 Derived 私有继承了基类 Base，但它的成员函数并不能直接访问 Base 的私有数据 x，只能访问两个公有成员函数。所以在类 Derived 的成员函数 setxy 中访问 Base 的公有成员函数 setx 是正确的，但在成员函数 showxy 中直接访问 Base 的私有成员 x 是错误的。但是可以通过基类提供的公有成员函数 showx 间接访问私有成员 x。

例如将函数 main 中的两条错误词句去掉，并且把例中函数 showxy 改成如下形式：

```
void showxy()
{ showx();
  cout<<y<<endl;
}
```

重新编译，程序将顺利通过。可见基类中的私有成员既不能被派生类的对象访问，也不能被派生类的成员函数访问，只能被基类自己的成员函数访问。因此，我们在设计基类时，总要为它的私有数据成员提供公有成员函数，如本例的成员函数 showx 等，以便使派生类可以间接访问这些数据成员。

修改后，程序运行结果如下：

```
20
30
```

例 4.2 私有继承的访问规则举例 2。

```
#include<iostream>
using namespace std;
class Base{                       //声明基类 Base
  public:
    void seta(int sa)             //正确,成员函数 seta 可以访问本类的保护成员 a
    { a=sa;
    }
    void showa()                  //正确,成员函数 showa 可以访问本类的保护成员 a
    { cout<<"a="<<a<<endl;
    }
  protected:
    int a;
};
class Derive1: private Base{      //声明基类 Base 的私有派生类 Derive1
  public:
    void setab(int sa,int sb)
    { a=sa;                       //a 在派生类中为私有成员,派生类成员函数可以访问
      b=sb;
```

```cpp
        }
        void showab()
        { cout<<"a="<<a<<endl;        //a 在派生类中为私有成员,派生类成员函数可以访问
          cout<<"b="<<b<<endl;
        }
    protected:
        int b;
};
class Derive2: private Derive1{       //声明类 Derive1 的私有派生类 Derive2
    public:
        void setabc(int sa,int sb,int sc)
        { setab(sa,sb);
          c=sc;
        }
        void showabc()
        { cout<<"a="<<a<<endl;        //错误,a 在类 derived2 中为不可直接访问成员
          cout<<"b="<<b<<endl;        //正确,b 在类 derived2 中为私有成员
          cout<<"c="<<c<<endl;
        }
    private:
        int c;
};
int main()
{ Base op1;
  op1.seta(1);
  op1.showa();
  Derive1 op2;
  op2.setab(2,3);
  op2.showab();
  Derive2 op3;
  op3.setabc(4,5,6);
  op3.showabc();
  return 0;
}
```

编译上面的程序,在行尾标有"错误"的语句上产生了错误。原因是基类 Base 中的保护成员 a 被其派生类 Derive1 私有继承后成为派生类 Derive1 的私有成员,所以不能被 Derive1 的派生类 Derive2 中的成员函数 showabc 直接访问。Derive1 类中的保护成员 b,被其派生类 Derive2 私有继承后是派生类 Derive2 的私有成员,所以可以被 Derive2 中的成员函数 showabc 访问。

如果将例中成员函数 showabc 改成如下形式:

```cpp
void showabc()
{ showa();
  cout<<"b="<<b<<endl;
```

```
    cout<<"c="<<c<<endl;
}
```

重新编译,仍将出现错误信息。但是将函数 showabc 改成以下形式后:

```
void showabc()
{ showab();
    cout<<"c="<<c<<endl;
}
```

重新编译,程序将顺利通过。请读者想一想,为什么?

修改后,本程序运行结果如下:

```
a=1
a=2
b=3
a=4
b=5
c=6
```

经过了私有继承之后,所有基类的成员都成为了派生类的私有成员或不可直接访问的成员,如果进一步派生的话,基类的全部成员都无法在新的派生类中被访问。因此,私有继承之后,基类的成员无法在以后的派生类中再发挥作用,实际是相当于中止了基类功能的继续派生,出于这种原因,私有继承的实际应用很少。

2. 公有继承的访问规则

当类的继承方式为公有继承时,基类的公有成员被继承到派生类中仍作为派生类的公有成员,派生类的成员函数可以直接访问它们,在类的外部,也可以通过派生类的对象访问它们。公有继承时,基类的保护成员被继承到派生类中仍作为派生类的保护成员,派生类的成员函数可以直接访问它们,但是在类的外部,派生类的对象不能访问它们。基类的私有成员不允许派生类继承,因此在私有派生类中是不可直接访问的,所以无论是派生类成员函数还是通过派生类的对象,都无法直接访问基类的私有成员,但是可以通过基类提供的公有成员函数间接访问它们。表 4.3 总结了公有继承的访问规则。

表 4.3 公有继承的访问规则

基类中的成员		私有成员	公有成员	保护成员
访问方式	内部访问	不可访问	可访问	可访问
	对象访问	不可访问	可访问	不可访问

下面我们举一个公有继承的例子。

例 4.3 公有继承的访问规则举例。

```
#include<iostream>
using namespace std;
class Base{                              //声明基类 Base
    public:
```

```cpp
        void setxy(int m,int n)
        { x=m;
          y=n;
        }
        void showxy()
        { cout<<"x="<<x<<endl;
          cout<<"y="<<y<<endl;
        }
    private:
        int x;
    protected:
        int y;
};
class Derived: public Base{    //声明基类 Base 的公有派生类 Derived
    public:
        void setxyz(int m,int n,int l)
        { setxy(m,n);           //函数 setxy 在派生类中是 public 成员,派生类成员函数可以访问
          z=l;
        }
        void showxyz()
        { cout<<"x="<<x<<endl;  //错误,x 在类 Derived 中为不可直接访问成员
          cout<<"y="<<y<<endl;
                                //正确,y 在类 Derived 中为保护成员,派生类成员函数可以访问
          cout<<"z="<<z<<endl;
        }
    private:
        int z;
};
int main()
{ Derived obj;
  obj.setxyz(30,40,50);
  obj.showxy();
                                //正确,函数 showxy 在类 Derived 中为公有成员,派生类对象能访问它
  obj.y=60;                     //错误,y 在类 Derived 中为保护成员,派生类对象不能访问它
  obj.showxyz();
  return 0;
}
```

例 4.3 中类 Derived 由类 Base 公有派生出来,所以类 Base 中的两个公有成员函数 setxy 和 showxy 在公有派生类中仍是公有成员。因此,它们可以分别被派生类的成员函数 setxyz 和派生类的对象 obj 访问。基类 Base 中的数据成员 x 是私有成员,它在派生类中是不能直接访问的,所以在成员函数 showxyz 中对 x 的访问是错误的。基类 Base 中的数据成员 y 是保护成员,它在公有派生类中仍是保护成员,所以在派生类成员函数 showxyz 中对 y 的访问是正确的,但是派生类对象 obj 不能访问 y。

如果将例中成员函数 showxyz 改成如下形式:

```
void showxyz()
{ showxy();
  cout<<"z="<<z<<endl;
}
```

并且去掉主函数 main 中的错误语句,重新编译后程序将顺利通过。

修改后,程序运行结果如下:

x=30
y=40
x=30
y=40
z=50

说明:

需要再次强调,派生类以公有继承的方式继承了基类,并不意味着派生类可以访问基类的私有成员。如在例 4.3 的派生类的成员函数中,企图访问基类 Base 的私有成员 x,是错误的,因为基类无论怎样被继承,它的私有成员对派生类而言都是不能直接访问的。

```
void showxyz()
{ cout<<"x="<<x<<endl;            //错误
  cout<<"y="<<y<<endl;
  cout<<"z="<<z<<endl;
}
```

3. 保护继承的访问规则

当类的继承方式为保护继承时,基类的公有成员和保护成员被继承到派生类中都作为派生类的保护成员,派生类的其他成员可以直接访问它们,但是在类的外部,不能通过派生类的对象来访问它们。基类的私有成员不允许派生类继承,因此在私有派生类中是不可直接访问的,所以无论是派生类成员还是通过派生类的对象,都无法直接访问基类的私有成员。表 4.4 总结了保护继承的访问规则。

表 4.4 保护继承的访问规则

基类中的成员		私有成员	公有成员	保护成员
访问方式	内部访问	不可访问	可访问	可访问
	对象访问	不可访问	不可访问	不可访问

下例说明保护继承的访问规则。

例 4.4 保护继承的访问规则举例。

```
#include<iostream>
using namespace std;
class Base{              //声明基类 Base
  public:
    int z;
```

```cpp
    void setx(int i)
    { x=i; }
    int getx()
    { return x; }
  private:
    int x;
  protected:
    int y;
};
class Derived: protected Base{      //声明基类 Base 的保护派生类 Derived
  public:
    int p;
    void setall(int a,int b,int c,int d,int e,int f);
    void show();
  private:
    int m;
  protected:
    int n;
};
void Derived::setall(int a,int b,int c,int d,int e,int f)
{ x=a;                //错误,在派生类 Derived 中,x 为不可直接访问成员
                      //可修改为"Setx(a);"
  y=b;                //正确,y 在派生类 Derived 中为保护成员,派生类对象能访问它
  z=c;                //正确,z 在派生类 Derived 中为保护成员,派生类对象能访问它
  m=d;
  n=e;
  p=f;
}
void Derived::show()
{ cout<<"x="<<x<<endl;          //错误,在派生类 Derived 中,x 为不可直接访问成员
  cout<<"x="<<getx()<<endl;     //正确,函数 getx 在派生类 Derived 中为保护成员
                                //派生类成员函数能访问它
  cout<<"y="<<y<<endl;          //正确,y 在派生类 Derived 中为保护成员
                                //派生类成员函数能访问它
  cout<<"z="<<z<<endl;          //正确,z 在派生类 Derived 中为保护成员
                                //派生类成员函数能访问它
  cout<<"m="<<m<<endl;          //正确,m 为派生类 Derived 的私有成员
                                //派生类成员函数能访问它
  cout<<"n="<<n<<endl;
                      //正确,n 为派生类 derived 的保护成员,派生类成员函数能访问它
}
int main()
{ Derived obj;
  obj.setall(1,2,3,4,5,6);
  obj.show();
```

```
            cout<<"y="<<obj.y<<endl;
                        //错误,y为派生类Derived的保护成员,派生类对象不能访问它
            cout<<"p="<<obj.p<<endl;
                        //正确,p为派生类derived的公有成员,派生类对象可以访问它
            return 0;
        }
```

例4.4中派生类Derived由基类Base保护派生出来,所以基类Base中的私有数据成员x在保护派生类Derived中是不可直接访问成员,因此派生类成员函数setall和show不能访问它。基类Base中的保护数据成员y在保护派生类Derived中仍是保护成员,因此派生类成员函数setall和show能够访问它,但是派生类Derived的对象obj不能访问它。派生类Derived的数据成员p是公有成员,所以派生类Derived的对象obj可以访问它。

如果将例中派生类Derived的成员函数Derived::setall改成如下形式:

```
void Derived::setall(int a,int b,int c,int d,int e,int f)
{ setx(a);
    y=b;
    z=c;
    m=d;
    n=e;
    p=f;
}
```

并且去掉主函数main和Derived::show中的错误语句,重新编译后程序将顺利通过。

修改后,本程序运行结果如下:

x=1
y=2
z=3
m=4
n=5
p=6

4.2 派生类的构造函数和析构函数

派生类继承了基类的成员,实现了原有代码的重用,这仅仅是引入继承的目的之一。引入继承的更主要的目的是代码的扩充,只有在派生类中通过添加新的成员,加入新的功能,类的派生才有实际意义。但是基类的构造函数和析构函数不能被继承,在派生类中,如果对派生类新增的成员进行初始化,就需要加入派生类的构造函数。与此同时,对所有从基类继承下来的成员的初始化工作,还是由基类的构造函数完成的,但是我们必须在派生类中对基类的构造函数所需要的参数进行设置。同样,对撤销派生类对象时的扫尾、清理工作也需要加入新的析构函数来完成。这些都是本节所要讨论的问题。

4.2.1 派生类构造函数和析构函数的执行顺序

通常情况下,当创建派生类对象时,首先执行基类的构造函数,随后再执行派生类的构造函数;当撤销派生类对象时,则先执行派生类的析构函数,随后再执行基类的析构函数。

下列程序的运行结果,反映了派生类的构造函数和析构函数的执行顺序。

例 4.5 派生类的构造函数和析构函数的执行顺序举例。

```
#include<iostream>
using namespace std;
class Base{                        //声明基类 Base
  public:
    Base()                         //基类的构造函数
    { cout<<"Constructing base class\n";
    }
    ~Base()                        //基类的析构函数
    { cout<<"Destructing base class\n";
    }
};
class Derived : public Base{       //声明基类 Base 的公有派生类 Derived
  public:
    Derived()                      //派生类的构造函数
    { cout<<"Constructing derived class"<<endl;
    }
    ~Derived()                     //派生类的析构函数
    { cout<<"Destructing derived class"<<endl;
    }
};
int main()
{ Derived obj;
  return 0;
}
```

程序运行结果如下:

```
Constructing base class
Constructing derived class
Destructing derived class
Destructing base class
```

从程序运行的结果可以看出:构造函数的调用严格地按照先调用基类的构造函数,后调用派生类的构造函数的顺序执行。析构函数的调用顺序与构造函数的调用顺序正好相反,先调用派生类的析构函数,后调用基类的析构函数。

4.2.2 派生类构造函数和析构函数的构造规则

1. 简单的派生类的构造函数

当基类的构造函数没有参数,或没有显式定义构造函数时,派生类可以不向基类传递参数,甚至可以不定义构造函数。例 4.5 的程序就是由于基类的构造函数没有参数,所以派生类没有向基类传递参数。

派生类不能继承基类中的构造函数和析构函数。当基类含有带参数的构造函数时,派生类必须定义构造函数,以提供把参数传递给基类构造函数的途径。

在 C++ 中,派生类构造函数的一般格式为:

派生类名(参数总表):基类名(参数表)
{
　　派生类新增数据成员的初始化语句
}

其中基类构造函数的参数,通常来源于派生类构造函数的参数总表,也可以用常数值。

下面的程序说明如何传递一个参数给派生类的构造函数和传递一个参数给基类的构造函数。

例 4.6 当基类含有带参数的构造函数,派生类构造函数的构造方法。

```cpp
#include<iostream>
#include<string>
using namespace std;
class Student{                                      //声明基类 Student
  public:
    Student(int number1,string name1,float score1)  //基类构造函数
    { number=number1;
      name=name1;
      score=score1;
    }
    void print()
    { cout<<"number: "<<number<<endl;
      cout<<"name: "<<name<<endl;
      cout<<"score: "<<score<<endl;
    }
  protected:
    int number;                                     //学号
    string name;                                    //姓名
    float score;                                    //成绩
};
class UStudent: public Student{                     //声明公有派生类 UStudent
  public:
```

```
    UStudent(int number1,string name1,float score1,string major1)
        :Student(number1,name1,score1)
                        //定义派生类构造函数时,缀上要调用的基类的构造函数及其参数
    { major=major1;
    }
    void print1()
    { print();
        cout<<"major: "<<major<<endl;
    }
  private:
    string major;                                           //专业
};
int main()
{ UStudent stu(22116,"张志",95,"信息安全");
  stu.print1();
  return 0;
}
```

请注意派生类构造函数首行的写法:

```
UStudent(int number1,string name1,float score1,string major1)
    :Student(number1,name1,score1)
```

冒号前面的部分是派生类构造函数的主干,它和以前介绍过的构造函数的形式相同,但它的总参数表中包括基类构造函数所需的参数和对派生类新增的数据成员初始化所需要的参数。冒号后面的部分是要调用的基类构造函数及其参数。

从上面列出的派生类 UStudent 构造函数首行中可以看到,派生类构造函数名(UStudent)后面括号内的总参数表中包括了参数的类型和参数名(如 int number1),而基类构造函数参数表中只有参数名而不包括参数类型(如 number1),因为在这里不是定义基类构造函数,而是调用基类构造函数,因此这些参数是实参而不是形参。它们可以是派生类构造函数总参数表中的参数,也可以是常量和全局变量。

在主函数 main 中,建立派生类对象 stu 时指定了 4 个参数。它们按顺序传递给派生类构造函数 UStudent 的形参。然后,派生类构造函数将前面 3 个参数传递给基类构造函数的形参。本程序运行结果如下:

```
number: 22116
name: 张志
score: 95
major: 信息安全
```

说明:

(1) 可以将派生类构造函数定义在类的外部,而在类体内只写该函数的声明。如在例 4.6 的派生类中可以只写构造函数的声明:

```
UStudent(int number1,string name1,float score1,string major1);
```

而在类的外部定义派生类的构造函数:

```
UStudent::UStudent(int number1,string name1,float score1,string major1)
 : Student(number1,name1,score1)
{ major=major1;
}
```

请注意:在类中声明派生类构造函数时,不包括基类构造函数名及其参数表(即 Student(number1,name1,score1)),只在类外定义构造函数时才将它列出。

(2)若基类使用默认构造函数或不带参数的构造函数,则在派生类中定义构造函数时可略去":基类构造函数名(参数表)",此时若派生类不需要构造函数,则可不定义派生类构造函数。

如在例 4.5 的程序中,由于基类的构造函数没有参数,所以在派生类中定义构造函数时不要缀上":Base()",即不必写成

```
Derived(): Base()
{ cout<<"Constructing derived class"<<endl;
}
```

(3)当基类构造函数不带参数时,派生类不一定需要定义构造函数,然而当基类的构造函数哪怕只带有一个参数,它所有的派生类都必须定义构造函数,甚至所定义的派生类构造函数的函数体可能为空,仅仅起参数的传递作用。

例如,在下面的程序段中,派生类 Derived 就不使用参数 n,n 只是被传递给了基类构造函数 Base。

```
class Base{
  public:
    Base(int n)
    { cout<<"Constructing base class\n";
      i=n;
    }
    void showi()
    { cout<<i<<"\n";
    }
  private:
    int i;
};
class Derived: public Base{
  public:
    Derived (int n): Base(n)    //构造函数参数表中只有一个参数,
    { }                          //传递给了要调用的基类构造函数 Base
};                               //派生类构造函数体为空
```

2. 派生类的析构函数

在第 3 章中已介绍,析构函数的作用是在对象撤销时,进行必要的清理工作。当对象被

删除时,系统会自动调用析构函数。

在派生类中可以根据需要定义自己的析构函数,用来对派生类中的所增加的成员进行清理工作。基类的清理工作仍然由基类的析构函数负责。由于析构函数是不带参数的,在派生类中是否要自定义析构函数与它所属基类的析构函数无关。在执行派生类的析构函数时,系统会自动调用基类的析构函数,对基类的对象进行清理。

析构函数的调用顺序与构造函数正好相反:先执行派生类的析构函数,再执行基类的析构函数。

例 4.7 简单派生类的构造函数和析构函数的执行顺序。

```
#include<iostream>
using namespace std;
class A {                           //声明基类 A
  public:
    A()                             //基类的构造函数
    { cout<<"Constructing A class\n"; }
    ~A()                            //基类的析构函数
    { cout<<"Destructing A class\n"; }
};
class B: public A{                  //声明公有派生类 B
  public:
    B()                             //派生类的构造函数
    { cout<<"Constructing B class\n"; }
    ~B()                            //派生类的析构函数
    { cout<<"Destructing B class\n"; }
};
int main()
{ B b;
  return 0;
}
```

程序运行结果如下:

```
Constructing A class
Constructing B class
Destructing B class
Destructing A class
```

3. 含有对象成员(子对象)的派生类的构造函数

当派生类中含有内嵌的对象成员(也称子对象)时,其构造函数的一般形式为:

派生类名(参数总表): 基类名(参数表 0), 对象成员名 1(参数表 1),……,
　　对象成员名 n(参数表 n)
{
　　派生类新增成员的初始化语句
}

在定义派生类对象时,构造函数的执行顺序如下:
- 调用基类的构造函数,对基类数据成员初始化;
- 调用内嵌对象成员的构造函数,对内嵌对象成员的数据成员初始化;
- 执行派生类的构造函数体,对派生类数据成员初始化。

撤销对象时,析构函数的调用顺序与构造函数的调用顺序正好相反。首先执行派生类的析构函数,然后执行内嵌对象成员的析构函数,最后执行基类的析构函数。

下面这个程序说明派生类构造函数和析构函数的执行顺序。

例 4.8 含有对象成员的派生类构造函数和析构函数的执行顺序。

```cpp
#include<iostream>
using namespace std;
class Base {                            //声明基类 Base
  public:
    Base(int i)                         //基类的构造函数
    { x=i;
      cout<<"Constructing base class\n";
    }
    ~Base()                             //基类的析构函数
    { cout<<"Destructing base class\n";
    }
    void show()
    { cout<<" x=" <<x<<endl;
    }
  private:
    int x;
};
class Derived: public Base              //声明公有派生类 Derived
{
  public:
    Derived(int i): Base(i),d(i)        //派生类的构造函数,缀上要调用的基类构造函数和
    { cout<<"Constructing derived class\n";   //对象成员构造函数
    }
    ~Derived()                          //派生类的析构函数
    { cout<<"Destructing derived class\n";
    }
  private:
    Base d;                             //d 为基类对象,作为派生类的内嵌对象成员
};
int main()
{ Derived obj(5);
  obj.show();
  return 0;
}
```

程序运行结果如下:

```
Constructing base class
Constructing base class
Constructing derived class
x=5
Destructing derived class
Destructing base class
Destructing base class
```

上面程序中有两个类:基类 Base 和派生类 Derived。基类中含有一个需要传递参数的构造函数,用它初始化私有成员 x,并显示出一句信息。派生类中含有基类 Base 的一个对象 d。
从程序执行的结果分析,构造函数和析构函数的执行顺序与规定的顺序是完全一致的。
说明:
(1) 在派生类中含有多个内嵌对象成员时,调用内嵌对象成员的构造函数顺序由它们在类中声明的顺序确定。
例 4.9 含有多个对象成员的派生类构造函数的执行顺序。

```cpp
#include<iostream>
#include<string>
using namespace std;
class Student{                                          //声明基类 Student
  public:
    Student(int number1,string name1,float score1)  //声明基类构造函数
    { number=number1;
      name=name1;
      score=score1;
    }
    void print()
    { cout<<"学号: "<<number<<endl;
      cout<<"姓名: "<<name<<endl;
      cout<<"成绩: "<<score<<endl;
    }
  protected:
    int number;
    string name;
    float score;
};
class UStudent: public Student{                         //声明公有派生类 UStudent
  public:
    UStudent(int number1,string name1,float score1,int number2, string name2,
      float score2,int number3,string name3,float score3,string major1)
      : Student(number1,name1,score1), auditor2(number3,name3,score3),
        auditor1(number2,name2,score2)
    {
```

```cpp
        major=major1;
    }
    void print()
    { cout<<"正式生是："<<endl;
      Student::print();
      cout<<"专业："<<major<<endl;
    }
    void print_auditor1()
    { cout<<"旁听生是："<<endl;
      auditor1.print();
    }
    void print_auditor2()
    { cout<<"旁听生是："<<endl;
      auditor2.print();
    }
  private:
    string major;                           //专业
    Student  auditor1;                      //定义对象成员1(旁听生)
    Student  auditor2;                      //定义对象成员2(旁听生)
};
int main()
{ UStudent stu(2001,"张志",95, 3001,"王大宾",66,
              3002,"李倩倩",50,"信息安全");
  stu.print();
  stu.print_auditor1();
  stu.print_auditor2();
  return 0;
}
```

程序运行结果如下：

正式生是：
学号：2001
姓名：张志
成绩：95
专业：信息安全
旁听生是：
学号：3001
姓名：王大宾
成绩：66
旁听生是：
学号：3002
姓名：李倩倩
成绩：50

请注意在派生类 UStudent 中有两个内嵌对象成员：

```
Student    auditor1;                                    //定义对象成员1(旁听生)
Student    auditor2;                                    //定义对象成员2(旁听生)
```

内嵌对象成员的初始化是在建立派生类对象时通过调用派生类构造函数来实现的。

程序中派生类构造函数首部如下：

```
UStudent(int number1,string name1,float score1,int number2, string name2,
   float score2,int number3,string name3,float score3,string major1)
    : Student(number1,name1,score1), auditor2(number3,name3,score3),
    auditor1(number2,name2,score2)
```

在这个构造函数中有 10 个形参，前 3 个作为基类构造函数的参数，第 4、第 5、第 6 个作为内嵌对象成员 2 的参数，第 7、第 8、第 9 个作为内嵌对象成员 1 的参数，第 10 个是用作派生类数据成员初始化的。按照规定，在定义派生类对象时，首先执行基类的构造函数，然后执行内嵌对象成员的构造函数，最后执行派生类的构造函数体。在本例中有两个内嵌对象成员，虽然在派生类构造函数首部，内嵌对象成员 auditor2 的构造函数写在 auditor1 的构造函数的前面，但是调用顺序还是先执行 auditor1 的构造函数，再执行 auditor2 的构造函数。原因是调用内嵌对象成员构造函数的顺序由它们在类中声明的顺序确定，在本例的派生类中是先定义内嵌对象成员 auditor1，然后再定义内嵌对象成员 auditor2。

（2）如果派生类的基类也是一个派生类，每个派生类只需负责其直接基类数据成员的初始化。依次上溯。

4.3 调整基类成员在派生类中的访问属性的其他方法

4.3.1 同名成员

在定义派生类的时候，C++ 语言允许在派生类中说明的成员与基类中的成员名字相同，也就是说，派生类可以重新说明与基类成员同名的成员。如果在派生类中定义了与基类成员同名的成员，则称派生类成员覆盖了基类的同名成员，在派生类中使用这个名字意味着访问在派生类中重新说明的成员。为了在派生类中使用基类的同名成员，必须在该成员名之前加上基类名和作用域标识符"::"，即必须使用下列格式才能访问到基类的同名成员。

基类名::成员名

下面的程序片段说明了这个要点：

```
class X{
  public:
    int f();
};
class Y: public X{
  public:
    int f();
```

```cpp
        int g();
};
void Y::g()
{ f();                          //表示访问派生类中的f(),即被调用的函数是Y::f()
}                               //若要访问基类中的f(),应改写成X::f()
```

对于派生类的对象的访问,也有相同的结论。例如:

```cpp
Y obj;
obj.f();                        //被访问的函数是Y::f()
```

如果要访问基类中声明的名字,则应使用作用域标识符限定,例如:

```cpp
obj.X::f();                     //被调用的函数是X::f()
```

例 4.10 在派生类中定义同名成员。

```cpp
#include<iostream>
#include<string>
using namespace std;
class Student{                  //声明基类Student
  public:
    Student(int number1,string name1,float score1)    //基类构造函数
    { number=number1;
      name=name1;
      score=score1;
    }
    void print()                //在基类中定义了成员函数print
    { cout<<"number: "<<number<<endl;
      cout<<"name: "<<name<<endl;
      cout<<"score: "<<score<<endl;
    }
  protected:
    int number;                 //学号
    string name;                //姓名
    float score;                //成绩
};
class UStudent: private Student{    //声明私有派生类UStudent
  public:
    UStudent(int number1,string name1,float score1,string major1)
    : Student(number1,name1,score1)    //定义派生类构造函数时,缀上基类的构造函数
    { major=major1;
    }
    void print()                //在派生类中重新定义了成员函数print
    { Student::print();         //调用基类Student的成员函数print
      cout<<"major: "<<major<<endl;
    }
  private:
```

```
        string major;                 //专业
};
int main()
{ UStudent stu(22116,"张志",95,"信息安全");
  stu.print();                        //调用的是派生类中的成员函数 print
  return 0;
}
```

在本例的基类 Student 中定义了成员函数 print，在派生类 UStudent 中，重新定义了成员函数 print。在主程序中派生类对象 stu 调用的是派生类中的成员函数 print，为了调用基类的成员函数 print，可以在派生类的成员函数 print 中调用基类的成员函数 print，但必须在该成员名之前加上基类名和作用域标识符::，即 Student::。在面向对象程序设计中，若要在派生类中对基类继承过来的某些函数功能进行扩充和改造，都可以通过这样的覆盖来实现。这种覆盖的方法，是对基类成员改造的关键手段，是程序设计中经常使用的方法。

程序运行结果如下：

```
number: 22116
name: 张志
score: 95
major: 信息安全
```

4.3.2 访问声明

我们已经知道，对于公有继承，基类的公有成员函数也就是派生类的公有成员函数，这意味着外界可以用派生类的对象调用基类的公有成员函数。但是对于私有继承，基类的公有成员函数变成了派生类的私有成员函数了。这时，外界就无法利用派生类的对象直接调用基类的成员函数，而只能通过调用派生类的成员函数（内含调用基类成员函数的语句）间接地调用基类的成员函数。请看下面的例子。

例 4.11 访问声明的引例。

```
#include<iostream>
using namespace std;
class A{                              //声明基类 A
  public:
    A(int x1)
    { x=x1; }
    void print()
    { cout<<"x="<<x; }
  private:
    int x;
};
class B: private A{                   //声明私有派生类 B
  public:
    B(int x1,int y1): A(x1)
```

```
      { y=y1; }
    void print2()              //通过派生类 B 的函数 print2 调用基类 A 的函数 print
      { print(); }
  private:
    int y;
};
int main()
{ B b(10,20);
  b.print2();
  return 0;
}
```

程序运行结果如下:

x=10

如果将派生类中的语句

```
void print2(){ print(); }
```

改写为语句

```
void print(){A::print(); }
```

同时,将主函数 main()中的语句

```
b.print2();
```

改写为语句

```
b.print();
```

程序运行结果不变。

这就是在 4.3.1 节中介绍过的方法。这种方法虽然执行起来比较简单,但在实际应用中却可能带来不便。有时程序员可能希望基类 A 的个别成员还能被派生类的对象直接访问,而不是通过派生类的公有成员函数间接访问。为此,C++提供了称为访问声明的特殊机制,可个别调整基类的某些成员,使之在派生类中保持原来的访问属性。

访问声明的方法就是把基类的保护成员或公有成员直接写至私有派生类定义式中的同名段中,同时给成员名前冠以基类名和作用域标识符::。利用这种方法,该成员就成为派生类的保护成员或公有成员了。例如,把上面的基类中的 print 函数以 A::print 的形式直接写到私有派生类 B 中。

```
class B: private A{
  public:
    B(int x1,int y1): A(x1)
    { y=y1; }
    A::print;                      //访问声明
  private:
    int y;
};
```

这样,基类 A 中 print 函数就调整成为派生类 B 的公有成员函数,外界就可以直接调用它了。下面就是将例 4.11 改造后的程序。

例 4.12 访问声明的应用。

```cpp
#include<iostream>
using namespace std;
class A{                                //声明基类 A
  public:
    A(int x1)
    { x=x1; }
    void print()
    { cout<<"x="<<x; }
  private:
    int x;
};
class B: private A{                     //声明私有派生类 B
  public:
    B(int x1,int y1):A(x1)
    { y=y1; }
    A::print;                           //访问声明,把基类的公有成员函数 print
                                        //调整为私有派生类的公有成员函数

  private:
    int y;
};
int main()
{ B b(10,20);
  b.print();                            //调用基类的成员函数 print
  return 0;
}
```

程序运行结果如下:

x=10

访问声明机制可以在私有派生类中个别调整从基类继承下来的成员性质,从而使外界可以通过派生类的界面直接访问基类的某些成员,同时也不影响其他基类成员的封闭性。

访问声明在使用时应注意以下几点。

(1) 数据成员也可以使用访问声明。例如:

```cpp
class A{
  private:
     ⋮
  public:
    int x2;
     ⋮
};
```

```
class B: private A{
  private:
      ⋮
  public:
      ⋮
    A::x2;                          //把基类中的 x2 调整为派生类的公有成员
      ⋮
};
```

(2) 访问声明中只含不带类型和参数的函数名或变量名。如果把上面的访问声明写成

```
void A::print;
```

或

```
A::print();
```

或

```
void A::print();
```

都是错误的。

(3) 访问声明不能改变成员在基类中的访问属性,也就是说,访问声明只能把原基类的保护成员调整为私有派生类的保护成员,把原基类的公有成员调整为私有派生类的公有成员,但对基类的私有成员不能使用访问声明。例如:

```
class A{
  private:
    int x3;
  public:
    int x1;
  protected:
    int x2;
};
class B: private A{
  private:
    A::x3;                          //错误
  protected:
    A::x1;                          //错误
    A::x2;                          //正确
    A::x3;                          //错误
  public:
    A::x1;                          //正确
    A::x2;                          //错误
    A::x3;                          //错误
};
```

(4) 对于基类中的重载函数名,访问声明将对基类中所有同名函数起作用。这意味着

对于重载函数使用访问声明时要慎重。

4.4 多重继承

前面我们介绍的派生类只有一个基类,这种派生方法称为单继承或单基派生。当一个派生类具有两个或多个基类时,这种派生方法称为多重继承或多基派生。例如,用户界面所提供的窗口、滚动条、文本框以及多种类型的按钮,所有这些组件都是通过类来支持的,若把这些类中的两个类或多个类合并,则可产生一个新类,例如把窗口和滚动条合并起来产生一个可滚动的窗口,这个可滚动的窗口就是由多重继承得来的。

4.4.1 多重继承派生类的声明

在 C++ 中,声明具有两个以上基类的派生类与声明单基派生类的形式相似,只需将要继承的多个基类用逗号分隔即可,其声明的一般形式如下:

class 派生类名: 继承方式 1 基类名 1,……,继承方式 n 基类名 n{
  派生类新增的数据成员和成员函数
};

冒号后面的部分称基类表,各基类之间用逗号分隔,其中"继承方式 i"($i=1,2,…,n$)规定了派生类从基类中按什么方式继承:private、protected 或 public。默认的继承方式是 private。例如:

```
class z: public x,y{                //类 z 公有继承了类 x,私有继承了类 y
   …
};
class z: x,public y{                //类 z 私有继承了类 x,公有继承了类 y
   …
};
class z: public x,public y{         //类 z 公有继承了类 x 和类 y
   …
};
```

在多重继承中,三种继承方式对于基类成员在派生类中的访问属性规则与单继承相同。下面程序中类 Z 继承了类 X 和类 Y,请注意各成员的访问属性有什么变化。

例 4.13 多重继承情况下派生类的访问特性。

```
#include<iostream>
using namespace std;
class X{                            //声明基类 X
  public:
    void setX(int x)
    { a=x; }
```

```cpp
    void showX()
    { cout<<"a="<<a<<endl; }
  private:
    int a;
};
class Y{                              //声明基类Y
  public:
    void setY(int x)
    { b=x; }
    void showY()
    { cout<<"b="<<b<<endl; }
  private:
    int b;
};
class Z: public X,private Y{          //声明派生类Z,公有继承了类X,私有继承了类Y
  public:
    void setZ(int x,int y)
    { c=x;
      setY(y);
    }
    void showZ()
    { showY();
      cout<<"c="<<c<<endl;
    }
  private:
    int c;
};
int main()
{ Z obj;
  obj.setX(3);         //正确,成员函数setX在Z中仍是公有成员
  obj.showX();         //正确,成员函数showX在Z中仍是公有成员
  obj.setY(4);         //错误,成员函数setY在Z中已成为私有成员
  obj.showY();         //错误,成员函数showY在Z中已成为私有成员
  obj.setZ(6,8);
  obj.showZ();
  return 0;
}
```

在上面的程序中,类X和类Y是两个基类,类Z是从类X和类Y派生出来的。从派生方式可以看到,类Z从类X公有派生和从类Y私有派生出来。根据派生的有关规则,类X的公有成员在Z中仍是公有成员,类Y的公有成员在Z中成为私有成员。所以,在主函数中对类X的公有成员函数的引用是正确的,因为在Z中它们仍是公有成员;对Y的成员函数的引用是错误的,因为Y的成员函数在Z中已成为私有成员,不能直接引用。

删去标有错误的两条语句,程序运行结果如下:

a=3
b=8
c=6

第 1 行输出结果是 obj.showX()产生的。第 2 行和第 3 行输出结果是 obj.showZ()产生的,其中第 2 行的输出结果是函数 showZ()调用函数 showY()产生的。

说明:

对基类成员的访问必须是无二义的,例如下列程序段对基类成员的访问是二义的,必须想办法消除二义性。

```
class X{
  public:
    int f();
};
class Y{
  public:
    int f();
    int g();
};
class Z: public X,public Y{
  public:
    int g();
    int h();
};
```

如定义类 Z 的对象 obj:

```
Z obj;
```

则以下对函数 f()的访问是二义的:

```
obj.f();                    //二义性错误,不知调用的是类 X 的 f(),还是类 Y 的 f()
```

使用成员名限定可以消除二义性,例如:

```
obj.X::f();                 //调用类 X 的 f()
obj.Y::f();                 //调用类 Y 的 f()
```

4.4.2 多重继承派生类的构造函数与析构函数

多重继承下派生类构造函数的定义形式与单继承派生类构造函数的定义形式相似,只是 n 个基类的构造函数之间用逗号分隔。多重继承下派生类构造函数定义的一般形式如下:

派生类名(参数总表): 基类名 1(参数表 1),基类名 2(参数表 2),……,
        基类名 n(参数表 n)
{

    派生类新增成员的初始化语句
}

多重继承下派生类构造函数与单继承下派生类构造函数相似,它必须同时负责该派生类所有基类构造函数的调用。同时,派生类的参数个数必须包含完成所有基类初始化所需的参数个数。

多重继承的构造函数的执行顺序与单继承构造函数的执行顺序相同,也是遵循先执行基类的构造函数,再执行对象成员的构造函数,最后执行派生类构造函数体的原则。处于同一层次的各个基类构造函数的执行顺序,取决于声明派生类时所指定的各个基类的顺序,与派生类构造函数中所定义的成员初始化列表的各项顺序没有关系。析构函数的执行顺序则刚好与构造函数的执行顺序相反。

例如,由一个硬件类 Hard 和一个软件类 Soft 共同派生出计算机系统类 System,声明如下:

```
class Hard{                              //声明硬件类 Hard
  protected:
    char bodyname[20];
  public:
    Hard(char * bdnm);                   //基类 Hard 的构造函数
     ⋮
};
class Soft{                              //声明软件类 Soft
  protected:
    char os[10];
    char Lang[15];
  public:
    Soft(char * o,char * lg);            //基类 Soft 的构造函数
     ⋮
};
class System: public Hard,public Soft{   //声明计算机系统类 System(派生类)
  private:
    char owner[10];
  public:
    System(char * ow,char * bn,char * o,char * lg)  //派生类 System 的构造函数
      : Hard(bn),Soft(o,lg);             //缀上了基类 Hard 和 Soft 的构造函数
     ⋮
};
```

注意:这是一段示意性的程序段,表示在定义计算机系统派生类 System 的构造函数时,缀上了硬件基类 Hard 和软件基类 Soft 的构造函数。

再如,现有一个窗口类 Window 和一个滚动条类 Scrollbar,它们可以共同派生出一个带有滚动条的窗口,声明如下。

```
class Window{                            //声明窗口类
   ⋮
```

```
    public:
      Window(int top,int left,int bottom,int right);
      ~Window();
        ⋮
};
class Scrollbar{                                    //声明滚动条类
    ⋮
  public:
    Scrollbar(int top,int left,int bottom,int right);
    ~Scrollbar();
    ⋮
};
class Scrollbarwind: Window,Scrollbar{              //声明带有滚动条窗口派生类
    ⋮
  public:
    Scrollbarwind(int top,int left,int bottom,int right);
    ~Scrollbarwind();
    ⋮
};
Scrollbarwind::Scrollbarwind(int top,int left,int bottom,int right)
  : Window(top,left,bottom,right),Scrollbar(top,right-20,bottom,right){
    ⋮
}
```

这也是一段示意性的程序段,表示定义带有滚动条窗口派生类 Scrollbarwind 的构造函数时,也缀上了窗口基类 Window 和滚动条基类 Scrollbar 的构造函数。

下面我们再看一个程序,其中类 X 和类 Y 是基类,类 Z 是类 X 和类 Y 共同派生出来的,请注意类 Z 的构造函数的定义方法。

例 4.14 多重继承情况下派生类构造函数和析构函数的定义方法。

```
#include<iostream>
using namespace std;
class X{
  public:
    X(int sa)                           //基类 X 的构造函数
    { a=sa;
    }
    int getX()
    { return a;
    }
    ~X()                                //基类 X 的析构函数
    { cout<<"X_Destructor called."<<endl;
    }
  private:
    int a;
```

```cpp
};
class Y{
  public:
    Y(int sb)                               //基类Y的构造函数
    { b=sb;
    }
    int getY()
    { return b;
    }
    ~Y()                                    //基类Y的析构函数
    { cout<<"Y_Destructor called."<<endl;
    }
  private:
    int b;
};
class Z: public X,private Y{                //类Z为基类X和基类Y共同的派生类
  public:
    Z(int sa,int sb,int sc): X(sa),Y(sb)    //派生类Z的构造函数,缀上
    { c=sc;                                 //基类X和Y的构造函数
    }
    int getZ()
    { return c; }
    int getY()
    { return Y::getY(); }
    ~Z()                                    //派生类Z的析构函数
    { cout<<"Z_Destructor called."<<endl;
    }
  private:
    int c;
};
int main()
{ Z obj(2,4,6);
  int ma=obj.getX();
  cout<<"a="<<ma<<endl;
  int mb=obj.getY();
  cout<<"b="<<mb<<endl;
  int mc=obj.getZ();
  cout<<"c="<<mc<<endl;
  return 0;
}
```

在上述程序中,定义派生类Z的构造函数时,它的参数表中给出了初始化对象时所需要的参数sa、sb和sc。冒号后面列出了基类X和基类Y的构造函数,并指出把sa传递给基类X的构造函数,把sb传递给基类Y的构造函数。这样,在创建类Z的对象时,它的构造函数就会自动地用参数表中的数据调用基类的构造函数,完成基类对象的初始化。

在主函数 main 中创建了类 Z 的一个对象 obj，并用 2、4 和 6 这 3 个参数初始化 obj 的数据成员。这 3 个参数传递给对象 obj 的构造函数 obj.Z(int,int,int)，这个构造函数用参数 sa 调用基类 X 的构造函数 X(int)，由 X(int) 把 sa 的值赋给 a，然后用参数 sb 调用基类 Y 的构造函数 Y(int)，由 Y(int) 把 sb 的值赋给 b，最后把 sc 的值赋给 c，初始化的过程就完成了。

由于派生类 Z 是 X 公有派生出来的，所以类 X 中的公有成员函数 getX 在类 Z 中仍是公有的，在 main 中可以直接引用，把成员 a 的值赋给主函数 main 中的变量 ma，并显示在屏幕上。类 Z 是从类 Y 私有派生出来的，所以类 Y 中的公有成员函数 getY 在类 Z 中成为私有的，在主函数 main 中不能直接引用。为了能取出 b 的值，在 Z 中另外定义了一个公有成员函数 Z::getY()，它通过调用 Y::getY() 取出 b 的值。主函数 main 中的语句：

```
int mb=obj.getY();
```

调用的是派生类 Z 的成员函数 getY，而不是基类 Y 的成员函数 getY。由于类 Z 中的成员函数 getZ 是公有成员，所以在主函数 main 中可以直接调用取出 c 的值。上述程序运行的结果如下：

```
a=2
b=4
c=6
Z_Destructor called.
Y_Destructor called.
X_Destructor called.
```

多重继承的构造函数的执行顺序与单继承构造函数的执行顺序相同，也是遵循先执行基类的构造函数，再执行对象成员的构造函数，最后执行派生类构造函数的原则。在多个基类之间，则严格按照派生类声明时从左到右的顺序来排列先后。

由于析构函数是不带参数的，在派生类中是否要定义析构函数与它所属的基类无关，所以与单继承情况类似，基类的析构函数不会因为派生类没有析构函数而得不到执行，它们各自是独立的。析构函数的执行顺序则刚好与构造函数的执行顺序相反。

4.4.3 虚基类

1. 为什么要引入虚基类

如果一个类有多个直接基类，而这些直接基类又有一个共同的基类，则在最低层的派生类中会保留这个间接的共同基类数据成员的多份同名成员。在访问这些同名的成员时，必须在派生类对象名后增加直接基类名，使其惟一地标识一个成员，以免产生二义性。请看下面的例题。

例 4.15 虚基类的引例。

```
#include<iostream>
using namespace std;
```

```
class Base {                          //声明类Base1和类Base2共同的基类Base
  public:
    Base()
    { a=5;
      cout<<"Base a="<<a<<endl;
    }
   protected:
      int a;
};
class Base1: public Base{             //声明Base1是Base的派生类
  public:
    int b1;
    Base1()
    { a=a+10;
      cout<<"Base1 a="<<a<<endl;      //这是类Base1的a,即Base1::a
    }
};
class Base2: public Base{             //声明Base2是Base的派生类
  public:
    int b2;
    Base2()
    { a=a+20;
      cout<<"Base2 a="<<a<<endl;      //这是类Base2的a,即Base2::a
    }
};
class Derived: public Base1,public Base2{
                  //Derived是Base1和Base2的共同派生类,是Base的间接派生类
  public:
    int d;
    Derived()
    { cout<<"Base1::a="<<Base1::a<<endl;   //在a前面加上"Base1::"
      cout<<"Base2::a="<<Base2::a<<endl;   //在a前面加上"Base2::"
    }
};
int main()
{ Derived obj;
  return 0;
}
```

程序运行结果如下:

```
Base a=5
Base1 a=15
Base a=5
Base2 a=25
Base1::a=15
Base2::a=25
```

上述程序中,类 Derived 是从类 Base1 和 Base2 公有派生而来,而类 Base1 和类 Base2 又都是从类 Base 公有派生而来的。虽然在类 Base1 和类 Base2 中没有定义数据成员 a,但是它们分别从类 Base 继承了数据成员 a,这样在类 Base1 和类 Base2 中同时存在着同名的数据成员 a,它们都是类 Base 成员的复制。但是类 Base1 和类 Base2 中的数据成员 a 分别具有不同的存储单元,可以存放不同的数据。在程序中可以通过类 Base1 和类 Base2 去调用基类 Base 的构造函数,分别对类 Base1 和类 Base2 的数据成员 a 初始化。图 4.3 表示了这个例子中类之间的层次关系,图 4.4 表示了派生类 Derived 中的成员情况。

图 4.3 例 4.15 的类层次图

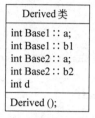

图 4.4 派生类 Derived 的成员情况

由于在类 Derived 中同时存在着类 Base1 和类 Base2 的数据成员 a,因此在 Derived 的构造函数中输出 a 的值,必须加上"类名::",指出是哪一个数据成员 a,否则就会出现二义性。如果将例 4.15 中的派生类 Derived 改成以下形式:

```
class Derived: public Base1,public Base2{
  public:
    Derived()
      { cout<<"Derived a="<<a<<endl;           //错误,存在二义性
    }
};
```

现在运行这个程序将出现错误,问题就出在派生类 Derived 的构造函数的定义上,它试图输出数据成员 a 的值,表面上看来这是合理的,但实际上这时对 a 的访问存在二义性,即类中的数据成员 a 的值可能是从 Base1 的派生路径上来的 Base1::a,也有可能是从类 Base2 的派生路径上来的 Base2::a,这里没有明确的说明。

为了解决这种二义性,C++ 引入了虚基类的概念。

2. 虚基类的概念

不难理解,如果在上例中类 Base 只存在一个复制(即只有一个数据成员 a),那么对 a 的引用就不会产生二义性。在 C++ 中,如果想使这个公共的基类只产生一个复制,则可以将这个基类说明为虚基类。这就要求从类 Base 派生新类时,使用关键字 virtual 将类 Base 说明为虚基类。

虚基类在派生类中声明,其语法形式如下:

```
class   派生类名: virtual 继承方式 基类名{
  ⋮
}
```

经过这样的声明后,当基类通过多条派生路径被一个派生类继承时,该派生类只继承该基类一次,也就是说,基类成员只保留一次。

下面我们用虚基类重新声明例4.15中的类。

例 4.16 虚基类的使用。

```cpp
#include<iostream>
using namespace std;
class Base{                                    //声明基类 Base
  public:
    Base()
    { a=5;
      cout<<"Base a="<<a<<endl;
    }
    protected:
       int a;
};
class Base1: virtual public Base{              //声明类 Base 是 Base1 的虚基类
  public:
    int b1;
    Base1()
    { a=a+10;
      cout<<"Base1 a="<<a<<endl;
    }
};
class Base2: virtual public Base{              //声明类 Base 是 Base2 的虚基类
  public:
    int b2;
    Base2()
    { a=a+20;
      cout<<"Base2 a="<<a<<endl;
    }
};
class Derived: public Base1,public Base2{
                    //Derived 是 Base1 和 Base2 的共同派生类,是 Base 的间接派生类
  public:
    int d;
    Derived()
    { cout<<"Derived a="<<a<<endl;
    }
};
int main()
{ Derived obj;
  return 0;
}
```

程序运行结果如下:

Base a=5
Base1 a=15
Base2 a=35
Derived a=35

在上述程序中,从类 Base 派生出类 Base1 和类 Base2 时,使用了关键字 virtual,把类 Base 声明为 Base1 和 Base2 的虚基类。这样,从 Base1 和 Base2 派生出的类 Derived 只继承基类 Base 一次,也就是说,基类 Base 的成员 a 只保留一份。当在派生类 Base1 和 Base2 中作了以上的虚基类声明后,这个例子中类之间的层次关系以及派生类 Derived 中的成员情况如图 4.5 和图 4.6 所示。

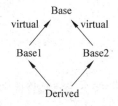
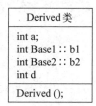

图 4.5　例 4.16 的类层次图　　　　图 4.6　派生类 Derived 的成员情况

3. 虚基类的初始化

虚基类的初始化与一般的多继承的初始化在语法上是一样的,但构造函数的调用顺序不同。在使用虚基类机制时应该注意以下几点:

(1) 如果在虚基类中定义有带形参的构造函数,并且没有定义默认形式的构造函数,则整个继承结构中,所有直接或间接的派生类都必须在构造函数的成员初始化表中列出对虚基类构造函数的调用,以初始化在虚基类中定义的数据成员。

(2) 建立一个对象时,如果这个对象中含有从虚基类继承来的成员,则虚基类的成员是由最远派生类的构造函数通过调用虚基类的构造函数进行初始化的。该派生类的其他基类对虚基类构造函数的调用都自动被忽略。

(3) 若同一层次中同时包含虚基类和非虚基类,应先调用虚基类的构造函数,再调用非虚基类的构造函数,最后调用派生类构造函数。

(4) 对于多个虚基类,构造函数的执行顺序仍然是先左后右,自上而下。

(5) 对于非虚基类,构造函数的执行顺序仍是先左后右,自上而下。

(6) 若虚基类由非虚基类派生而来,则仍然先调用基类构造函数,再调用派生类的构造函数。例如:

```
class X: public Y,virtual public Z{
    //……
};
X one;
```

定义类 X 的对象 one 后,将产生如下的调用次序。

```
Z();
Y();
X();
```

下面的程序说明了基类是虚基类的派生类构造函数的执行顺序。

例 4.17 虚基类的派生类构造函数的执行顺序。

```cpp
#include<iostream>
using namespace std;
class Base{                                    //声明基类 Base
  public:
    Base(int sa)
    { a=sa;
      cout<<"Constructing Base"<<endl;
    }
  private:
    int a;
};
class Base1: virtual public Base{              //声明类 Base 是 Base1 的虚基类
  public:
    Base1(int sa,int sb): Base(sa)             //在此,必须缀上对类 Base 构造函数的调用
    { b=sb;
      cout<<"Constructing Base1"<<endl;
    }
  private:
    int b;
};
class Base2: virtual public Base{              //声明类 Base 是 Base2 的虚基类
  public:
    Base2(int sa,int sc): Base(sa)             //在此,必须缀上对类 Base 构造函数的调用
    { c=sc;
      cout<<"Constructing Base2"<<endl;
    }
  private:
    int c;
};
class Derived: public Base1,public Base2{
                //Derived 是 Base1 和 Base2 的共同派生类,是 Base 的间接派生类
  public:
    Derived(int sa,int sb,int sc,int sd):
    Base(sa),Base1(sa,sb),Base2(sa,sc)         //在此,必须缀上对类 Base 构造函数的调用
    { d=sd;
      cout<<"Constructing Derived"<<endl;
    }
  private:
    int d;
```

```
};
int main()
{ Derived obj(2,4,6,8);
  return 0;
}
```

在上述程序中,Base 是一个虚基类,它只有一个带参数的构造函数,因此要求在派生类 Base1、Base2 和 Derived 的构造函数的初始化表中,都必须带有对类 Base 构造函数的调用。

如果 Base 不是虚基类,在派生类 Derived 的构造函数的初始化表中调用类 Base 的构造函数是错误的,但是当 Base 是虚基类且只有带参数的构造函数时,就必须在类 Derived 的构造函数的初始化表中调用类 Base 的构造函数。因此,在类 Derived 构造函数的初始化表中,不仅含有对类 Base1 和类 Base2 构造函数的调用,还有对虚基类 Base 构造函数的调用。上述程序运行的结果为:

```
Constructing Base
Constructing Base1
Constructing Base2
Constructing Derived
```

不难看出,上述程序中虚基类 Base 的构造函数只执行了一次。显然,当 Derived 的构造函数调用了虚基类 Base 的构造函数之后,类 Base1 和类 Base2 对 Base 构造函数的调用被忽略了。这也是初始化虚基类和初始化非虚基类不同的地方。

说明:

(1) 关键字 virtual 与派生方式关键字(public 或 private)的先后顺序无关紧要,它只说明是"虚拟派生"。例如以下两个虚拟派生的声明是等价的。

```
class Derived: virtual public Base{
    ⋮
};
class Derived: public virtual Base{
    ⋮
};
```

(2) 一个基类在作为某些派生类虚基类的同时,又作为另一些派生类的非虚基类,这种情况是允许存在的,例如:

```
class B{
    ⋮
};
class X: virtual public B{
    ⋮
};
class Y: virtual public B{
    ⋮
};
class Z: public B{
```

```
    ⋮
};
class AA: public X,public Y,public Z{
    ⋮
};
```

此例的类层次如图 4.7 所示。

此例中,派生类 AA 由类 X、类 Y 和类 Z 派生而来。AA 与它的间接基类 B 之间的对应关系是:类 B 既是 X 和 Y 继承路径上的一个虚基类,也是 Z 继承路径上的一个非虚基类。

4. 虚基类的简单应用举例

例 4.18 类 Data_rec 是虚基类,它包含了所有派生类共有的数据成员,职工类 Employee 和学生类 Student 为虚基类 Data_rec 的派生类,在职大学生类 E_Student 是职工类 Employee 和学生类 Student 的共同派生类,如图 4.8 所示。

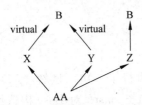
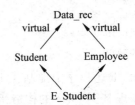

图 4.7 具有虚基类和非虚基类的类层次图   图 4.8 例 4.18 的类层次图

下面是具体的程序。

```cpp
#include<iostream>
#include<string>
using namespace std;
class Data_rec{                                  //声明基类 Data_rec
  public:
    Data_rec(string name1,char sex1,int age1)    //构造函数
    { name=name1;
      sex=sex1;
      age=age1;
    }
  protected:
    string name;                                 //姓名
    char sex;                                    //性别
    int age;                                     //年龄
};
class Student: virtual public Data_rec{          //声明类 Data_rec 是 Student 的虚基类
  public:
    Student(string name1, char sex1,int age1,string major1,     //构造函数
      double score1): Data_rec( name1,sex1,age1)
    { major=major1;
```

```cpp
      score=score1;
    }
  protected:
    string major;                          //专业
    double score;                          //成绩
};
class Employee: virtual public Data_rec{   //声明类 Data_rec 是 Employee 的虚基类
  protected:
    string dept;                           //部门
    double salary;                         //酬金
  public:
    Employee(string name1,char sex1,int age1,string dept1,   //构造函数
      double salary1): Data_rec(name1, sex1,age1)
    { dept=dept1;
      salary=salary1;
    }
};
class E_Student: public Employee,public Student{
  public:
    E_Student(string name1, char sex1, int age1, string major1,   //构造函数
      double score1, string dept1, double salary1):
    Data_rec(name1, sex1, age1), Student( name1,sex1, age1,major1,score1),
      Employee(name1,sex1,age1, dept1, salary1)
      {}
    void print();
};
void E_Student::print()
{ cout<<"name: "<<name <<endl;
  cout<<"sex: "<<sex <<endl;
  cout<<"age: "<<age <<endl;
  cout<<"score: "<<score <<endl;
  cout<<"major: "<<major <<endl;
  cout<<"dept: "<<dept <<endl;
  cout<<"salary: "<<salary <<endl;
}
int main()
{ E_Student my_E_Student("张大明",'f',35,"计算机", 95, "教务处",3500);
  my_E_Student.print();
  return 0;
}
```

程序运行结果如下：

name: 张大明
sex: f
age: 35

```
score: 95
major: 计算机
dept: 教务处
salary: 3500
```

4.5 基类与派生类对象之间的赋值兼容关系

在一定条件下，不同类型的数据之间可以进行类型转换，例如可以将整型数据赋给双精度型变量。在赋值之前，先把整型数据转换成为双精度型数据，然后再把它赋给双精度型变量。这种不同类型数据之间的自动转换和赋值，称为赋值兼容。在基类和派生类对象之间也存有赋值兼容关系，基类和派生类对象之间的赋值兼容规则是指在需要基类对象的任何地方，都可以使用公有派生类的对象来替代。

通过前面的学习我们知道，通过公有继承，派生类保留了基类中除构造函数、析构函数之外的所有成员，基类的公有或保护成员的访问权限在派生类中全部按原样保留了下来，在派生类外可以调用基类的公有成员函数访问基类的私有成员。因此，公有派生类具有基类的全部功能，凡是基类能够实现的功能，公有派生类都能实现。我们可以将派生类对象的值赋给基类对象，在用到基类对象的时候可以用其子类对象代替。例如，下面声明的两个类：

```
class Base{                    //声明基类 Base
    ⋮
};
class Derived: public Base{    //声明基类 Base 的公有派生类 Derived
    ⋮
};
```

根据赋值兼容规则，在基类 Base 的对象可以使用的任何地方，都可以用派生类 Derived 的对象来替代，但只能使用从基类继承来的成员。具体表现在以下几个方面。

(1) 派生类对象可以向基类对象赋值，即用派生类对象中从基类继承来的数据成员，逐个赋值给基类对象的数据成员。例如：

```
Base b;            //定义基类 Base 的对象 b
Derived d;         //定义基类 Base 的公有派生类 Derived 的对象 b
b=d;               //用派生类 Derived 的对象 d 对基类对象 b 赋值
```

这样赋值的效果是，对象 b 中所有数据成员都将具有对象 d 中对应数据成员的值。

(2) 派生类对象可以初始化基类对象的引用。例如：

```
Base b;            //定义基类 Base 的对象 b
Derived d;         //定义基类 Base 的公有派生类 Derived 的对象 b
Base &br=d;        //定义基类 Base 的对象的引用 br,
                   //并用派生类 Derived 的对象 d 对其初始化
```

(3) 派生类对象的地址可以赋给指向基类对象的指针。例如：

```
Derived d;                  //定义基类 Base 的公有派生类 Derived 的对象 b
Base * bp=&d;               //把派生类对象的地址 &d 赋值给指向基类的指针 bp,也就是说
                            //使指向基类对象的指针 bp 也可以指向派生类对象 d
```

这种形式的转换,是在实际应用程序中最常见到的。

(4) 如果函数的形参是基类对象或基类对象的引用,在调用函数时可以用派生类对象作为实参。例如：

```
class Base{                        //声明基类 Base
  public:
    int i;
     ⋮
};
class Derived: public Base{        //声明基类 Base 的公有派生类 Derived
     ⋮
};
void fun(Base &bb)                 //普通函数,形参为基类 Base 对象的引用
{ cout<<bb.i<<endl;                //输出该引用所代表的对象的数据成员 i
}
```

在调用函数 fun 时可以用派生类 Derived 的对象 d4 作为实参：

```
fun(d4);
```

输出派生类 Derived 的对象 d4 赋给基类数据成员 i 的值。

下面是一个使用赋值兼容规则的例子。

例 4.19 基类与派生类对象之间的转换。

```
#include<iostream>
using namespace std;
class Base{                        //声明基类 Base
  public:
    int i;
    Base(int x)                    //基类的构造函数
    { i=x; }
    void show()                    //成员函数
    { cout<<"Base "<<i<<endl;
    }
};
class Derived: public Base{        //声明公有派生类 Derived
  public:
    Derived(int x): Base(x)        //派生类的构造函数
    {}
};
void fun(Base &bb)                 //普通函数,形参为基类对象的引用
{ cout<<bb.i<<endl;
}
```

```
int main()
{ Base b1(100);              //定义基类对象b1
  b1.show();
  Derived d1(11);            //定义派生类对象d1
  b1=d1;                     //用派生类对象d1给基类对象b1赋值
  b1.show();
  Derived d2(22);            //定义派生类对象d2
  Base &b2=d2;               //用派生类对象d2来初始化基类对象的引用b2
  b2.show();
  Derived d3(33);            //定义派生类对象d3
  Base * b3=&d3;             //把派生类对象的地址 &d3赋值给指向基类的指针b3
  b3->show();
  Derived d4(44);            //定义派生类对象d4
  fun(d4);                   //派生类的对象d4作为函数fun的实参
  return 0;
}
```

程序运行结果如下：

```
Base 100
Base 11
Base 22
Base 33
44
```

说明：

(1) 声明为指向基类对象的指针可以指向它的公有派生的对象,但不允许指向它的私有派生的对象。例如：

```
class Base{
    ⋮
};
class Derive: private Base
{
    ⋮
};
int main()
{ Base op1, * ptr;      //定义基类Base的对象op1及指向基类Base的指针ptr
  Derive op2;           //定义派生类Derive的对象op2
  ptr=&op1;             //将指针ptr指向基类对象op1
  ptr=&op2;             //错误,不允许将指向基类Base的指针ptr指向它的私有派生类对象op2
    ⋮
}
```

(2) 允许将一个声明为指向基类的指针指向其公有派生类的对象,但是不能将一个声明为指向派生类对象的指针指向其基类的一个对象。例如：

```cpp
class Base{
    ⋮
};
class Derived: public Base{
    ⋮
};
int main()
{ Base obj1;           //定义基类对象 obj1
  Derived obj2,*ptr;   //定义派生类对象 obj2 及指向派生类的指针 ptr
  ptr=&obj2;           //将指向派生类对象的指针 ptr 指向派生类对象 obj2
  ptr=&obj1;           //错误,试图将指向派生类对象的指针 ptr 指向其基类对象 obj1
    ⋮
}
```

4.6 应 用 举 例

例 4.20 建立基类 Building,作为楼房类,这个基类中包含楼房层数、房间数、楼房总面积数等。再建立派生类 Home_Arch、Office_Building 和 Hospital,分别作为住宅楼类、办公楼类和医院类。在类 Home_Arch 中包含的内容有卧室数、客厅数、卫生间数和厨房数等,在类 Office_Building 中包含的内容有办公室数和会议室数等,在类 Hospital 中包含的内容有病房数和手术室数等。

```cpp
#include <iostream>
using namespace std;
class Building                       //声明楼房类 Building 作为基类
{ public:
    Building(int f=0,int r=0,double a=0)
    { floors=f;
      rooms=r;
      j_area=a;
    }
    void Show_Info()
    { cout<<"楼房层数:"<<floors<<"层"<<endl;
      cout<<"房间数:"<<rooms<<"间"<<endl;
      cout<<"楼房总面积:"<<j_area<<"平方米"<<endl;
      cout<<"其中:";
    }
  protected:
    int floors;
    int rooms;
    double j_area;
};
class Home_Arch: public Building //声明住宅楼类 Home_Arch 作为公有派生类
```

```cpp
  { public:
      Home_Arch(int f=0,int r=0,double a=0,int b=1,int p=1,
               int to=1,int k=1):Building(f,r,a)
      { bedrooms=b;
        parlor=p;
        toilets=to;
        kitchens=k;
      }
      void Show()
      { cout<<endl;
        cout <<"住宅楼："<<endl;
        Building::Show_Info();
        cout<<"卧室数："<<bedrooms<<"间"<<endl;
        cout<<"    客厅数："<<parlor<<"间"<<endl;
        cout<<"    卫生间数："<<toilets<<"间"<<endl;
        cout<<"    厨房数："<<kitchens<<"间"<<endl;
      }
    private:
      int bedrooms;
      int parlor;
      int toilets;
      int kitchens;
  };
  class Office_Building: public Building        //声明办公楼类 Office_Building
                                                //作为公有派生类
  { public:
      Office_Building(int f=0,int r=0,double a=0,
             int o=0,int a_r=0):Building(f,r,a)
      { Office=o;
        assembly_room=a_r;
      }
      void Show()
      { cout<<endl;
        cout<<"办公楼："<<endl;
        Building::Show_Info();
        cout<<"办公室数："<<Office<<"间"<<endl;
        cout<<"    会议室数："<<assembly_room<<"个"<<endl;
      }
    private:
      int Office;
      int assembly_room;
  };
  class Hospital: public Building              //声明医院类 Hospital 作为公有派生类
  { public:
      Hospital(int f=0,int r=0,double a=0,int s=0,int o=0)
```

```cpp
        : Building(f,r,a)
        { sickrooms=s;
          operating_rooms=o;
        }
        void Show()
        { cout<<endl;
          cout <<"医   院："<<endl;
          Building::Show_Info();
          cout<<"病房数："<<sickrooms<<"间"<<endl;
          cout<<"    手术室数："<<operating_rooms<<"间"<<endl;
        }
    private:
        int sickrooms;
        int operating_rooms;
};
int main()
{ Home_Arch home(7,100,12000,3,1,1,1);
  Office_Building office(4,80,3500,40,12);
  Hospital hosp(10,300,25000,200,20);
  home.Show();
  office.Show();
  hosp.Show();
  return 0;
}
```

程序运行结果如下：

住宅楼：
楼房层数：7层
房间数：100间
楼房总面积：12000平方米
其中：卧室数：3间
　　　客厅数：1间
　　　卫生间数：1间
　　　厨房数：1间

办公楼：
楼房层数：4层
房间数：80间
楼房总面积：3500平方米
其中：办公室数：40间
　　　会议室数：12个

医　院：
楼房层数：10层
房间数：300间

楼房总面积：25000 平方米
其中：病房数：200 间
　　　手术室数：20 间

例 4.21　建立一个简单的大学管理系统，其中有学生类、职工类、教师类和在职大学生类。类的继承关系如图 4.9 所示。

其中，类 Data_rec 是虚基类，它包含了所有派生类共有的数据成员，职工类 Employee 和学生类 Student 为虚基类 Data_rec 的派生类，教师类 Teacher 为职工类 Employee 的派生类，在职大学生类 E_student 是职工类 Employee 和学生类 Student 的共同派生类。每个类定义了一个相对于特定类的不同的 print 函数，输出各类的数据成员。下面是具体的程序。

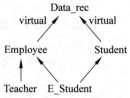

图 4.9　例 4.21 的类层次图

```cpp
#include<iostream>
#include<string>
using namespace std;
class Data_rec{                                    //声明基类 Data_rec
  public:
    Data_rec(string name1,char sex1,int age1)//构造函数
    { name=name1;
      sex=sex1;
      age=age1;
    }
    void print()
    { cout<<"name: "<<name<<endl;
      cout<<"sex: "<<sex<<endl;
      cout<<"age: "<<age<<endl;
    }
  protected:
    string name;                                   //姓名
    char sex;                                      //性别
    int age;                                       //年龄
};
class Student: virtual public Data_rec     //声明类 Data_rec 是 Student 的虚基类
{ public:
    Student(string name1,char sex1,int age1,string   //构造函数
      major1,double score1): Data_rec(name1,sex1,age1)
    { major=major1; score=score1;
    }
    void print()
    { Data_rec::print();
      cout<<"score: "<<score<<endl;
      cout<<"major: "<<major<<endl;
    }
  protected:
```

```cpp
        string   major;                          //专业
        double score;                            //成绩
};
class Employee: virtual public Data_rec{         //声明类 Data_rec 是 Employee 的虚基类
  public:
    Employee(string name1,char sex1,int age1,string dept1,     //构造函数
       double salary1): Data_rec(name1,sex1,age1)
    { dept=dept1;
         salary=salary1;
    }
    void print()
    { Data_rec::print();
      cout<<"department: "<<dept<<endl;
      cout<<"salary: "<<salary<<endl;
    }
  protected:
    string   dept;                               //部门
    double salary;                               //酬金
};
class Teacher: public Employee{                  //声明类 Teacher 为类 Employee 的派生类
  public:
    Teacher(string name1,char sex1,int age1,string dept1,      //构造函数
     double salary1,string title1)
         : Data_rec(name1, sex1, age1),Employee( name1,sex1,age1,dept1,salary1)
    { title=title1;
     }
    void print()
    { Employee:: print();
      cout<<" title1: "<<title<<endl;
    }
  protected:
    string title;                                //职称
};
class E_Student: public Employee,public Student{
                                                 //声明类 E_Student 为类 Employee
  public:                                        //和类 Student 的派生类
    E_Student(string name1,char sex1,int age1,string major1,   //构造函数
       double score1,string dept1, double salary1):
        Data_rec(name1,sex1, age1),Student( name1,sex1,age1,major1,score1),
        Employee(name1,sex1,age1,dept1,salary1)
    {}
    void print()
    { Student::print();
      cout<< "department: "<<dept<<endl;
      cout<< "salary: "<<salary<<endl;
```

```cpp
        }
};
int main()
{   Student  my_Student("李晓敏",'f',22,"应用数学",90);
    cout<<" Student: " <<endl;
    my_Student.print();
    Employee my_Employee("黄百松",'m',55,"科研处",5000);
    cout<<" Employee: " <<endl;
    my_Employee.print();
    Teacher my_Teacher("王世明",'m',50,"管理学院",8000,"教授");
    cout<<" Teacher: " <<endl;
    my_Teacher.print();
    E_Student my_E_Student("张大明",'m',35,"计算机",95,"教务处",3500);
    cout<<" E_Student: " <<endl;
    my_E_Student.print();
    return 0;
}
```

程序运行结果如下：

```
Student:
name: 李晓敏
sex: f
age: 22
score: 90
major: 应用数学
Employee:
name: 黄百松
sex: m
age: 55
department: 科研处
salary: 5000
Teacher:
name: 王世明
sex: m
age: 50
department: 管理学院
salary: 8000
title1: 教授
E_Student:
name: 张大明
sex: m
age: 35
score: 95
major: 计算机
department: 教务处
salary: 3500
```

习　　题

【4.1】 有哪几种继承方式？每种方式的派生类对基类成员的继承性如何？

【4.2】 派生类能否直接访问基类的私有成员？若否，应如何实现？

【4.3】 保护成员有哪些特性？保护成员以公有方式或私有方式被继承后的访问特性如何？

【4.4】 派生类构造函数和析构函数的执行顺序是怎样的？

【4.5】 派生类构造函数和析构函数的构造规则是怎样的？

【4.6】 什么是多继承？多继承时，构造函数和析构函数执行顺序是怎样的？

【4.7】 在类的派生中为何要引入虚基类？虚基类构造函数的调用顺序是如何规定的？

【4.8】 使用派生类的主要原因是(　　)。

　　A. 提高代码的可重用性

　　B. 提高程序的运行效率

　　C. 加强类的封装性

　　D. 实现数据的隐藏

【4.9】 假设已经定义好了一个类 student，现在要定义类 derived，它是从 student 私有派生的，定义类 derived 的正确写法是(　　)。

　　A. clase derived∷student private{…};

　　B. clase derived∷student public{…};

　　C. clase derived∷private student{…};

　　D. clase derived∷public student{…};

【4.10】 在多继承构造函数定义中，几个基类构造函数用(　　)分隔。

　　A. :　　　　　　B. ;　　　　　　C. ,　　　　　　D. ∷

【4.11】 设置虚基类的目的是(　　)。

　　A. 简化程序　　　B. 消除二义性　　C. 提高运行效率　　D. 减少目标代码

【4.12】 写出下面程序的运行结果。

```
#include<iostream>
using namespace std;
class B1{
  public:
    B1(int i)
    { b1=i;
      cout<<"Constructor B1. "<<endl;
    }
    void Print()
    { cout<<b1<<endl;
    }
  private:
```

```cpp
        int b1;
};
class B2{
  public:
    B2(int i)
    { b2=i;
      cout<<"Constructor B2. "<<endl;
    }
    void Print()
    { cout<<b2<<endl;
    }
  private:
     int b2;
};
class A: public B2,public B1{
  public:
    A(int i,int j,int l);
    void Print();
  private:
    int a;
};
A::A(int i,int j,int l): B1(i),B2(j)
{ a=l;
  cout<<"Constructor A. "<<endl;
}
void A::Print()
{   B1::Print();
    B2::Print(); cout<<a<<endl;
}
int main()
{ A aa(3,2,1);
  aa.Print();
  return 0;
}
```

【4.13】 写出下面程序的运行结果。

```cpp
#include<iostream>
using namespace std;
class Main{
  protected:
    char *mainfood;
  public:
    Main(char *name)
    { mainfood=name;
    }
};
```

```
class Sub{
  protected:
    char * subfood;
  public:
    Sub(char * name)
    { subfood=name;
    }
};
class Menu: public Main,public Sub{
  public:
    Menu(char * m, char * s): Main(m),Sub(s)
    {}
    void show();
};
void Menu::show()
{ cout<<"主食="<<mainfood<<endl;
  cout<<"副食="<<subfood<<endl;
}
int main()
{ Menu m("bread","steak");
  m.show();
  return 0;
}
```

【4.14】 写出下面程序的运行结果。

```
#include<iostream>
using namespace std;
class A{
  private:
    int a;
  public:
  A()
  { a=0; }
  A(int i)
  { a=i; }
  void Print()
  { cout<<a<<",";
  }
};
class B: public A{
  private:
    int b1,b2;
  public:
    B()
    { b1=0;  b2=0;
```

```cpp
        }
        B(int i)
        { b1=i; b2=0;
        }
        B(int i,int j,int k): A(i),b1(j),b2(k)
        {}
        void Print()
        { A::Print();
           cout<<b1<<", "<<b2<<endl;
        }
};
int main()
{ B ob1,ob2(1),ob3(3,6,9);
  ob1.Print();
  ob2.Print();
  ob3.Print();
  return 0;
}
```

【4.15】 写出下面程序的运行结果。

```cpp
#include<iostream>
using namespace std;
class B1{
    int b1;
  public:
    B1(int i)
    { b1=i;
      cout<<"constructor B1."<<i<<endl;
    }
    void print()
    { cout<<b1<<endl;
    }
};
class B2{
    int b2;
  public:
    B2(int i)
    { b2=i;
      cout<<"constructor B2."<<i<<endl;
    }
    void print()
    { cout<<b2<<endl;
    }
};
class B3{
```

```cpp
        int b3;
    public:
        B3(int i)
        { b3=i;
          cout<<"constructor B3."<<i<<endl;
        }
        int getb3()
        { return b3;
        }
};
class A : public B2,public B1{
    int a;   B3 bb;
    public:
        A(int i,int j,int k,int l): B1(i),B2(j),bb(k)
        { a=l;
          cout<<"constructor A."<<l<<endl;
        }
        void print()
        { B1::print();
          B2::print();
          cout<<a<<","<<bb.getb3()<<endl;
        }
};
int main()
{ A aa(1,2,3,4);
  aa.print();
  return 0;
}
```

【4.16】 写出下面程序的运行结果。

```cpp
#include<iostream>
using namespace std;
class A{
  public:
    A(int i,int j)
    { x=i;
      y=j;
    }
    int sum()
    { return x+y;
    }
  private:
    int x,y;
};
class B: public A{
```

```
    public:
       B(int i,int j,int k,int l);
       int sum()
       { return w+h;
       }
    private:
       int w,h;
};
B::B(int i,int j,int k,int l):A(i,j)
{ w=k;
  h=l;
}
void f(A& s)
{ cout<<s.sum()<<endl;
}
int main()
{ B ob(1,3,5,7);
  f(ob);
  return 0;
}
```

【4.17】 写出下面程序的运行结果。

```
#include<iostream>
using namespace std;
class A{
    int a,b;
  public:
    A( int i,int j)
    { a=i; b=j;
    }
    void Move( int x,int y)
    { a+=x; b+=y;
    }
    void Show()
    { cout<<"("<<a<<","<<b<<")"<<endl;
    }
};
class B: private A{
    int x,y;
  public:
    B( int i,int j,int k,int l):A(i,j)
    { x=k;   y=l;
    }
    void Show()
    { cout<<x<<","<<y<<endl;
```

```
        }
        void fun()
        { Move(3,5);
        }
        void f1()
        { A::Show();
        }
};
int main()
{ A e(1,2);
  e.Show();
  B d(3,4,5,6);
  d.fun();
  d.Show();
  d.f1();
  return 0;
}
```

【4.18】 写出下面程序的运行结果。

```
#include<iostream>
using namespace std;
class base1{
  public:
    base1()
    { cout<<"class base1"<<endl;
    }
};
class base2{
  public:
    base2()
    { cout<<"class base2"<<endl;
    }
};
class level1: public base2,virtual public base1{
  public:
    level1()
    { cout<<"class level1"<<endl;
    }
};
class level2: public base2,virtual public base1{
  public:
    level2()
    { cout<<"class level2"<<endl;
    }
};
```

```cpp
class toplevel: public level1,virtual public level2{
  public:
    toplevel ()
    { cout<<"class toplevel"<<endl;
    }
};
int main()
{ toplevel obj;
  return 0;
}
```

【4.19】 下面的程序可以输出 ASCII 字符与所对应的数字的对照表。修改下列程序,使其可以输出字母 a 到 z 与所对应的数字的对照表。

```cpp
#include<iostream>
using namespace std;
#include <iomanip>
class table{
  public:
    table(int p)
    { i=p;
    }
    void ascii(void);
  protected:
    int i;
};
void table::ascii(void)
{ int k=1;
  for (;i<127;i++)
  { cout<<setw(4)<<i<<" "<<(char)i;
    if ((k)% 12==0)
      cout<<"\n";
    k++;
  }
  cout<<"\n";
}
class der_table: public table {
  public:
    der_table(int p,char * m): table(p) {c=m; }
    void print(void);
  protected:
    char * c;
};
void der_table::print(void)
{ cout<<c<<"\n";
  table::ascii();
```

```
int main()
{ der_table ob1(32,"ASCII value---char");
  ob1.print();
  return 0;
}
```

提示：修改后的主程序为：

```
int main()
{ der_table ob('a','z',"ASCII value---char");
  ob.print();
  return 0;
}
```

【4.20】 给出下面的基类：

```
class area_cl {
  protected:
    double height;
    double width;
  public:
    area_cl(double r,double s)
    { height=r;width=s; }
    virtual double area()=0;
};
```

要求：

(1) 建立基类 area_cl 的两个派生类 rectangle 与 isosceles，让每一个派生类都包含一个函数 area()，分别用来返回矩形与三角形的面积。用构造函数对 height 与 width 进行初始化。

(2) 写出主程序，用来求 height 与 width 分别为 10.0 与 5.0 的矩形面积，以及求 height 与 width 分别为 4.0 与 6.0 的三角形面积。

(3) 要求通过使用基类指针访问虚函数的方法（即运行时的多态性）分别求出矩形和三角形面积。

【4.21】 已有类 Time 和 Date，要求设计一个派生类 Birthtime，它继承类 Time 和 Date，并且增加一个数据成员 Childname 用于表示小孩的名字，同时设计主程序显示一个小孩的出生时间和名字。

```
class Time {
  public:
    Time(int h,int m,int s)
    { hours=h;
      minutes=m;
      seconds=s;
    }
    void display()
```

```
        { cout<<"出生时间："<<hours<<"时"<<minutes<<"分"<<seconds<<"秒"<<endl;
        }
    protected:
        int hours,minutes,seconds;
};
class Date {
    public:
        Date(int m,int d,int y)
        { month=m;
            day=d;
            year=y;
        }
        void display()
        { cout<<"出生年月："<<year<<"年"<<month<<"月"<<day<<"日"<<endl;
        }
    protected:
        int month,day,year;
};
```

【4.22】 编写一个学生和教师数据输入和显示程序，学生数据有编号、姓名、班号和成绩，教师数据有编号、姓名、职称和部门。要求将编号、姓名输入和显示设计成一个类 person，并作为学生数据操作类 student 和教师数据操作类 teacher 的基类。

第 5 章 多 态 性

多态性是面向对象程序设计的重要特征之一。多态性机制不仅增加了面向对象软件系统的灵活性,进一步减少了冗余信息,而且显著提高了软件的可重用性和可扩充性。

5.1 编译时的多态性与运行时的多态性

在面向对象方法中,所谓多态性就是不同对象收到相同的消息时,产生不同的行为(即方法)。在 C++ 程序设计中,多态性是指用一个名字定义不同的函数,这些函数执行不同但又类似的操作,这样就可以用同一个函数名调用不同内容的函数。也就是说,可以用同样的接口访问功能不同的函数,从而实现"一个接口,多种方法"。

事实上,在程序设计中我们经常在使用多态性,最简单的例子就是运算符,例如我们使用运算符"+"号,就可以实现整型数之间、浮点数之间、双精度型数之间的加法运算,整型、浮点数、双精度型的加法操作过程是互不相同的,是由不同内容的函数实现的。这个例子就使用了多态的特性,即发送同一个消息——相加,被不同类型的对象——变量接收后,不同类型的对象(变量),采用了不同的方法进行加法运算。

在 C++ 中,多态性的实现和联编(也叫绑定)这一概念有关。一个源程序经过编译、连接,成为可执行文件的过程是把可执行代码联编(或称装配)在一起的过程。其中在运行之前就完成的联编称为静态联编,又叫前期联编;而在程序运行时才完成的联编叫动态联编,也称后期联编。

静态联编是指系统在编译时就决定如何实现某一动作。静态联编要求在程序编译时就知道调用函数的全部信息。因此,这种联编类型的函数调用速度很快。效率高是静态联编的主要优点。

动态联编是指系统在运行时动态实现某一动作。采用这种联编方式,一直要到程序运行时才能确定调用哪个函数。动态联编的主要优点是:提供了更好的灵活性、问题抽象性和程序易维护性。

静态联编支持的多态性称为编译时多态性,也称静态多态性。在 C++ 中,编译时多态性是通过函数重载(包括运算符重载)和模板(在第 6 章介绍)实现的。利用函数重载机制,在调用同名的函数时,编译系统可根据实参的具体情况确立所要调用的是哪个函数。

动态联编所支持的多态性称为运行时多态性,也称动态多态性。在 C++ 中,运行时多态性是通过虚函数来实现的。

5.2 运算符重载

在C++中,除了可以对函数重载外,还可以对大多数运算符实施重载。运算符重载与函数重载相比,稍微复杂一些。运算符重载是通过创建运算符重载函数来实现的。运算符重载函数可以是在类外定义的普通函数,也可以是类的成员函数或友元函数。本节将分别介绍这三种运算符重载函数。

5.2.1 在类外定义的运算符重载函数

对基本的数据类型,C++提供了许多预定义的运算符,如"+、-、*、/、="等,它们可以用一种简洁的方式工作,例如"+"运算符:

```
int x,y,z;
x=3;
y=5;
z=x+y;
```

这是将两个整数相加的方法,非常简单。

若有一个复数类 Complex:

```
class Complex{
  public:
    double real,imag;
    Complex(double r=0,double i=0)
    { real=r;
      imag=i;
    }
};
```

若要把类 Complex 的两个对象 com1 和 com2 加在一起,下面的语句是不能实现的:

```
int main()
{
  Complex com1(1.1,2.2),com2(3.3,4.4),total;
  total=com1+com2;        //错误
  ⋮
  return 0;
}
```

不能实现的原因是类 Complex 的类型不是基本数据类型,而是用户自定义的数据类型。C++ 知道如何相加两个 int 型数据,或相加两个 float 型数据,甚至知道如何把一个 int 型数据与一个 float 型数据相加,但是C++ 还无法直接将两个 Complex 类的对象相加。

为了表达上的方便,人们希望预定义的运算符(如"+、-、*、/"等)在特定类的对象上以新的含义进行解释,如希望能够实现 total=com1+com2,这就需要通过运算符重载来解决。

C++为运算符重载提供了一种方法,即在进行运算符重载时,必须定义一个运算符重载函数,其名字为 operator,后随一个要重载的运算符。例如,要重载"+"号,应该写一个名字为 operator+的函数。其他的运算符重载函数也应该以同样的方式命名,如表 5.1 所示。

表 5.1 运算符重载函数

函　　数	功　　能
operator+	加法
operator-	减法
operator *	乘法
operator<	小于
⋮	⋮

这样,在编译时遇到名为 operator@ 的运算符重载函数(@表示所要重载的运算符),就检查传递给函数的参数的类型。如果编译器在一个运算符的两边"看"到自定义的数据类型,就执行用户自己定义的函数,而不是系统已经定义好的运算符函数。

因此,若要将上述类 Complex 的两个对象相加,需要先定义一个运算符重载函数 operator+(),例如:

```
Complex operator+(Complex om1,Complex om2)
{
  Complex temp;
  temp.real=om1.real+om2.real;
  temp.imag=om1.imag+om2.imag;
  return temp;
}
```

这样,我们就能方便地使用语句:

```
total=com1+com2;
```

将类 Complex 的两个对象 com1 和 com2 相加。当然,在程序中也可以使用以下的调用语句,将两个 Complex 类对象相加:

```
total=operator+(com1,com2);
```

这两个调用语句是等价的,但显然后者不如前者简明和方便。

以下就是使用运算符函数 operator+()将两个 Complex 类对象相加的完整程序。

例 5.1 两个 Complex 类对象相加的完整程序。

```
#include<iostream>
using namespace std;
class Complex{
  public:
    double real;
    double imag;
    Complex(double r=0,double i=0)
```

```
    { real=r; imag=i;
    }
};
Complex operator+ (Complex co1,Complex co2)    //定义运算符+的重载函数
{ Complex temp;
  temp.real=co1.real+co2.real;
  temp.imag=co1.imag+co2.imag;
  return temp;
}
int main()
{ Complex com1(1.1,2.2),com2(3.3,4.4),total1,total2;
  total1=operator+(com1,com2);              //调用运算符重载函数 operator+的第 1 种方式
  cout<<"real1="<<total1.real<<" "<<"imag1="<<total1.imag<<endl;
  total2=com1+com2;                         //调用运算符重载函数 operator+的第 2 种方式
  cout<<"real2="<<total2.real<<" "<<"imag2="<<total2.imag<<endl;
  return 0;
}
```

程序运行结果如下:

```
real1=4.4 imag1=6.6
real2=4.4 imag2=6.6
```

注意:在本例中,Complex 的类对象分别使用了两种不同的方式相加,显然使用一个简单的"+"号将两个类对象相加更方便明了。实际上,C++ 编译系统也是将程序中的语句"total2=com1+com2;"解释为

```
total2=operator+(com1,com2);
```

来进行处理的。

C++ 语言对运算符重载制定了以下一些规则。

(1) C++ 中绝大部分的运算符允许重载,不能重载的运算符只有以下几个:

.   成员访问运算符
.*   成员指针访问运算符
::   作用域运算符
sizeof   长度运算符
?:   条件运算符

(2) C++ 语言中只能对已有的C++ 运算符进行重载,不允许用户自己定义新的运算符。例如,虽然某些程序语言将"**"作为指数运算符,但是C++ 语言编程时不能重载"**",因为"**"不是C++ 运算符。

(3) 运算符重载是针对新类型数据的实际需要,对原有运算符进行适当的改造完成的。一般来讲,重载的功能应当与原有的功能相类似(如用"+"实现加法,用"-"实现减法)。从理论上说,我们可以将"+"运算符重载为执行减法操作,但是这样的做法违背了运算符重载的初衷,非但没有提高可读性,反而容易造成混乱。所以保持原含义,容易被接受,也符合人们的习惯。

（4）重载不能改变运算符的操作对象（即操作数）的个数。例如，在C++语言中，运算符"+"是一个双目运算符（即只能带两个操作数），重载后仍为双目运算符，需要两个参数。

（5）重载不能改变运算符原有的优先级。C++语言已经预先规定了每个运算符的优先级，以决定运算次序。例如，C++语言规定，乘法运算符"*"的优先级高于减法运算符"-"的优先级，因此在下面表达式中，乘法运算在减法运算之前进行：

x=y-a*b;

也就是说，上列表达式等价于

x=y-(a*b);

即使我们针对某个自定义类型重载了乘法运算符"*"和减法运算符"-"，我们也不能改变这两个运算符的优先级关系，使它们按先做减法后做乘法的次序执行。如果确实需要改变某运算符的运算顺序，只能采用加括号"()"的办法进行强制改变。

（6）重载不能改变运算符原有的结合特性。例如，在C++语言中乘、除法运算符"*"和"/"都是左结合的，因此下列表达式：

x=a/b*c;

等价于

x=(a/b)*c;

而不等价于

x=a/(b*c);

我们无法重载运算符"*"和"/"，使它们变成右结合的。因此，必要时只能使用括号来改变它们的运算顺序。

（7）运算符重载函数的参数至少应有一个是类对象（或类对象的引用）。也就是说，运算符重载函数的参数不能全部是C++标准类型，例如以下定义运算符重载函数的方法是错误的：

```
int operate+(int x,int y)
{ return x+y; }
```

这项规定的目的是，防止用户修改用于标准类型数据的运算符性质。因为，假如允许运算符重载函数的参数全部是C++标准类型的话，可以定义以下运算符重载函数：

```
int operate+(int x,int y)
{ return x-y; }
```

如果有表达式5+3,它的结果是8还是2呢？显然，这是绝对不允许的。

（8）运算符重载函数可以是普通函数（如例5.1），也可以是类的成员函数，还可以是类的友元函数。有关这方面的内容将在下面章节介绍。

（9）一般而言，用于类对象的运算符必须重载，但是赋值运算符"="例外，不必用户进行重载。通常情况下，赋值运算符"="可用于同类对象之间相互赋值（见3.6.1节介绍），这是因为C++系统已为每一个新声明的类重载了一个赋值运算符函数,它的作用是逐个复制类的数据成员,可以直接用于同类对象间的赋值,用户不必自己编写运算符重载函数。但在某些情况下,例如数据成员中包含指向动态分配内存的指针成员时,使用系统提供的对象赋值运算符函数就不能满足程序的要求,在赋值时可能出现错误。在这种情况下,就需要用户自己编写赋值运算符重载函数。

5.2.2 友元运算符重载函数

运算符重载是通过创建运算符重载函数来实现的,运算符重载函数定义了重载的运算符将要进行的操作。例 5.1 中的运算符重载函数是在类的外部定义的普通函数,这个运算符重载函数只能访问类中的公有数据成员,而不能访问类的私有数据成员。实际上,类中的数据成员常常是私有成员或保护成员,为此运算符重载函数一般采用如下两种形式定义:一是定义为它将要操作的类的成员函数(简称为成员运算符重载函数);二是定义为类的友元函数(简称为友元运算符重载函数)。本节先介绍友元运算符重载函数,在 5.2.3 节再介绍成员运算符重载函数。

在C++中,可以把运算符重载函数定义成某个类的友元函数,称为友元运算符重载函数。

1. 定义友元运算符重载函数的语法形式

(1) 在类的内部,定义友元运算符重载函数的格式如下:

friend 函数类型 operator 运算符(形参表)
{
    函数体
}

(2) 友元运算符重载函数也可以在类中声明友元函数的原型,在类外定义。
在类中,声明友元运算符重载函数原型的格式如下:

class X{
  ⋮
 friend 函数类型 operator 运算符(形参表);
  ⋮
};

在类外,定义友元运算符重载函数的格式如下:

函数类型 operator 运算符(形参表)
{
    函数体
}

其中,X 是友元运算符重载函数所在类的类名;函数类型指定了友元运算符函数的返回值类型;operator 是定义运算符重载函数的关键字;运算符即是要重载的运算符名称,必须是 C++ 中可重载的运算符;形参表中给出重载运算符所需要的参数和类型;关键字 friend 表明这是一个友元运算符重载函数。由于友元运算符重载函数不是该类的成员函数,所以在类外定义时不需要缀上类名。

若友元运算符重载函数重载的是双目运算符,则参数表中有两个操作数;若重载的是单目运算符,则参数表中只有一个操作数。下面分别予以介绍。

2. 双目运算符重载

双目运算符(或称二元运算符)有两个操作数,通常在运算符的左右两侧,例如 3+5,24>12 等。当用友元函数重载双目运算符时,两个操作数都要传递给运算符重载函数。下面是一个用友元运算符重载函数进行复数运算的例子。

例 5.2 用友元运算符重载函数进行复数运算。

两个复数 a+bi 和 c+di 进行加、减、乘、除的方法如下:

加法:(a+bi)+(c+di)=(a+c)+(b+d)i

减法:(a+bi)-(c+di)=(a-c)+(b-d)i

乘法:(a+bi)*(c+di)=(ac-bd)+(ad+bc)i

除法:(a+bi)/(c+di)=((a+bi)*(c-di))/(c^2+d^2)

在 C++ 中,不能直接进行复数的加、减、乘、除运算,但是我们可以定义四个友元运算符重载函数,通过重载"+、-、*、/"运算符来实现复数运算。

在本例中,声明了一个复数类 Complex,类中含有两个数据成员,即复数的实数部分 real 和复数的虚数部分 imag。下面是这个例子的完整程序。

```cpp
#include<iostream>                         //用 VC++ 6.0 编译时,请用带后缀的.h 头文件
using namespace std;
class Complex {
  public:
    Complex(double r=0.0,double i=0.0);
    void print();
    friend Complex operator+ (Complex& a,Complex& b);    //声明运算符+重载函数
    friend Complex operator- (Complex& a,Complex& b);    //声明运算符-重载函数
    friend Complex operator * (Complex& a,Complex& b);   //声明运算符*重载函数
    friend Complex operator/(Complex& a,Complex& b);     //声明运算符/重载函数
  private:
    double real;                                          //复数实部
    double imag;                                          //复数虚部
};
Complex::Complex(double r,double i)                       //构造函数
{ real=r; imag=i;
}
Complex operator+(Complex& a,Complex& b)                  //定义运算符+重载函数
{ Complex temp;
  temp.real=a.real+b.real;
```

```
    temp.imag=a.imag+b.imag;
    return temp;
}
Complex operator-(Complex& a,Complex& b)           //定义运算符-重载函数
{ Complex temp;
    temp.real=a.real-b.real;
    temp.imag=a.imag-b.imag;
    return temp;
}
Complex operator*(Complex& a,Complex& b)           //定义运算符*重载函数
{ Complex temp;
    temp.real=a.real*b.real-a.imag*b.imag;
    temp.imag=a.real*b.imag+a.imag*b.real;
    return temp;
}
Complex operator/(Complex& a,Complex& b)           //定义运算符/重载函数
{ Complex temp;
    double t;
    t=1/(b.real*b.real+b.imag*b.imag);
    temp.real=(a.real*b.real+a.imag*b.imag)*t;
    temp.imag=(b.real*a.imag-a.real*b.imag)*t;
    return temp;
}
void Complex::print()                              //显示输出复数
{ cout<<real;
    if (imag>0) cout<<"+";
    if (imag!=0) cout<<imag<<'i'<<endl;
}
int main()
{ Complex A1(2.3,4.6),A2(3.6,2.8),A3,A4,A5,A6;     //定义6个Complex类对象
    A3=A1+A2;                                      //复数相加
    A4=A1-A2;                                      //复数相减
    A5=A1*A2;                                      //复数相乘
    A6=A1/A2;                                      //复数相除
    A1.print();                                    //输出复数A1
    A2.print();                                    //输出复数A2
    A3.print();                                    //输出复数相加结果A3
    A4.print();                                    //输出复数相减结果A4
    A5.print();                                    //输出复数相乘结果A5
    A6.print();                                    //输出复数相除结果A6
    return 0;
}
```

程序运行结果如下：

2.3+4.6i

```
3.6+2.8i
5.9+7.4i
-1.3+1.8i
-4.6+23i
1.01731+0.486538i
```

在主函数 main 中的语句

```
A3=A1+A2;
A4=A1-A2;
A5=A1 * A3;
A6=A1/A4;
```

C++将其解释为：

```
A3=operator+(A1,A2);
A4=operator-(A1,A2);
A5=operator*(A1,A2);
A6=operator/(A1,A2);
```

一般而言，如果在类 X 中采用友元函数重载双目运算符@，而 aa 和 bb 是类 X 的两个对象，则以下两种函数调用方法是等价的：

aa@bb;   //隐式调用
operator@(aa,bb);   //显式调用

说明：

（1）有时，在函数返回的时候，可以直接用类的构造函数来生成一个临时对象，而不对该对象进行命名，如可将上例重载运算符"+"的友元运算符重载函数

```
Complex operator+(Complex& a,Complex& b)
{ Complex temp;
  temp.real=a.real+b.real;
  temp.imag=a.imag+b.imag;
  return temp;
}
```

改为

```
Complex operator+(Complex& a,Complex& b)
{ return Complex(a.real+b.real, a.imag+b.imag);
}
```

其中 return 语句中的

```
Complex(a.real+b.real, a.imag+b.imag);
```

是建立一个临时对象，它没有对象名，是一个无名对象。在建立临时对象过程中调用构造函数。return 语句将此临时对象作为函数返回值。这种方法执行的效率比较高，但前一种方法可读性比较好。

(2) 有的 C++ 系统(如 Visual C++ 6.0)没有完全实现 C++ 标准,它所提供的不带后缀的".h"的头文件不支持友元运算符重载函数,在 Visual C++ 6.0 中编译会出错,这时可采用带后缀的".h"头文件。将程序中的

```
#include<iostream>
using namespace std;
```

修改成

```
#include<iostream.h>
```

即可顺利运行。以后遇到类似情况,可照此办理。

3. 单目运算符重载

单目运算符只有一个操作数,如 -a、&b、!c、++p 等。重载单目运算符的方法与重载双目运算符的方法是类似的。用友元函数重载单目运算符时,需要一个显式的操作数。下面的例子,用友元函数重载单目运算符"-"。

例 5.3 用友元函数重载单目运算符"-"。

```
#include<iostream>
using namespace std;
class Coord{
  public:
    Coord(int x1=0,int y1=0)
    { x=x1; y=y1;
    }
    friend Coord operator-(Coord &obj);        //声明单目运算符-重载函数
    void print();
  private:
    int x,y;
};
Coord operator-(Coord &obj)                    //定义单目运算符-重载函数
{ obj.x=-obj.x;
  obj.y=-obj.y;
  return obj;
}
void Coord::print()
{ cout<<"x="<<x<<" y="<<y<<endl;
}
int main()
{ Coord ob1(50,60),ob2;
  ob1.print();
  ob2=-ob1;
  ob2.print();
  return 0;
}
```

程序运行结果如下:

x=50 y=60
x=-50 y=-60

下面再看一个用友元函数重载单目运算符"++"的例子。

例 5.4 用友元函数重载单目运算符"++"。

```
#include<iostream>
using namespace std;
class Coord {
  public:
    Coord(int i=0,int j=0)
    { x=i;
      y=j;
    }
    void print()
    { cout<<" x: "<<x<<" , y: "<<y<<endl;
    }
    friend Coord operator++(Coord &op)        //定义单目运算符++重载函数
    { ++op.x;                                  //采用对象引用作为函数参数
      ++op.y;
      return op;
    }
  private:
    int x,y;
};
int main()
{ Coord ob(10,20);
  ob.print();
  ++ob;                                        //隐式调用友元运算符重载函数
  ob.print();
  operator ++(ob);                             //显式调用友元运算符重载函数
  ob.print();
  return 0;
}
```

程序运行结果如下:

x: 10,y: 20
x: 11,y: 21
x: 12,y: 22

可以看到,在程序中对运算符"++"进行了重载。使用友元函数重载单目运算符"++"时,采用对象引用参数传递操作数,运行结果与预料的相同,是正确的。但是,如果将友元运算符重载函数定义成以下格式:

```
friend Coord operator++(Coord op)            //定义单目运算符++重载函数
```

```
{ ++op.x;                                    //采用对象作为函数参数
  ++op.y;
  return op;
}
```

程序运行结果改变为：

```
x: 10, y: 20
x: 10, y: 20
x: 10, y: 20
```

显然这个函数的运行结果是错误的，引起错误的原因在于，这个函数的形参是对象，是通过传值的方法传递参数的，函数体内对形参 op 的所有修改都无法传到函数体外。也就是说，实际上 operator++ 函数中 op.x 和 op.y 的增加并没有引起实参 ob.x 和 ob.y 的增加，因而造成了运行结果错误。

例 5.4 中使用友元函数重载单目运算符"++"时，形参是对象的引用，是通过传址的方法传递参数的，函数形参 op.x 和 op.y 的改变将引起实参 ob.x 和 ob.y 的变化，因而这个程序的运行结果是正确的。

一般而言，如果在类 X 中采用友元函数重载单目运算符@，而 aa 是类 X 的对象，则以下两种函数调用方法是等价的：

@aa;   //隐式调用
operator@(aa);   //显式调用

注意：关于友元函数重载单目运算符后缀方式的表示方法，将在 5.2.5 节中介绍。

说明：

(1) 运算符重载函数 operator@ 可以返回任何类型，甚至可以是 void 类型，但通常返回类型与它所操作的类的类型相同，这样可以使重载运算符用在复杂的表达式中。如在例 5.2 中，可以将几个复数连续进行加、减、乘、除的运算。

(2) 有的运算符不能定义为友元运算符重载函数，如赋值运算符"="、下标运算符"[ ]"、函数调用运算符"( )"等。

5.2.3 成员运算符重载函数

在 C++ 中，可以把运算符重载函数定义成某个类的成员函数，称为成员运算符重载函数。

1. 定义成员运算符重载函数的语法形式

(1) 在类的内部，定义成员运算符重载函数的格式如下：

函数类型 **operator** 运算符 (形参表)
{
    函数体
}

(2) 成员运算符重载函数也可以在类中声明成员函数的原型,在类外定义。

在类的内部,声明成员运算符重载函数原型的格式如下:

class X {

 //……

 函数类型 **operator** 运算符(形参表);

 //……

};

在类外,定义成员运算符重载函数的格式如下:

函数类型 **X::operator** 运算符(形参表)

{

  函数体

}

其中,X 是成员运算符重载函数所在类的类名;函数类型指定了成员运算符函数的返回值类型;operator 是定义运算符重载函数的关键字;运算符即是要重载的运算符名称,必须是 C++ 中可重载的运算符;形参表中给出重载运算符所需要的参数和类型。由于成员运算符重载函数是该类的成员函数,所以在类外定义时需要缀上类名。

在成员运算符重载函数的形参表中,若运算符是单目的,则参数表为空;若运算符是双目的,则参数表中有一个操作数。下面分别予以介绍。

2. 双目运算符重载

对双目运算符而言,成员运算符重载函数的形参表中仅有一个参数,它作为运算符的右操作数。另一个操作数(左操作数)是隐含的,是该类的当前对象,它是通过 this 指针隐含地传递给函数的。例如:

```
class X {
  ⋮
  int operator+(X a);
  ⋮
};
```

在类 X 中声明了重载"+"的成员运算符重载函数,返回类型为 int,它具有两个操作数,一个是当前对象,另一个是类 X 的对象 a。

下面看一个采用双目成员运算符重载函数来完成例 5.2 中同样的工作的例子。

  例 5.5 用成员运算符重载函数进行复数运算。

```
#include<iostream>
using namespace std;
class Complex {
  public:
    Complex(double r=0.0,double i=0.0);              //构造函数
    void print();                                     //显示输出复数
```

```cpp
        Complex operator+(Complex c);              //声明运算符+重载函数
        Complex operator-(Complex c);              //声明运算符-重载函数
        Complex operator*(Complex c);              //声明运算符*重载函数
        Complex operator/(Complex c);              //声明运算符/重载函数
    private:
        double real;                                //复数的实数部分
        double imag;                                //复数的虚数部分
};
Complex::Complex(double r,double i)                 //定义构造函数
{ real=r; imag=i; }
Complex Complex::operator+(Complex c)               //定义运算符+重载函数
{
    Complex temp;
    temp.real=real+c.real;
    temp.imag=imag+c.imag;
    return temp;
}
Complex Complex::operator-(Complex c)               //定义运算符-重载函数
{
    Complex temp;
    temp.real=real-c.real;
    temp.imag=imag-c.imag;
    return temp;
}
Complex Complex::operator*(Complex c)               //定义运算符*重载函数
{ Complex temp;
    temp.real=real*c.real-imag*c.imag;
    temp.imag=real*c.imag+imag*c.real;
    return temp;
}
Complex Complex::operator/(Complex c)               //定义运算符/重载函数
{ Complex temp;
    double t;
    t=1/(c.real*c.real+c.imag*c.imag);
    temp.real=(real*c.real+imag*c.imag)*t;
    temp.imag=(c.real*imag-real*c.imag)*t;
    return temp;
}
void Complex::print()                               //显示复数的实数部分和虚数部分
{ cout<<real;
    if (imag>0) cout<<"+";
    if (imag!=0) cout<<imag<<'i'<<endl;
}
int main()
{ Complex A1(2.3,4.6),A2(3.6,2.8),A3,A4,A5,A6;     //定义 6 个复数类对象
```

```
        A3=A1+A2;                          //复数相加
        A4=A1-A2;                          //复数相减
        A5=A1 * A2;                        //复数相乘
        A6=A1/A2;                          //复数相除
        A1.print();                        //输出复数 A1
        A2.print();                        //输出复数 A2
        A3.print();                        //输出复数相加的结果 A3
        A4.print();                        //输出复数相减的结果 A4
        A5.print();                        //输出复数相乘的结果 A5
        A6.print();                        //输出复数相除的结果 A6
        return 0;
}
```

程序运行结果如下：

```
2.3+4.6i
3.6+2.8i
5.9+7.4i
-1.3+1.8i
-4.6+23i
1.01731+0.486538i
```

从本例可以看出，将复数的四则运算符重载为复数类的成员函数，除了在函数声明及定义时使用了关键字 operator 之外，成员运算符重载函数与普通的类的成员函数没有什么区别。对复数类重载了这些运算符后，再进行复数运算时，就如同基本数据类型的运算一样，给用户带来了很大的方便。

在主函数 main 中的语句：

```
A3=A1+A2;
A4=A1-A2;
A5=A1 * A2;
A6=A1/A2;
```

C++ 将其解释为

```
A3=A1.operator+(A2);
A4=A1.operator-(A2);
A5=A1.operator * (A2);
A6=A1.operator/(A2);
```

由此我们可以看出，成员运算符重载函数 operator@ 实际上是由双目运算符左边的对象 A1 调用的，尽管双目运算符重载函数的参数表只有一个操作数 A2，但另一个操作数是由对象 A1 通过 this 指针隐含地传递的。以上两组语句的执行结果是完全相同的。

一般而言，如果在类 X 中采用成员函数重载双目运算符@，成员运算符函数 operator@ 所需的一个操作数由对象 aa 通过 this 指针隐含地传递，它的另一个操作数 bb 在参数表中显示，则以下两种函数调用方法是等价的：

```
aa@bb;                    //隐式调用
aa.operator@(bb);         //显式调用
```

3. 单目运算符重载

对单目运算符而言，成员运算符重载函数的参数表中没有参数，此时当前对象作为运算符的一个操作数。

下面是一个用成员函数重载单目运算符"++"的例子。

例5.6 用成员函数重载单目运算符"++"。

```cpp
#include<iostream>
using namespace std;
class Coord {
  public:
    Coord(int i=0,int j=0);
    void print();
    Coord operator++();          //声明运算符++重载函数 operator++
  private:
    int x,y;
};
Coord::Coord(int i,int j)
{ x=i;y=j; }
void Coord::print()
{ cout<<" x: "<<x<<" , y: "<<y<<endl; }
Coord Coord::operator++()        //定义运算符++重载函数 operator++
{
  ++x;
  ++y;
  return *this;                  //返回当前对象的值
}
int main()
{
  Coord ob(10,20);
  ob.print();
  ++ob;                          //隐式调用运算符重载函数 operator++
  ob.print();
  ob.operator++();               //显式调用运算符重载函数 operator++
  ob.print();
  return 0;
}
```

程序运行结果如下：

x: 10, y: 20
x: 11, y: 21
x: 12, y: 22

由于 this 指针是指向当前对象的指针,因此语句"return *this;"返回的是当前对象的值,即调用运算符重载函数 operator++的对象 ob 的值。

不难看出,对类 Coord 重载了运算符"++"后,对类对象的加 1 操作变得非常方便,就像对整型数进行加 1 操作一样。

本例主函数 main 中调用成员运算符重载函数 operator++的两种方式

```
++ob;
```

和

```
ob.operator++();
```

是等价的,其执行效果是完全相同的。

从本例还可以看出,当用成员函数重载单目运算符时,没有参数被显式地传递给成员运算符函数。参数是通过 this 指针隐含地传递给函数。

一般而言,采用成员函数重载单目运算符时,以下两种方法是等价的:

```
@aa;                    //隐式调用
aa.operator@();         //显式调用
```

注意:在此介绍的是重载单目运算符"++"的前缀方式,关于单目运算符重载的后缀方式,将在 5.2.5 节中介绍。

5.2.4 成员运算符重载函数与友元运算符重载函数的比较

在本小节我们对成员运算符重载函数与友元运算符重载函数作一比较。

(1) 对双目运算符而言,成员运算符重载函数参数表中含有一个参数,而友元运算符重载函数参数表中含有两个参数;对单目运算符而言,成员运算符重载函数参数表中没有参数,而友元运算符重载函数参数表中含有一个参数。

(2) 双目运算符一般可以被重载为友元运算符重载函数或成员运算符重载函数,但有一种情况,必须使用友元函数。

例如,如果将一个复数与一个整数相加,可用成员运算符函数重载"+"运算符:

```
Complex operator+(int a)
{ return (real+a ,imag);
}
```

若 com 和 com1 是类 Complex 的对象,则以下语句是正确的:

```
com1=com+100;           //正确,运算符+的左侧是类对象
```

这条语句被 C++ 编译系统解释为

```
com1=com.operator(100);
```

由于对象 com 是运算符"+"的左操作数,所以它可以调用"+"运算符重载函数 operator+,执行结果是对象 com 的数据成员 real 被加上一个整数 100。然而,以下语句就不能工

· 213 ·

作了:

```
com1=100+com;                          //编译错误,运算符+的左侧是整数
```

这条语句被C++编译系统解释为

```
com1=100.operator(com);
```

由于运算符"+"的左操作数是一个整数100,而不是该类的对象,编译时将出现错误,因为整数100不能调用成员运算符重载函数。

如果定义以下的两个友元运算符重载函数

```
friend Complex operator+ (Complex com,int a)//运算符+的左侧是类对象
{ return Complex(com.real+a,com.imag);      //右侧是整数
}
friend Complex operator+ (int a,Complex com)//运算符+的左侧是整数
{ return Complex(a+com.real,com.imag);      //右侧是类对象
}
```

当一个复数与一个整数相加时,无论整数出现在左侧还是右侧,使用友元运算符重载函数都能得到很好的解决。这就解决了使用成员运算符重载函数时,由于整数出现在运算符"+"的左侧而出现的错误。

下述程序就说明了如何使用友元运算符重载函数实现一个复数与一个整数相加。

例 5.7 使用友元运算符重载函数实现一个复数与一个整数相加。

```cpp
#include<iostream>
using namespace std;
class Complex{
  public:
    Complex(int real1=0,int imag1=0);
    friend Complex operator+(Complex com,int a)
                        //定义友元运算符重载函数,+的左侧是类对象,右侧是整数
    { return Complex(com.real+a,com.imag);
    }
    friend Complex operator+(int a,Complex com)
                        //定义友元运算符重载函数,+的左侧是整数,右侧是类对象
    { return Complex(a+com.real,com.imag);
    }
    void show();
  private:
    int real,imag;
};
Complex::Complex(int real1,int imag1)
{ real=real1; imag=imag1;
}
void Complex::show()
{ cout<<"real="<<real<<" imag="<<imag<<endl;
```

```
}
int main()
{ Complex com1(30,40),com2;
  com2=com1+30;
  com2.show();
  com2=50+com1;
  com2.show();
  return 0;
}
```

程序运行结果如下：

```
real=60 imag=40
real=80 imag=40
```

(3) 成员运算符函数和友元运算符函数都可以用习惯方式调用，也可以用它们专用的方式调用，表 5.2 列出了一般情况下运算符函数的调用形式。

单目运算符的后缀方式，将在 5.2.5 节中介绍。

表 5.2 运算符函数调用形式

习惯调用形式	友元运算符重载函数调用形式	成员运算符重载函数调用形式
a+b	operator+(a,b)	a.operator+(b)
-a	operator-(a)	a.operator-()
a++	operator++(a,0)	a.operator++(0)

(4) C++ 的大部分运算符既可说明为成员运算符重载函数，又可说明为友元运算符重载函数。究竟选择哪一种运算符函数好一些，没有定论，这主要取决于实际情况和程序员的习惯。

一般而言，对于双目运算符，将它重载为友元运算符重载函数比重载为成员运算符重载函数便于使用。对于单目运算符，则选择成员运算符函数较好。如果运算符所需的操作数（尤其是第一个操作数）希望有隐式类型转换，则运算符重载必须用友元函数，而不能用成员函数。以下的经验可供参考：

- 对于单目运算符，建议选择成员函数；
- 对于运算符"=、()、[]、->"只能作为成员函数；
- 对于运算符"+=、-=、/=、*=、&=、!=、~=、%=、<<=、>>="，建议重载为成员函数；
- 对于其他运算符，建议重载为友元函数。

5.2.5 "++"和"--"的重载

我们知道，自增运算符"++"和自减运算符"--"放置在变量的前面与后面，其作用是有区别的。但是C++ 2.1之前的版本在重载"++"（或"--"）时，不能显式地区分是前缀方式还是后缀方式。也就是说，在例 5.4 的 main 函数中，以下两条语句是完全相同的：

```
ob++;
++ob;
```

在C++ 2.1及以后的版本中,C++编辑器可以通过在运算符函数参数表中是否插入关键字 int 来区分这两种方式。

对于前缀方式++ob,可以用运算符函数重载为:

```
ob.operator++();                    //成员函数重载
```

或

```
operator++(X &ob);                  //友元函数重载,其中 ob 为 X 类对象的引用
```

对于后缀方式 ob++,可以用运算符函数重载为:

```
ob.operator++(int);                 //成员函数重载
```

或

```
operator++(X &ob,int);              //友元函数重载,其中 ob 为 X 类对象的引用
```

调用时,参数 int 一般被传递给值 0,例如:

```
class X{
   ⋮
  public:
   ⋮
    X operator++();                 //前缀方式
    X operator++(int);              //后缀方式
   ⋮
};
int main()
{ X ob;
   ⋮
  ++ob;                             //隐式调用 ob.operator++()
  ob++;                             //隐式调用 ob.operator++(int)
  ob.operator++();                  //显式调用 ob.operator++(),意为++ob
  ob.operator++(0);                 //显式调用 ob.operator++(int),意为 ob++
   ⋮
  return 0;
};
```

类似地,也可重载为友元函数,例如:

```
class Y{
   ⋮
  friend operator++(Y&);            //前缀方式
  friend operator++(Y&,int);        //后缀方式
   ⋮
};
```

```
int main()
{ Y ob;
   ⋮
  ++ob;                              //隐式调用 operator++(Y&)
  ob++;                              //隐式调用 operator++(Y&,int)
  operator++(ob);                    //显式调用 operator++(Y&),意为++ob
  operator++(ob,0);                  //显式调用 operator++(Y&,int),意为 ob++
   ⋮
  return 0;
}
```

重载运算符"--"也可用类似的方法。

下面是两个包含这两种重载运算符"++"和"--"的例子。

例 5.8 使用成员函数以前缀方式和后缀方式重载运算符"--"。

```
#include<iostream>
using namespace std;
class Three{
  public:
    Three(int I1=0,int I2=0,int I3=0);  //声明构造函数
    void print();
    Three operator--();                 //声明自减运算符--重载成员函数(前缀方式)
    Three operator--(int);              //声明自减运算符--重载成员函数(后缀方式)
  private:
    int i1,i2,i3;
};
Three::Three(int I1,int I2,int I3)      //定义构造函数
{ i1=I1; i2=I2; i3=I3;}
void Three::print()                      //输出数据成员的值
{ cout<<"i1: "<<i1<<" i2: "<<i2<<" i3: "<<i3<<endl;}
Three Three::operator--()                //定义自减运算符--重载成员函数(前缀方式)
{ --i1; --i2; --i3;
  return *this;                          //返回自减后的当前对象
}
Three Three::operator--(int)            //定义自减运算符--重载成员函数(后缀方式)
{ Three temp(*this);
  i1--; i2--; i3--;
return temp;                             //返回自减前的当前对象
}
int main()
{ Three obj1(4,5,6),obj2,obj3(11,12,13),obj4;
  obj1.print();                          //显示 obj1 的原值
  --obj1;                                //隐式调用 Three operator--()
  obj1.print();                          //显示执行--obj1 后的 obj1 的值
  obj2=obj1--;                           //将自减前的对象 obj1 的值赋给 obj2
  obj2.print();                          //显示 obj2 保存的是执行 obj1--前的 obj1 的值
```

```
    obj1.print();                    //显示执行 obj1--后的 obj1 的值
    cout<<endl;
    obj3.print();                    //显示 obj3 的原值
    obj3.operator--();               //显式调用,意为--obj3
    obj3.print();                    //显示执行--obj3 后的 obj3 的值
    obj4=obj3.operator--(0);         //将自减前的对象 obj3 的值赋给 obj4
    obj4.print();                    //显示 obj4 保存的是执行 obj3--前的 obj3 的值
    obj3.print();                    //显示执行 obj3--后的 obj3 的值
    return 0;
}
```

请注意前缀自减运算符"--"和后缀自减运算符"--"之间的区列。前者是先自减,返回的是修改后的对象本身。后者返回的是自减前的对象,然后对象自减。请仔细分析以下程序运行结果。

程序运行结果如下:

```
i1: 4 i2: 5 i3: 6              (obj1 的原值)
i1: 3 i2: 4 i3: 5              (执行--obj1 后的 obj1 的值)
i1: 3 i2: 4 i3: 5              (obj2 的值,obj2 保存的是执行 obj1--前的 obj1 的值)
i1: 2 i2: 3 i3: 4              (执行 obj1--后的 obj1 的值)

i1: 11 i2: 12 i3: 13           (obj3 的原值)
i1: 10 i2: 11 i3: 12           (执行--obj3 后的 obj3 的值)
i1: 10 i2: 11 i3: 12           (obj4 的值,obj4 保存的是执行 obj3--前的 obj3 的值)
i1:  9 i2: 10 i3: 11           (执行 obj3--后的 obj3 的值)
```

可以看出,重载后缀自增运算符时,多了一个 int 型的参数,这个参数只是为了与前缀自增运算符重载函数有所区别,此外没有任何作用,在定义函数时也不必使用此参数,因此可不必写参数名,只需在括号中写 int 即可,C++编译系统在遇到后缀自增运算符时,会自动调用此函数。

例 5.9 使用友元函数以前缀方式和后缀方式重载运算符"++"。

```
#include<iostream>
using namespace std;
class Three{
  public:
    Three(int I1,int I2,int I3);           //声明构造函数
    void print();
    friend Three operator++(Three &);
                                           //声明自加运算符++重载友元函数(前缀方式)
    friend Three operator++(Three &,int);
                                           //声明自加运算符++重载友元函数(后缀方式)
  private:
    int i1,i2,i3;
};
Three::Three(int I1,int I2,int I3)         //定义构造函数
```

```cpp
{ i1=I1; i2=I2; i3=I3;}
void Three::print()                         //输出数据成员的值
{ cout<<"i1: "<<i1<<" i2: "<<i2<<" i3: "<<i3<<endl;}
Three operator++(Three &op)                 //定义自加运算符++重载友元函数(前缀方式)
{ ++op.i1; ++op.i2; ++op.i3;
   return op;
}
Three operator++(Three &op, int)            //定义自加运算符++重载友元函数(后缀方式)
{ op.i1++; op.i2++; op.i3++;
   return op;
}
int main()
{ Three obj1(4,5,6),obj2(14,15,16);
   obj1.print();                //显示 obj1 的原值
   ++obj1;                      //隐式调用 Three operator++(Three&)
   obj1.print();                //显示执行++obj1 后的 obj1 的值
   obj1++;                      //隐式调用 Three operator++(Three&,int)
   obj1.print();                //显示执行 obj1++后的 obj1 的值
   cout<<endl;
   obj2.print();                //显示 obj2 的原值
   operator ++(obj2);           //显式调用,意为++obj2
   obj2.print();                //显示执行++obj2 后的 obj2 的值
   operator ++(obj2,0);         //显式调用,意为 obj2++
   obj2.print();                //显示执行 obj2++后的 obj2 的值
   return 0;
}
```

程序运行结果如下：

```
i1: 4 i2: 5 i3: 6          (obj1 的原值)
i1: 5 i2: 6 i3: 7          (执行++obj1 后的 obj1 的值)
i1: 6 i2: 7 i3: 8          (执行 obj1++后的 obj1 的值)

i1: 14 i2: 15 i3: 16       (obj2 的原值)
i1: 15 i2: 16 i3: 17       (执行++obj2 后的 obj2 的值)
i1: 16 i2: 17 i3: 18       (执行 obj2++后的 obj2 的值)
```

说明：

(1) 由于友元运算符重载函数没有 this 指针，所以不能引用 this 指针所指的对象。使用友元函数重载自增运算符"++"或自减运算符"--"时，应采用对象引用参数传递数据。例如：

```cpp
friend Three operator++(Three &);           //前缀方式
friend Three operator++(Three &,int);       //后缀方式
```

(2) 前缀方式和后缀方式的函数内部的语句可以相同，也可以不同，取决于编程的需要。

5.2.6 赋值运算符"="的重载

对任一类 X,如果没有用户自定义的赋值运算符函数,那么系统将自动地为其生成一个默认的赋值运算符函数,例如:

```
X &X::operator=(const X &source)
{
    //成员间赋值
}
```

若 obj1 和 obj2 是类 X 的两个对象,obj2 已建立,则编译程序遇到如下语句:

```
obj1=obj2;
```

就调用默认的赋值运算符函数,将对象 obj2 的数据成员逐域复制到对象 obj1 中。

采用默认的赋值运算符函数实现的数据成员逐一赋值的方法是一种浅层复制的方法。通常,默认的赋值运算符函数是能够胜任工作的。但是,对于许多重要的实用类来说,仅有默认的赋值运算符函数还是不够的,还需要用户根据实际需要自己对赋值运算符进行重载,以解决遇到的问题。指针悬挂就是这方面的一个典型问题。

1. 指针悬挂问题

在某些特殊情况下,如类中有指针类型时,使用默认的赋值运算符函数会产生错误。请看下面的例子。

例 5.10 关于浅层复制的例子。

```
#include<iostream>
using namespace std;
class STRING {
  public:
    STRING(char * s)
    { cout<<"Constructor called."<<endl;
      ptr=new char[strlen(s)+1];
      strcpy(ptr,s);
    }
    ~STRING()
    { cout<<"Destructor called.---"<<ptr<<endl;
      delete ptr;
    }
  private:
    char *ptr;
};
int main()
{ STRING p1("book");
  STRING p2("jeep");
```

```
        p2=p1;
        return 0;
}
```

程序运行结果如下：

```
Constructor called.                    ①
Constructor called.                    ②
Destructor called.---book              ③
Destructor called.---茸茸茸茸           ④
```

程序开始运行，创建对象 p1 和 p2 时，分别调用构造函数，通过运算符 new 分别从内存中动态分配一块空间，字符指针 ptr 指向内存空间，这时两个动态空间中的字符串分别为"book"和"jeep"，如图 5.1(a)所示。调用构造函数后在屏幕上显示两行"Constructor called."(见输出①和②)。执行语句"p2=p1;"时，因为没有用户定义的赋值运算符函数，于是就调用默认的赋值运算符函数，使两个对象 p1 和 p2 的指针 ptr 都指向 new 开辟的同一个空间，这个动态空间中的字符串为"book"，如图 5.1(b)所示。主程序结束时，对象逐个撤销，先撤销对象 p2，第 1 次调用析构函数，先在屏幕上输出"Destructor called.---book"(见输出③)，接着用运算符 delete 释放动态分配的内存空间，如图 5.1(c)所示；撤销对象 p1 时，第 2 次调用析构函数，尽管这时 p1 的指针 ptr 存在，但其所指向的空间却无法访问了，出现了所谓的"指针悬挂"，这时在屏幕上显示"Destructor called.---茸茸茸茸"(见输出④)，指针 ptr 所指的字符串被随机字符取代，由于第 2 次执行析构函数中语句"delete ptr;"时，企图释放同一空间，从而导致了对同一内存空间的两次释放，这当然是不允许的，必然引起运行错误。产生这个错误的原因是，由于在本例的类中含有指向动态空间的指针 ptr，执行语句"p2=p1;"时，调用的是默认的赋值运算符函数，采用的是浅层复制方法，使两

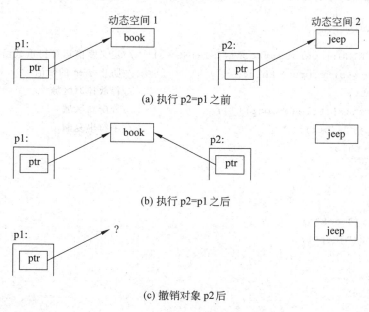

图 5.1 例 5.10 的浅层复制示意图

个对象 p1 和 p2 的指针 ptr 都指向 new 开辟的同一个空间,于是出现了所谓的"指针悬挂"现象。

2. 用深层复制解决指针悬挂问题

为了解决浅层复制出现的错误,必须显式地定义一个自己的赋值运算符重载函数,使之不但复制数据成员,而且为对象 p1 和 p2 分配了各自的内存空间,这就是所谓的深层复制。

下面的例子是在例 5.10 的基础上,增加了一个自定义的赋值运算符重载函数。

例 5.11 关于深层复制的例子。

```cpp
#include<iostream>
using namespace std;
class STRING{
  public:
    STRING(char * s)
    { cout<<"Constructor called."<<endl;
      ptr=new char[strlen(s)+1];
      strcpy(ptr,s);
    }
    ~STRING()
    { cout<<"Destructor called.---"<<ptr<<endl;
      delete ptr;
    }
    STRING &operator=(const STRING &);        //声明赋值运算符重载函数
  private:
    char *ptr;
};
STRING &STRING::operator=(const STRING &s)    //定义赋值运算符重载函数
{ if (this==&s) return *this;                 //防止 s=s 的赋值
  delete ptr;                                 //释放掉原区域
  ptr=new char[strlen(s.ptr)+1];              //分配新区域
  strcpy(ptr,s.ptr);                          //字符串复制
  return *this;
}

int main()
{ STRING p1("book");
  STRING p2("jeep");
  p2=p1;
  return 0;
}
```

运行修改后的程序,就不会产生上面的问题了。因为已释放掉了旧区域,又按新长度分配了新区域。

程序运行结果如下：

```
Constructor called.              ①
Constructor called.              ②
Destructor called.---book        ③
Destructor called.---book        ④
```

程序开始运行,创建对象 p1 和 p2 时,分别调用构造函数,通过运算符 new 分别从内存中动态分配一块空间,字符指针 ptr 指向内存空间,这两个动态空间中的字符串分别为"book"和"jeep",见图 5.2(a)。调用构造函数后在屏幕上显示两行"Constructor called."(见输出①和输出②)。执行语句"p2=p1;"时,由于程序中定义了自己的赋值运算符重载函数,于是就调用自定义的赋值运算符重载函数,释放掉了 p2 指针 ptr 所指的旧区域,又按新长度分配新的内存空间给 p2,再把对象 p1 的数据成员赋给 p2 的对应数据成员中,见图 5.2(b)。主程序结束时,对象逐个撤销,先撤销对象 p2,第 1 次调用析构函数,先在屏幕上输出"Destructor called.---book"(见输出③),接着运算符 delete 释放动态分配的内存空间,见图 5.2(c);撤销对象 p1 时,第 2 次调用析构函数,先在屏幕上输出"Destructor called.---book"(见输出④),接着释放了分配给对象 p1 的内存空间。可见增加了自定义的赋值运算符重载函数后,执行语句"p2=p1;"时,不但复制数据成员,而且为对象 p1 和 p2 分配了各自的内存空间,程序执行了所谓的深层复制,运行结果是正确的。

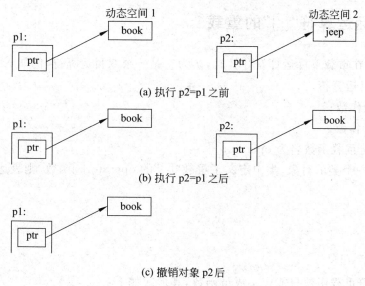

图 5.2　例 5.11 的深层复制示意图

说明：

类的赋值运算符"="只能重载为成员函数,而不能把它重载为友元函数,因为若把上述赋值运算符"="重载为友元函数

```
friend string &operator=(string &p2,string &p1)
```

表达式

```
p1="book"
```

将被解释为

```
operator=(p1,"book")
```

这显然是没有什么问题的,但对于表达式

```
"book"=p1
```

将被解释为

```
operator=("book",p1)
```

即C++编译器首先将"book"转换成一个隐藏的string对象,然后使用对象p2引用该隐藏对象,并不认为这个表达式是错误的,从而将导致赋值语句上的混乱。因此双目赋值运算符应重载为成员函数的形式,而不能重载为友元函数的形式。

注意:例5.10和例5.11在Visual C++ 2010中调试的时候,会出现警告信息:

```
warning C4996: 'strcpy': This function or variable may be unsafe. Consider using strcpy_s instead. To disable deprecation, use _CRT_SECURE_NO_WARNINGS. See online help for details.
```

为避免出现这种情况,可以使用strcpy_s函数代替strcpy函数。

5.2.7 下标运算符"[]"的重载

在C++中,在重载下标运算符"[]"时,认为它是一个双目运算符,例如X[Y]可以看成:
[]——双目运算符;
X——左操作数;
Y——右操作数。
其相应的运算符重载函数名为operator[]。

设X是某一个类的对象,类中定义了重载"[]"的operator[]函数,则表达式

```
X[Y];
```

可被解释为

```
X.operator[](Y);
```

下标运算符重载函数只能定义成员函数,其形式如下:

返回类型 类名::operator[](形参)

{

　　//函数体

}

注意:形参在此表示下标,C++规定只能有一个参数。

例5.12 使用下标运算符重载函数的引例。

```
#include<iostream>
```

```
using namespace std;
class Vector4{
  public:
    Vector4(int a1,int a2,int a3,int a4)
    { v[0]=a1; v[1]=a2; v[2]=a3; v[3]=a4;
    }
  private:
    int v[4];
};
int main()
{ Vector4 v(1,2,3,4);
  cout<<v[2];
  return 0;
}
```

在此程序的 main() 函数中,输出语句"cout<<v[2];"是非法的,因为 v[2]是类 Vector4 的私有数据,就是把它改为公有数据,输出语句也应该是"cout<<ve.v[2];"才对。如果对下标运算符"[]"进行重载,使其具有输出向量分量(即数组元素)的功能,则原输出语句"cout<<v[2];"就是合法而有效的。为此,我们只需给类 Vector4 中增加如下的成员函数即可:

```
int &Vector4::operator[](int bi)
{ if (bi<0||bi>=4)
  { cout<<"Bad subscript!\n";
    exit(1);
  }
  return v[bi];
}
```

对运算符"[]"完成了以上的重载后,语句"cout<<v[2];"就是合法的,换句话说,这时 main 函数就能直接访问 Vector4 的私有数据 v[2]。这是因为重载后的 v[2]实际上已被解释成"v.operator[](2)"了。

下面是这个例子的完整程序。

例 5.13 使用下标运算符重载函数的例子。

```
#include<iostream>
using namespace std;
class Vector4{
  public:
    Vector4(int a1,int a2,int a3,int a4)
    { v[0]=a1; v[1]=a2; v[2]=a3; v[3]=a4;
    }
    int & operator[](int bi);          //声明下标运算符[]重载函数
  private:
    int v[4];
};
```

```cpp
int & Vector4::operator[](int bi)      //定义下标运算符[]重载函数
{ if (bi<0||bi>=4)                     //数组的边界检查
    { cout<<"Bad subscript!\n";
      exit(1);
    }
  return v[bi];
}
int main()
{ Vector4 v(1,2,3,4);
  cout<<v[2]<<endl;                    //在此,v[2]被解释为v.operator[](2)
  v[3]=v[2];                           //在此,v[3]被解释为v.operator[](3)
  cout<<v[3]<<endl;
  v[2]=22;
  cout<<v[2];
  return 0;
}
```

程序运行结果如下:

3
3
22

说明:

重载下标运算符"[]"时,返回一个 int 型的引用,可使重载的"[]"用在赋值语句的左边,因而在 main 函数中,v[2]可以出现在赋值运算符的任何一边,使编制程序更灵活了。

5.3 类 型 转 换

5.3.1 系统预定义类型间的转换

类型转换是将一种类型的值转换为另一种类型值。对于系统预定义的标准类型(如 int、float、double、char 等),C++提供两种类型转换方式:一种是隐式类型转换;另一种是显式类型转换。

1. 隐式类型转换

在C++中,某些不同类型的数据之间可以自动转换,例如:

```
int x=5,y;
y=3.5+x;
```

C++编译系统对 3.5 是作为 double 型数据处理的,在进行"3.5+x"时,先将 x 的值 5 转换成 double 型,然后与 3.5 相加,得到的和为 8.5,在向整型变量 y 赋值时,将 8.5 转换成整数 8,然后赋给 y。这种转换是由C++编译系统自动完成的,称为隐式类型转换。

隐式类型转换主要遵循以下规则：

（1）在赋值表达式 A=B 的情况下，赋值运算符右端 B 的值需转换为 A 类型后进行赋值。

（2）当 char 或 short 类型变量与 int 类型变量进行运算时，将 char 或 short 类型转换成 int 类型。

（3）当两个操作对象类型不一致时，在算术运算前，级别低的类型自动转换为级别高的类型。

2. 显式类型转换

编程人员在程序中可以明确地指出将一种数据类型转换成另一种指定的类型，这种转换称为显式类型转换。显式类型转换常采用下述方法表示：

（1）C 语言中采用的形式为：

(类型名)表达式

例如：

```
double i=2.2,j=3.2;
cout<<(int)(i+j);
```

将表达式 i+j 的值 5.4 强制转换成整型数 5 后输出。

（2）C++ 语言中采用的形式为：

类型名(表达式)

例如：

```
double i=2.2,j=3.2;
cout<<int(i+j);
```

此时，也将表达式 i+j 的值 5.4 强制转换成整型数 5 后输出。

C++ 保留了 C 语言的用法，但提倡采用 C++ 提供的方法。

5.3.2 类类型与系统预定义类型间的转换

前面介绍的是系统预定义的标准数据类型之间的转换。那么，对于用户自己定义的类类型而言，如何实现它们与其他数据类型之间的转换呢？通常，可归纳为以下两种方法：

（1）通过转换构造函数进行类型转换；

（2）通过类型转换函数进行类型转换。

下面分别予以介绍。

1. 转换构造函数

转换构造函数也是构造函数的一种，它具有类型转换的作用，它的作用是将一个其他类型的数据转换成它所在类的对象。我们先回顾一个用友元运算符重载函数进行复数加法运算的例子作为引入转换构造函数的引例。

例 5.14 转换构造函数的引例。

```cpp
#include<iostream>
using namespace std;
class   Complex {
  public:
    Complex(){}                                          //不带参数的构造函数
    Complex(double r,double i){ real=r; imag=i;}         //带两个参数的构造函数
    friend Complex operator+(Complex &co1,Complex &co2);
                                                         //声明友元运算符重载函数
    void print();
  private:
   double real;                                          //复数的实部
   double imag;                                          //复数的虚部
};
Complex operator+(Complex &co1,Complex &co2)             //定义友元运算符重载函数
{ Complex temp;
  temp.real=co1.real+co2.real;
  temp.imag=co1.imag+co2.imag;
  return temp;
}
void Complex::print()                                    //输出复数对象的值
{ cout<<real;
  if (imag>0) cout<<"+";
  if (imag!=0) cout<<imag<<"i\n";
}
int main()
{ Complex com1(1.1,2.2),com2(3.3,4.4),total;
  total=com1+com2;                                       //复数类 Complex 对象相加
  total.print();
  return 0;
}
```

在这个例子中,定义了一个将两个复数相加的友元运算符重载函数,在主函数中执行语句"total=com1+com2;"时,调用这个运算符重载函数,将 Complex 类的对象 com1 和 com2 相加,程序运行结果如下:

```
4.4+6.6i
```

如果我们将主函数 main 中的语句"total=com1+com2;"改成

```
total=com1+7.7;
```

编译时将出现错误,因为在这个例子中不能将一个 Complex 类的对象 com1 和一个 double 类型的数据 7.7 相加。

为了实现将一个 Complex 类的对象和一个 double 类型的数据相加,可以定义以下转换

构造函数:

```
Complex(double r)                    //转换构造函数
{ real=r; imag=0;
}
```

其作用是将 double 类型的参数 r 转换成 Complex 类的对象,将 r 作为复数对象的实部,虚部为 0。

转换构造函数只有一个形参,用户可以根据需要定义转换构造函数,在函数体中告诉编译系统怎样去进行类型转换。

假如在 Complex 类中定义了上面的转换构造函数,将主函数定义为:

```
int main()
{ Complex com1(1.1,2.2),total;
  Complex com2(7.7);                 //调用转换构造函数,将7.7转换成对象com2
  total=com1+com2;                   //复数对象相加
  total.print();
  return 0;
}
```

执行语句"Complex com2(7.7);"时,将会调用所定义的转换构造函数,将 double 类型的数据 7.7 转换成 Complex 类的对象 com2(其 real 的值为 7.7,imag 的值为 0),然后执行语句"total=com1+com2;",调用友元运算符重载函数将 Complex 类的对象 com1 和 com2 相加,程序运行结果如下:

```
8.8+2.2i
```

下面是这个例子的完整程序。

例 5.15 转换构造函数的应用。

```
#include<iostream>
using namespace std;
class  Complex{
  public:
    Complex(){}                              //不带参数的构造函数
    Complex(double r,double i)               //带两个参数的构造函数
    { real=r; imag=i;
    }
    Complex(double r)                        //转换构造函数
    { real=r; imag=0;
    }
    friend Complex operator+(Complex &co1,Complex &co2);
                                             //声明友元运算符重载函数
    void print();
  private:
    double real;                             //复数的实部
    double imag;                             //复数的虚部
```

```cpp
};
Complex operator+(Complex &co1,Complex &co2)    //定义友元运算符重载函数
{ Complex temp;
  temp.real=co1.real+co2.real;
  temp.imag=co1.imag+co2.imag;
  return temp;
}
void Complex::print()                           //输出复数对象的值
{ cout<<real;
  if (imag>0) cout<<"+";
  if (imag!=0) cout<<imag<<"i\n";
}
int main()
{ Complex com1(1.1,2.2),total;
  Complex com2(7.7);                            //调用转换构造函数,将 7.7 转换成对象 com2
  total=com1+com2;                              //两个 Complex 类对象相加
  total.print();                                //输出复数对象的值
  return 0;
}
```

程序运行结果如下:

```
8.8+2.2i
```

在这个例子中,通过调用转换构造函数将 double 类型的数据 7.7 转换成名为 com2 的 Complex 类对象。然后执行语句"total=com1+com2;",将两个 Complex 类对象相加。我们也可以将例 5.15 主函数中的两条语句

```
Complex com2(7.7);                              //调用转换构造函数,将 7.7 转换成对象 com2
total=com1+com2;                                //两个 Complex 类对象相加
```

修改成

```
total=com1+Complex(7.7);
```

其中执行"Complex(7.7)"时,调用了转换构造函数,将 double 类型的 7.7 转换成一个无名的 Complex 类临时对象(其值为 7.7+0i),然后将此无名的临时对象与 Complex 类对象 com1 相加,相加的结果赋给了 Complex 类对象 total。其运行结果仍然是:

```
8.8+2.2i
```

通常,使用转换构造函数将一个指定的数据转换为类对象的方法如下:

(1) 先声明一个类(例如 Complex);

(2) 在这个类中定义一个只有一个参数的构造函数,参数是待转换类型的数据,在函数体中指定转换的方法。

例如:

```
Complex(double r)
```

```
{real=r;imag=0;}              //函数体中指定转换的方法
```

(3) 可以用以下形式进行类型转换：

类名(待转换类型的数据)

例如：

```
Complex(7.7)
```

这时，C++系统就自动调用转换构造函数，将 double 类型的 7.7 转换成 Complex 类型的无名临时对象，其值为：

```
临时对象.real = 7.7
临时对象.imag = 0
```

说明：

(1) 转换构造函数也是一种构造函数，它遵循构造函数的一般规则。转换构造函数只有一个参数，作用是将一个其他类型的数据转换成它所在类的对象。但是，有一个参数的构造函数不一定是转换构造函数，它可以是普通的构造函数，仅仅起对象初始化的作用。

(2) 转换构造函数不仅可以将一个系统预定义的标准类型数据转换成类的对象，也可以将另一个类的对象转换成转换构造函数所在的类对象。需要深入了解的读者可以参阅有关书籍，在此不作详细介绍。

2. 类型转换函数

通过转换构造函数可以将一个指定类型的数据转换为类的对象。但是不能反过来将一个类的对象转换成其他类型的数据，例如不能将一个 Complex 类的对象转换成 double 类型的数据。为此，C++ 提供了一个称为类型转换函数的函数来解决这个转换问题。类型转换函数的作用是将一个类的对象转换成另一类型的数据。在类中，定义类型转换函数的一般格式为：

operator 目标类型()
{
   函数体
}

其中，目标类型为希望转换成的类型名，它既可以是预定义的标准数据类型也可以是其他类的类型。类型转换函数的函数名为"operator 目标类型"，在函数名前面不能指定函数类型，也不能有参数。通常，其函数体的最后一条语句是 return 语句，返回值的类型是该函数的目标类型。例如，已经声明了一个 Complex 类，可以在 Complex 类中定义一个类型转换函数：

```
operator double()
{ return  real;
}
```

这个类型转换函数的函数名是"operator double"，希望转换成的目标类型为 double，函数体为"return real;"。这个类型转换函数的作用是将 Complex 类对象转换为一个 double

类型的数据,其值是 Complex 类中的数据成员 real 的值。

下面看一个利用这个类型转换函数进行类型转换的例子。

例 5.16 类型转换函数的应用 1。

```
#include<iostream>
using namespace std;
class Complex{
  public:
    Complex(double r=0,double i=0)  //构造函数
    { real=r;
      imag=i;
    }
    operator double()               //类型转换函数
    {                               //将 Complex 类的对象转换为一个 double 类型的数据
      return real;
    }
  private:
    double real,imag;
};
int main()
{ Complex com(2.2,4.4);             //定义 Complex 类的对象 com
  cout<<"Complex 类的对象 com 转换成 double 型的数据为:";
  cout<<double(com)<<endl;
                                    //调用类型转换函数,将转换后的 double 类型的数据显示出来
  return 0;
}
```

程序运行结果如下:

Complex 类的对象 com 转换成 double 型的数据为:2.2

在以上程序中,主函数内语句"cout<<double(com)<<endl;"中的"double(com)"调用了类型转换函数,将类 Complex 的对象 com 转换成 double 类型的数据 2.2。

关于类型转换函数,有以下几点注意事项:

(1) 类型转换函数只能定义为一个类的成员函数而不能定义为类的友元函数。类型转换函数也可以在类体中声明函数原型,而将函数体定义在类的外部。

(2) 类型转换函数既没有参数,也不能在函数名前面指定函数类型。

(3) 类型函数中必须有 return 语句,即必须送回目标类型的数据作为函数的返回值。

(4) 一个类可以定义多个类型转换函数。C++ 编译器将根据类型转换函数名自动地选择一个合适的类型转换函数予以调用。

例 5.17 类型转换函数的应用 2。

```
#include<iostream>
using namespace std;
class Complex{
  public:
```

```cpp
    Complex(double r=0,double i=0)   //构造函数
    { real=r;
      imag=i;
    }
    operator double()                //类型转换函数
    {return real;                    //将Complex类的对象转换为一个double类型的数据

    }
    operator int()                   //类型转换函数
    { return int(real);              //将Complex类的对象转换为一个int类型的数据
    }
  private:
    double real,imag;
};
int main()
{ Complex com1(22.2,4.4);            //定义Complex类的对象com1
  cout<<"Complex类的对象com1转换成double型的数据为:";
  cout<<double(com1)<<endl;          //调用类型转换函数
                                     //将转换后的double类型的数据显示出来
  Complex com2(66.6,4.4);            //定义Complex类的对象com2
  cout<<"Complex类的对象com2转换成int型的数据为:";
  cout<<int(com2)<<endl;             //调用类型转换函数
                                     //将转换后的int类型的数据显示出来
  return 0;
}
```

程序运行结果如下:

```
Complex类的对象com1转换成double型的数据为:22.2
Complex类的对象com2转换成int型的数据为:66
```

在以上程序中,定义了两个类型转换函数。第1次用"double(com1)"调用类型转换函数时,将类Complex的对象com1转换成double类型的数据22.2。第2次用"int(com2)"调用类型转换函数时,将类Complex的对象com2转换成int类型的数据66。

使用类型转换函数可以分为显式转换和隐式转换两种。上面的程序中使用了显式转换,即程序中显式地告知调用类型转换函数将Complex类对象转换成double型或int型。那么,隐式转换又是如何进行的呢?我们用下面的例子说明这个问题。

例5.18 转换构造函数和类型转换函数的综合应用。

```cpp
#include<iostream>
using namespace std;
class Complex{
  public:
    Complex(){}                      //不带参数的构造函数
    Complex(int r,int i)             //带两个参数的构造函数
    { real=r; imag=i;
```

```cpp
        }
        Complex(int i)                //转换构造函数,将int类型的数据转换成Complex类的对象
        {
          real=imag=i/2;
        }
        operator int()                //类型转换函数,将Complex类对象转换为int类型的数据
        {
          return real+imag;
        }
        void print()                  //输出复数对象的值
        { cout<<"real: "<<real<<"\t"<<"imag: "<<imag<<endl;}
      private:
        int real,imag;
};
int main()
{ Complex a1(1,2),a2(3,4);            //建立对象a1和a2,两次调用带参数的构造函数
  Complex a3;                         //建立对象a3,调用不带参数的构造函数
  a3=a1+a2;                           //执行过程见下面的分析
  a3.print();                         //输出复数对象a3的值
  return 0;
}
```

分析这个程序,读者一定会感到奇怪,类Complex中没有定义将两个对象相加的运算符重载函数,怎么还可以进行"a1+a2"的操作呢？这是由于C++自动进行隐式转换的缘故。这个自动进行类型转换过程的步骤如下：

(1) 寻找将两个Complex类对象相加的运算符重载函数,程序中未找到。

(2) 寻找能将Complex类的对象转换成int型数据的类型转换函数operator int(),程序中找到。于是调用其分别将对象a1和a2隐式转换成int类型的数据3和7。

(3) 寻找将两个整数相加的运算符函数,这个运算符函数已经在C++系统中预定义。于是就调用这个运算符函数将两个int类型的数据3和7相加得到整数10。

(4) 由于语句"a3=a1+a2;"的赋值号左边是Complex类的对象a3,而右边是int类型数据10,于是隐式调用转换构造函数将int类型数10转换成Complex类的一个临时对象(其real和imag都是5),然后将这个临时对象的值赋给Complex类对象a3,执行结果是对象a3的real和imag也分别是5。

程序运行结果如下：

```
real: 5   imag: 5
```

5.4 虚 函 数

虚函数是重载的另一种表现形式。这是一种动态的重载方式,它提供了一种更为灵活的运行时的多态性机制。虚函数允许函数调用与函数体之间的联系在运行时才建立,也就

是在运行时才决定如何动作,即所谓的动态联编。下面先介绍引入派生类后的对象指针,然后再介绍虚函数。

5.4.1 虚函数的引入

在介绍虚函数前,我们先看一个简单的例子。

例 5.19 虚函数的引例。

```cpp
#include<iostream>
using namespace std;
class My_base{                                    //声明基类 My_base
  public:
    My_base(int x,int y)                          //基类构造函数
    { a=x; b=y;
    }
    void show()                                   //基类的成员函数 show
    { cout<<"调用基类 My_base 的 show()函数\n";
      cout<<a<<" "<<b<<endl;
    }
  private:
    int a,b;
};
class My_class : public My_base{                  //声明派生类 My_class
  public:
    My_class(int x,int y,int z):My_base(x,y)      //派生类构造函数
    { c=z; }
    void show()                                   //派生类的成员函数 show
    { cout<<"调用派生类 My_class 的 show()函数\n";
      cout<<"c="<<c<<endl;
    }
  private:
    int c;
};
int main()
{ My_base mb(50,50),* mp;                         //定义基类对象 mb 和对象指针 mp
  My_class mc(10,20,30);                          //定义派生类对象 mc
  mp=&mb;                                         //对象指针 mp 指向基类对象 mb
  mp->show();
  mp=&mc;                                         //对象指针 mp 指向派生类对象 mc
  mp->show();
  return 0;
}
```

程序运行结果如下:

调用基类 My_base 的 show()函数

```
50 50
调用基类 My_base 的 show()函数
10 20
```

从程序运行的结果可以看出,执行语句

```
mp=&mb;            //对象指针 mp 指向基类对象 mb
mp->show();
```

后,指针 mp 指向了基类对象 mb,于是执行语句"mp->show();"调用的基类的函数 show,于是输出：

```
调用基类 My_base
50 50
```

接着,执行语句

```
mp=&mc;            //对象指针 mp 指向派生类对象 mc
mp->show();
```

后,指针 mp 指向了派生类对象 mc,但是执行语句"mp->show();"后,输出的结果却是：

```
调用基类 My_base
10 20
```

这说明了：虽然指针 mp 指向了派生类对象 mc,但是执行语句"mp->show();"调用的不是派生类的成员函数 show,而仍然是基类的同名成员函数 show,显然这不是我们所期望的。那么为什么会出现这种情况,又如何解决这个问题呢？

原来,在C++中规定：基类的对象指针可以指向它的公有派生的对象,但是当其指向公有派生类对象时,它只能访问派生类中从基类继承来的成员,而不能访问公有派生类中定义的成员,例如：

```
class A{
    ⋮
  public:
    void print1();
};
class B: public A{
    ⋮
  public:
    print2();
};
int main()
{ A op1,*ptr;              //定义基类 A 的对象 op1 和基类指针 ptr
  B op2;                   //定义派生类 B 的对象 op2
  ptr=&op1;                //将指针 ptr 指向基类对象 op1
  ptr->print1();           //调用基类函数 print1()
  ptr=&op2;                //将指针 ptr 指向派生类对象 op2
  ptr->print1()            //正确,可以调用对象 op2 从其基类继承来的成员函数 print1
```

```
    ptr->print2();              //错误,基类指针 ptr 不能访问派生类中定义的成员函数 print2
    return 0;
}
```

因此,鉴于这个原因,在例 5.19 中,虽然执行语句"mp=&mc;"后,对象指针 mp 指向了派生类对象 mc,但是执行语句"mp->show();"调用的不是派生类的成员函数 show,而是基类的同名成员函数 show。这说明,不管指针 mp 当前指向哪个对象(基类对象或派生类对象),"mp->show()"调用的都是基类中定义的 show 函数。

在例 5.19 中,使用对象指针的目的是为了表达一种动态的性质,即当指针指向不同对象(基类对象或派生类对象)时,分别调用不同类的成员函数。如果将函数说明为虚函数,就能实现这种动态调用的功能。

下面的程序将例 5.19 中的函数 show 定义为虚函数,就能实现动态调用的功能。

例 5.20 虚函数的引入。

```
#include<iostream>
using namespace std;
class My_base{                                      //声明基类 My_base
  public:
    My_base(int x,int y)                            //基类构造函数
    { a=x; b=y;
    }
    virtual void show()                             //在基类中定义虚函数 show
    { cout<<"调用基类 My_base 的 show()函数\n";
      cout<<a<<" "<<b<<endl;
    }
  private:
    int a,b;
};
class My_class : public My_base{                    //声明派生类 My_class
  public:
    My_class(int x,int y,int z):My_base(x,y)        //派生类构造函数
    { c=z;
    }
    virtual void show()                             //在派生类中重新定义虚函数 show
    { cout<<"调用派生类 My_class 的 show()函数\n";
      cout<<c<<endl;
    }
  private:
    int c;
};
int main()
{ My_base mb(50,50), * mp;                          //定义基类对象 mb 和对象指针 mp
  My_class mc(10,20,30);                            //定义派生类对象 mc
  mp=&mb;                                           //对象指针 mp 指向基类对象 mb
  mp->show();
```

```
        mp=&mc;                          //对象指针 mp 指向派生类对象 mc
        mp->show();
        return 0;
    }
```

程序运行结果如下:

调用基类 My_base 的 show()函数
50 50
调用派生类 My_class 的 show()函数
30

为什么把基类中的 show 函数定义为虚函数时,程序的运行结果就正确了呢?这是因为,关键字 virtual 指示 C++编译器,函数调用 my->show()要在运行时确定所要调用的函数,即要对该调用进行动态联编。因此,程序在运行时根据指针 mp 所指向的实际对象,调用该对象的成员函数。

我们把使用同一种调用形式"mp->show()",调用同一类族中不同类的虚函数称为动态的多态性,即运行时的多态性。可见,虚函数可使 C++支持运行时的多态性。

5.4.2 虚函数的定义

1. 虚函数的定义

虚函数就是在基类中被关键字 virtual 说明,并在派生类中重新定义的函数。虚函数的作用是允许在派生类中重新定义与基类同名的函数,并且可以通过基类指针或引用来访问基类和派生类中的同名函数。

虚函数的定义是在基类中进行的,它是在基类中需要定义为虚函数的成员函数的声明中冠以关键字 virtual。定义虚函数的方法如下:

virtual 函数类型 函数名(形参表)
{
    函数体
}

在基类中的某个成员函数被声明为虚函数后,此虚函数就可以在一个或多个派生类中被重新定义。在派生类中重新定义时,其函数原型,包括函数类型、函数名、参数个数、参数类型的顺序,都必须与基类中的原型完全相同。请看下面的例子。

例 5.21 虚函数的使用。

```
#include<iostream>
using namespace std;
class B0 {
    public:
        virtual void print(char * p)         //定义虚函数 print
        { cout<<p<<"print()"<<endl;
```

```
    }
};
class B1: public B0{
  public:
    virtual void print(char * p)      //重新定义虚函数 print
    { cout<<p<<"print()"<<endl;
    }
};
class B2: public B1{
  public:
    virtual void print(char * p)      //重新定义虚函数 print
    { cout<<p<<"print()"<<endl;
    }
};
int main()
{ B0 ob0, * op;                       //定义基类对象 ob0 和对象指针 op
  op=&ob0; op->print("B0::");         //调用基类 B0 的 print
  B1 ob1;                             //定义派生类 B1 的对象 ob1
  op=&ob1; op->print("B1::");         //调用派生类 B1 的 print
  B2 ob2;                             //定义派生类 B2 的对象 ob2
  op=&ob2; op->print("B2::");         //调用派生类 B2 的 print
  return 0;
}
```

该程序在基类 B0 中将函数 print 定义为虚函数,在派生类 B1 和 B2 中重新定义此函数,为它赋予了新的功能。

在主函数 main 中说明了 3 个对象,基类 B0 的 ob0,派生类 B1 的 ob1 和派生类 B2 的 ob2。在程序中,语句

```
op->print();
```

出现了 3 次,由于 op 指向的对象不同,每次出现都执行了相应对象的虚函数 print。

程序运行结果如下:

```
B0::print()
B1::print()
B2::print()
```

说明:

(1) 若在基类中,只声明虚函数原型(需加上 virtual),而在类外定义虚函数时,则不必再加 virtual。例如:

```
class B0{
 public:
   virtual void print(char * p);      //声明虚函数原型,需加上 virtual
};
```

在类外,定义虚函数时,不要加 virtual,如:

```
void B0::print(char* p)              //不要加 virtual
{ cout<<p<<"print()"<<endl; }
```

(2) 在派生类中,虚函数被重新定义时,其函数的原型与基类中的函数原型(即包括函数类型、函数名、参数个数、参数类型的顺序)都必须完全相同。

(3) C++规定,当一个成员函数被定义为虚函数后,其派生类中符合重新定义虚函数要求的同名函数都自动成为虚函数。因此,在派生类中重新定义该虚函数时,关键字 virtual 可以写也可以不写。但是,为了使程序更加清晰,最好在每一层派生类中定义该函数时都加上关键字 virtual。

(4) 如果在派生类中没有对基类的虚函数重新定义,则公有派生类继承其直接基类的虚函数。一个虚函数无论被公有继承多少次,它仍然保持其虚函数的特性。

例如:

```
class B0{
  ⋮
  public:
    virtual void show();          //在基类定义 show 为虚函数
};
class B1: public B0{
  ⋮
};
```

若在公有派生类 B1 中没有重新定义虚函数 show,则函数 show 在派生类中被继承,仍是虚函数。

(5) 虚函数必须是其所在类的成员函数,而不能是友元函数,也不能是静态成员函数,因为虚函数调用要靠特定的对象来决定该激活哪个函数。

(6) 虽然使用对象名和点运算符的方式也可以调用虚函数,但是这种调用是在编译时进行的,是静态联编,它没有利用虚函数的特性。只有通过基类指针访问虚函数时才能获得运行时的多态性。

例 5.22 使用对象名和点运算符的方式调用虚函数。

```
#include<iostream>
using namespace std;
class B0{
  public:
    virtual void print(char* p)     //定义虚函数 print
    { cout<<p<<"print()"<<endl;
    }
};
class B1: public B0{
  public:
    virtual void print(char* p)     //重新定义虚函数 print
    { cout<<p<<"print()"<<endl;
```

```
    }
};
class B2: public B1{
  public:
    virtual void print(char * p)      //重新定义虚函数 print
    { cout<<p<<"print()"<<endl;
    }
};
int main()
{ B0 ob0;                             //定义基类对象 ob0
  ob0.print("B0::");                  //调用基类 B0 的 print
  B1 ob1;                             //定义派生类 B1 的对象 ob1
  ob1.print("B1::");                  //调用派生类 B1 的 print
  B2 ob2;                             //定义派生类 B2 的对象 ob2
  ob2.print("B2::");                  //调用派生类 B2 的 print
  return 0;
}
```

程序运行结果如下:

```
B0::print()
B1::print()
B2::print()
```

2. 虚析构函数

在 C++ 中,不能声明虚构造函数,但是可以声明虚析构函数。在第 4 章曾经介绍,当派生类对象撤销时,一般先调用派生类的析构函数,然后再调用基类的析构函数。请看下面的例子。

例 5.23 虚析构函数的引例 1。

```
#include<iostream>
using namespace std;
class B{
 public:
   ~B()
   { cout<<"调用基类 B 的析构函数\n";
   }
};
class D: public B{
 public:
   ~D()
   { cout<<"调用派生类 D 的析构函数\n";
   }
};
int main()
```

```
{ D obj;
  return 0;
}
```

程序运行结果如下：

调用派生类 D 的析构函数
调用基类 B 的析构函数

显然本程序的运行结果是符合预想的结果的。但是，如果在主函数中用 new 运算符建立一个派生类的无名对象和定义了一个基类的对象指针，并将无名对象的地址赋给这个对象指针。当用 delete 运算符撤销无名对象时，系统只执行基类的析构函数，而不执行派生类的析构函数。

例 5.24 虚析构函数的引例 2。

```
#include<iostream>
using namespace std;
class B{
 public:
  ~B()
  { cout<<"调用基类 B 的析构函数\n";
  }
};
class D: public B{
 public:
  ~D()
  { cout<<"调用派生类 D 的析构函数\n";
  }
};
int main()
{ B *p;                    //定义指向基类 B 的指针变量 p
  p=new D;                 //用运算符 new 为派生类的无名对象动态地
                           //分配了一个存储空间，并将地址赋给对象指针 p
  delete p;                //用 delete 撤销无名对象，释放动态存储空间
  return 0;
}
```

程序运行结果如下：

调用基类 B 的析构函数

运行结果表示，本程序只执行了基类 B 的析构函数，而没有执行派生类 D 的析构函数。原因是当撤销指针 P 所指的派生类的无名对象，而调用析构函数时，采用了静态联编方式，只调用了基类 B 的析构函数。

如果希望程序执行动态联编的方式，在用 delete 运算符撤销派生类的无名对象时，先调用派生类的析构函数，再调用基类的析构函数，可以将基类的析构函数声明为虚析构函数。请看下面的例子。

例 5.25 虚析构函数的使用。

```
#include<iostream>
using namespace std;
class B{
public:
  virtual ~B()
    { cout<<"调用基类 B 的析构函数\n";
    }
};
class D: public B{
 public:
 ~D()
    { cout<<"调用派生类 D 的析构函数\n";
    }
};
int main()
{ B *p;                              //定义指向基类 B 的指针变量 p
  p=new D;                           //用运算符 new 为派生类的无名对象动态地
                                     //分配了一个存储空间,并将地址赋给对象指针 p
  delete p ;                         //用 delete 撤销无名对象,释放动态存储空间
  return 0;
}
```

在这个程序中,将例 5.24 中基类的析构函数声明为虚析构函数,程序的其他部分没有改动。但是运行程序后,结果变为:

调用派生类 D 的析构函数
调用基类 B 的析构函数

显然,这个结果是符合我们的愿望的。这是由于使用了虚析构函数,程序执行了动态联编,实现了运行的多态性。

虚析构函数没有类型,也没有参数,和普通虚函数相比,虚析构函数比较简单。其声明的一般格式为:

virtual ~类名();

虽然派生类的析构函数与基类的析构函数名字不相同,但是如果将基类的析构函数定义为虚函数,由该基类所派生的所有派生类的析构函数也都自动成为虚函数。

3. 虚函数与重载函数的关系

在一个派生类中重新定义基类的虚函数是函数重载的另一种形式,但它不同于一般的函数重载。当普通的函数重载时,其函数的参数或参数类型必须有所不同,函数的返回类型也可以不同。但是,当重载一个虚函数时,也就是说在派生类中重新定义虚函数时,要求函数名、返回类型、参数个数、参数的类型和顺序与基类中的虚函数原型完全相同。如果仅仅返回类型不同,其余均相同,系统会给出错误信息;若仅仅函数名相同,而参数的个数、类型

或顺序不同,系统将它作为普通的函数重载,这时虚函数的特性将丢失。请看下面的例子。

例 5.26 虚函数与重载函数的关系。

```cpp
#include<iostream>
using namespace std;
class Base{
  public:
    virtual void func1();
    virtual void func2();
    virtual void func3();
    void func4();
};
class Derived: public Base{
  public:
    virtual void func1();        //func1是虚函数,这里可不写virtual
    void func2(int x);           //与基类中的func2作为普通函数重载,虚特性消失
    char func3();                //错误,因为与基类中的func3只有返回类型不同,应删去
    void func4();                //与基类中的func4是普通函数重载,不是虚函数
};
void Base::func1()
{ cout<<"--Base func1--\n";
}
void Base::func2()
{ cout<<"--Base func2--\n";
}
void Base::func3()
{ cout<<"--Base func3--\n";
}
void Base::func4()
{ cout<<"--Base func4--\n";
}
void Derived::func1()
{ cout<<"--Derived func1--\n";
}
void Derived::func2(int x)
{ cout<<"--Derived func2--\n";
}
void Derived::func4()
{ cout<<"--Derived func4--\n";
}
int main()
{ Base d1, * bp;
  Derived d2;
  bp=&d2;
  bp->func1();                   //调用Derived::func1
```

```
    bp->func2();                    //调用 Base::func2
    bp->func4();                    //调用 Base::func4
    return 0;
}
```

此例在基类中定义了 3 个虚函数 func1、func2 和 func3,这 3 个函数在派生类中被重新定义。func1 符合虚函数的定义规则,它仍是虚函数;func2 中增加了一个整型参数,变成了 func2(int x),因此它丢失了虚特性,变为普通的重载函数;char func3()同基类的虚函数 void func3()相比较,仅返回类型不同,系统显示出错误信息。基类中的函数 func4 和派生类中的函数 func4 没有 virtual 关键字,则为普通的重载函数。

在 main 主函数中,定义了一个基类指针 bp,当 bp 指向派生类对象 d2 时,bp->func1() 执行的是派生类中的成员函数,这是因为 func1 为虚函数;bp->func2()执行的是基类的成员函数,因为函数 func2 丢失了虚特性,故按照普通的重载函数来处理;函数 func3 是错误的,本例中将其删除;bp->func4()执行的是基类的成员函数,因为 func4 为普通的重载函数,不具有虚函数的特性。

删除语句 char func3()后,程序执行结果如下:

```
--Derived func1--
--Base func2--
--Base func4--
```

4. 多重继承与虚函数

多重继承可以视为多个单继承的组合。因此,多重继承情况下的虚函数调用与单继承情况下的虚函数调用有相似之处。请看下面的例子。

例 5.27 多重继承与虚函数的例子。

```
#include<iostream>
using namespace std;
class Base1{
  public:
    virtual void fun()              //定义 fun 是虚函数
    { cout<<"--Base1--\n";
    }
};
class Base2{
  public:
    void fun()                      //定义 fun 为普通的成员函数
    { cout<<"--Base2--\n";
    }
};
class Derived: public Base1,public Base2{
  public:
    void fun()
    { cout<<"--Derived--\n";
```

```
    }
};
int main()
{ Base1 *ptr1;                    //定义指向基类 Base1 的对象指针 ptr1
  Base2 *ptr2;                    //定义指向基类 Base2 的对象指针 ptr2
  Derived obj3;                   //定义派生类 Derived 的对象 obj3
  ptr1=&obj3;
  ptr1->fun();                    //此处的 fun 为虚函数,
                                  //因此调用派生类 Derived 的虚函数 fun
  ptr2=&obj3;
  ptr2->fun();                    //此处的 fun 为非虚函数,而 ptr2 为类 Base2 的
  return 0;                       //对象指针,因此调用基类 Base2 的函数 fun
}
```

程序运行结果如下:

```
--Derived--
--Base2--
```

从程序运行结果可以看出,由于派生类 Derived 中的函数 fun 有不同的继承路径,所以呈现不同的性质。相对于 Base1 的派生路径,由于 Base1 中的 fun 是虚函数,当声明为指向 Base1 的指针指向派生类 Derived 的对象 obj3 时,函数 fun 呈现出虚特性。因此,此时的 ptr->fun()调用的是 Derived::fun()函数;相对于 Base2 的派生路径,由于 Base2 中的 fun 是一般成员函数,所以此时它只能是一个普通的重载函数,当声明为指向 Base2 的指针指向 Derived 的对象 obj3 时,函数 fun 只呈现普通函数的重载特性。因此,此时的 ptr->fun()调用的是函数 Base2::fun。

5. 虚函数举例

例 5.28 应用C++的多态性,计算三角形、矩形和圆的面积。

```
#include<iostream>
using namespace std;
class Figure{                     //定义一个公共基类
  public:
    Figure(double a,double b)
    { x=a; y=b;}                  //定义一个虚函数,作为界面接口
    virtual void area()
    { cout<<"在基类中定义的虚函数,";
      cout<<"为派生类提供一个公共接口,";
      cout<<"以便派生类根据需要重新定义虚函数."<<endl;
    }
  protected:
    double x,y;
};
class Triangle: public Figure{    //定义三角形派生类
  public:
```

```cpp
        Triangle(double a,double b): Figure(a,b)
        {};
        void area()                      //虚函数重新定义,用作求三角形的面积
        { cout<<"三角形的高是"<<x<<",底是 "<<y;
           cout<<",面积是"<<0.5*x*y<<endl;
        }
};
class Square: public Figure{      //定义矩形派生类
 public:
        Square(double a,double b): Figure(a,b)
        {};
        void area()                      //虚函数重新定义,用作求矩形的面积
        { cout<<"矩形的长是"<<x<<",宽是 "<<y;
           cout<<",面积是"<<x*y<<endl;
        }
};
class Circle: public Figure{      //定义圆派生类
 public:
        Circle(double a): Figure(a,a)
        {};
        void area()                      //虚函数重新定义,用作求圆的面积
        { cout<<"圆的半径是"<<x;
           cout<<",面积是"<<3.1416*x*x<<endl;
        }
};
int main()
{ Figure *p;                     //定义基类指针p
  Triangle t(10.0,6.0);           //定义三角形类对象t
  Square s(10.0,6.0);             //定义矩形类对象s
  Circle c(10.0);                 //定义圆类对象c
  p=&t;
  p->area();                      //计算三角形面积
  p=&s;
  p->area();                      //计算矩形面积
  p=&c;
  p->area();                      //计算圆面积
  return 0;
}
```

程序运行结果如下:

三角形的高是 10,底是 6,面积是 30
矩形的长是 10,宽是 6,面积是 60
圆的半径是 10,面积是 314.16

分析以上程序可知,由于在公共基类 Figure 中定义一个虚函数 area,作为界面接口,在三

个派生类 Triangle、Square 和 Circle 中重新定义了虚函数 area,分别用于计算三角形、矩形和圆形的面积。由于 p 是基类的对象指针,用同一种调用形式"p->area();",就可以调用同一类族中不同类的虚函数。这就是多态性,对同一消息,不同的对象有不同的响应方式。

5.4.3 纯虚函数和抽象类

有时,基类往往表示一种抽象的概念,它并不与具体的事物相联系。如例 5.28 中,Figure 是一个基类,它表示具有封闭图形的东西。从 Figure 可以派生出三角形类、矩形类和圆形类,这个类族中的基类 Figure 体现了一个抽象的概念,在 Figure 中定义一个求面积的函数显然是无意义的。但是我们可以将其说明为虚函数,为它的派生类提供一个公共的界面,各派生类根据所表示的图形的不同重新定义这些虚函数,以提供求面积的各自版本。为此,C++ 列入了纯虚函数的概念。

纯虚函数是一个在基类中说明的虚函数,它在该基类中没有定义,但要求在它的派生类中根据需要对它进行定义,或仍然说明为纯虚函数。

声明纯虚函数的一般形式如下:

virtual 函数类型 函数名(参数表)=0;

此格式与一般的虚函数定义格式基本相同,只是在后面多了"=0"。声明为纯虚函数之后,基类中就不再给出函数的实现部分。假如在例 5.28 中,将基类 Figure 中虚函数 area 写成纯虚函数,格式如下:

virtual void area()=0;

纯虚函数的作用是在基类中为其派生类保留一个函数的名字,以便派生类根据需要对它进行重新定义。纯虚函数没有函数体,它最后面的"=0"并不表示函数的返回值为 0,它只起形式上的作用,告诉编译系统"这是纯虚函数"。纯虚函数不具备函数的功能,不能被调用。

下面是一个使用纯虚函数的例子。

例 5.29 使用纯虚函数的例子。

```
#include<iostream>
using namespace std;
class Circle{
  public:
    void setr(int x)
    { r=x;}
    virtual void show()=0;        //纯虚函数
  protected:
    int r;
};
class Area: public Circle{
  public:
    void show()                   //重新定义虚函数 show
    { cout<<"这个圆的面积是:"<<3.14*r*r<<endl;
    }
};
```

```cpp
class Perimeter: public Circle{
  public:
    void show()                    //重新定义虚函数 show
    { cout<<"这个圆的周长是："<<2*3.14*r<<endl;
    }
};
int main()
{ Circle * ptr;
  Area ob1;
  Perimeter ob2;
  ob1.setr(10);
  ob2.setr(10);
  ptr=&ob1;
  ptr->show();
  ptr=&ob2;
  ptr->show();
  return 0;
}
```

程序运行结果如下：

这个圆的面积是：314
这个圆的周长是：62.8

在以上例子中，Circle 是一个基类，它表示一个圆。从它可以派生出面积类 Area 和周长类 Perimeter。显然，基类中定义的 show 函数是没有任何意义的，它只是用来提供派生类使用的公共接口，所以在程序中将其定义为纯虚函数，但在派生类中，则根据它们自身的需要，具体地重新定义虚函数。

如果一个类至少有一个纯虚函数，那么就称这个类为抽象类。因此，上述程序中定义的类 Circle 就是一个抽象类。对于抽象类的使用有以下几点规定：

（1）由于抽象类中至少包含有一个没有定义功能的纯虚函数，因此抽象类只能用作其他类的基类，不能建立抽象类对象。

（2）抽象类不能用作参数类型、函数返回类型或显式转换的类型。但可以声明指向抽象类的指针变量，此指针可以指向它的派生类，进而实现多态性。

（3）如果在抽象类的派生类中没有重新说明纯虚函数，则该函数在派生类中仍然为纯虚函数，而这个派生类仍然还是一个抽象类。

5.5 应 用 举 例

例 5.30 应用抽象类，求圆、圆内接正方形和圆外切正方形的面积和周长。

```cpp
#include<iostream>
using namespace std;
```

```cpp
class Shape{                                    //声明一个抽象类
   public:
     Shape(double x)
     { r=x;
     }
     virtual void area()=0;                     //纯虚函数
     virtual void perimeter()=0;                //纯虚函数
   protected:
     double r;
};
class Circle: public Shape{                     //声明一个圆派生类
   public:
     Circle(double x): Shape(x)
     {}
     void area()                                //定义虚函数 area
     { cout<<"这个圆的面积是："<<3.14*r*r<<endl;
     }
     void perimeter()                           //定义虚函数 perimeter
     { cout<<"这个圆的周长是："<<2*3.14*r<<endl;
     }
};
class In_square: public Shape{                  //声明一个圆内接正方形类
   public:
     In_square(double x): Shape(x)
     {}
     void area()                                //定义虚函数 area
     { cout<<"这个圆内接正方形的面积是："<<2*r*r<<endl;
     }
     void perimeter()                           //定义虚函数 perimeter
     { cout<<"这个圆内接正方形的周长是："<<4*1.414*r<<endl;
     }
};
class Ex_square: public Shape                   //声明一个圆外切正方形类
{ public:
     Ex_square(double x): Shape(x)
     {}
     void area()                                //定义虚函数 area
     { cout<<"这个圆外切正方形的面积是："<<4*r*r<<endl;
     }
     void perimeter()                           //定义虚函数 perimeter
     { cout<<"这个圆外切正方形的周长是："<<8*r<<endl;
     }
};
int main()
{ Shape *ptr;                                   //定义抽象类 Shape 的对象指针 ptr
```

```
    Circle ob1(5);
    In_square ob2(5);
    Ex_square ob3(5);
    ptr=&ob1;                    //指针 ptr 指向圆类对象 ob1
    ptr->area();                 //求圆的面积
    ptr->perimeter();            //求圆的周长
    ptr=&ob2;                    //指针 ptr 指向圆内接正方形类对象 ob2
    ptr->area();                 //求圆内接正方形的面积
    ptr->perimeter();            //求圆内接正方形的周长
    ptr=&ob3;                    //指针 ptr 指向圆外切正方形类对象 ob3
    ptr->area();                 //求圆外切正方形的面积
    ptr->perimeter();            //求圆外切正方形的周长
    return 0;
}
```

程序运行结果如下：

这个圆的面积是：78.5
这个圆的周长是：31.4
这个圆内接正方形的面积是：50
这个圆内接正方形的周长是：28.28
这个圆外切正方形的面积是：100
这个圆外切正方形的周长是：40

在以上程序中，声明公共基类 Shape 为抽象类，在其中定义求面积和周长的纯虚函数 area 和 perimeter 作为界面接口。抽象类 Shape 有 3 个派生类分别求圆、圆内接正方形和圆外切正方形的面积和周长。根据各自的功能，每个派生类定义了虚函数 area 和 perimeter，以计算出各自图形的面积和周长。我们可以看到，尽管在 3 个派生类 Circle、In_square 和 Ex_square 中对虚函数 area 和 perimeter 定义的功能各不相同，但接口都是抽象基类 Shape 中的纯虚函数 area 和 perimeter。

抽象类和虚函数使程序的扩充非常容易。例如，在上述程序中，可以通过在 main 函数前增加下述派生类的定义，即可增加一个计算圆外切三角形面积和周长的功能。

```
class Trinagle: public Shape{
  public:
    Trinagle(double x): Shape(x)
    {}
    void area()
    { cout<<"这个圆外切三角形的面积是："<<3*1.732*r*r<<endl;
    }
    void perimeter()
    { cout<<"这个圆外切三角形的周长是："<<6*1.732*r<<endl;
    }
};
```

如果在 main 函数中增加下述几条语句：

```
Trinagle ob4(5);
ptr=&ob4;
ptr->area();
ptr->perimeter();
```

程序运行后，即可打印出相应三角形的面积和周长。

这个圆外切三角形的面积是：129.9
这个圆外切三角形的周长是：51.96

例 5.31 应用抽象类，建立了两种类型的表：队列与堆栈。

```
#include<iostream>
using namespace std;
class list{                              //声明一个抽象类
  public:
    list * head;                         //表头指针
    list * tail;                         //表尾指针
    list * next;
    int num;
    list()
    { head=tail=next=NULL;
    }
    virtual void store(int i)=0;         //纯虚函数 store
    virtual int retrieve()=0;            //纯虚函数 retrieve
};
class queue: public list{                //声明公有派生类 queue
  public:
    void store(int i);
    int retrieve();
};
void queue::store(int i)                 //定义虚函数 store
{ list * item;
  item=new queue;
  if(!item)
  { cout<<"Allocation error\n";
    exit(1);
  }
  item->num=i;
  if (tail) tail->next=item;
    tail=item;
  item->next=NULL;
  if (!head) head=tail;
}
int queue::retrieve()                    //定义虚函数 retrieve
{ int i;
  list * p;
```

```cpp
    if(!head)
    { cout<<"list empty\n";
      return 0;
    }
    i=head->num;
    p=head;
    head=head->next;
    delete p;
    return i;
}
class stack: public list               //声明公有派生类 stack
{ public:
    void store(int i);
    int retrieve();
};
void stack::store(int i)               //定义虚函数 store
{ list *item;
  item=new stack;
  if(!item)
  { cout<<"Allocation error\n";
    exit(1);
  }
  item->num=i;
  if (head) item->next=head;
  head=item;
  if (!tail) tail=head;
}
int stack::retrieve()                  //定义虚函数 retrieve
{ int i;
  list *p;
  if(!head)
  { cout<<"list empty\n";
    return 0;
  }
  i=head->num;
  p=head;
  head=head->next;
  delete p;
  return i;
}
int main()
{ list *p;                             //定义指向抽象类 list 的指针 p
  queue q_ob;
  p=&q_ob;                             //对象指针 p 指向类 queue 的对象 q_ob
  p->store(1);
```

```
        p->store(2);
        p->store(3);
        cout<<"queue: ";
        cout<<p->retrieve();
        cout<<p->retrieve();
        cout<<p->retrieve();
        cout<<'\n';
        stack s_ob;
        p=&s_ob;                      //对象指针 p 指向类 stack 的对象 s_ob
        p->store(1);
        p->store(2);
        p->store(3);
        cout<<"Stack: ";
        cout<<p->retrieve();
        cout<<p->retrieve();
        cout<<p->retrieve();
        cout<<'\n';
        return 0;
    }
```

在上述程序中，声明公共基类 list 为抽象类，它是一个为整数值建立的单向链接表类，其中定义了用于向表中保存值的纯虚函数 store 和从表中读取值的纯虚函数 retrieve。抽象类 list 有两个派生类 queue 和 stack，分别表示两种类型的表：队列与堆栈。根据各自的功能，每个派生类定义了虚函数 store 和 retrieve。程序运行结果如下：

```
queue: 123
stack: 321
```

习　　题

【5.1】 什么是静态联编？什么是动态联编？
【5.2】 编译时的多态性与运行时的多态性有什么区别？它们的实现方法有什么不同？
【5.3】 简述运算符重载的规则。
【5.4】 友元运算符函数和成员运算符函数有什么不同？
【5.5】 什么是虚函数？虚函数与函数重载有哪些相同点与不同点？
【5.6】 什么是纯虚函数？什么是抽象类？
【5.7】 有关运算符重载正确的描述是(　　)。
　　　　A. C++语言允许在重载运算符时改变运算符的操作个数
　　　　B. C++语言允许在重载运算符时改变运算符的优先级
　　　　C. C++语言允许在重载运算符时改变运算符的结合性
　　　　D. C++语言允许在重载运算符时改变运算符原来的功能
【5.8】 能用友元函数重载的运算符是(　　)。

A. +　　　　　B. =　　　　　C. [ ]　　　　　D. ->

【5.9】关于虚函数,正确的描述是(　　)。
　　A. 构造函数不能是虚函数
　　B. 析构函数不能是虚函数
　　C. 虚函数可以是友元函数
　　D. 虚函数可以是静态成员函数

【5.10】派生类中虚函数原型的(　　)。
　　A. 函数类型可以与基类中虚函数的原型不同
　　B. 参数个数可以与基类中虚函数的原型不同
　　C. 参数类型可以与基类中虚函数的原型不同
　　D. 以上都不对

【5.11】如果在基类中将 show 声明为不带返回值的纯虚函数,正确的写法是(　　)。
　　A. virtual show()=0;
　　B. virtual void show();
　　C. virtual void show()=0;
　　D. void show()=0 virtual;

【5.12】下列关于纯虚函数与抽象类的描述中,错误的是(　　)。
　　A. 纯虚函数是一种特殊的函数,它允许没有具体的实现
　　B. 抽象类是指具有纯虚函数的类
　　C. 一个基类的说明中有纯虚函数,该基类的派生类一定不再是抽象类
　　D. 抽象类只能作为基类来使用,其纯虚函数的实现由派生类给出

【5.13】下面的程序段中虚函数被重新定义的方法正确吗?为什么?

```
class base {
  public:
    virtual int f(int a)=0;
      ⋮
};
class derived: public base {
  public:
    int f(int a,int b)
    { return  a * b;
    }
      ⋮
};
```

【5.14】写出下列程序的运行结果。

```
#include<iostream>
using namespace std;
class A {
  public:
    A(int i): x(i)
```

```
        {}
        A()
        { x=0;
        }
        friend A operator ++(A a);
        friend A operator --(A &a);
        void print();
    private:
        int x;
};
A operator++(A a)
{ ++a.x;
  return a;
}
A operator --(A &a)
{ --a.x;
  return a;
}
void A::print()
{ cout<<x<<endl;
}
int main()
{ A a(7);
  ++a;
  a.print();
  --a;
  a.print();
  return 0;
}
```

【5.15】 写出下列程序的运行结果。

```
#include<iostream>
using namespace std;
class Words{
    public:
        Words(char *s)
        { str=new char[strlen(s)+1];
          strcpy(str,s);
          len=strlen(s);
        }
        void disp();
        char operator[](int n);         //定义下标运算符"[]"重载函数
    private:
        int len;
        char * str;
```

```cpp
};
char Words::operator[](int n)
{ if (n<0||n>len-1)                    //数组的边界检查
   { cout<<"数组下标超界!\n";
     return ' ';
   }
  else
    return * (str+n);
}
void Words::disp()
{ cout<<str<<endl;
}
int main()
{ Words word("This is C++book.");
  word.disp();
  cout<<"第 1 个字符: ";
  cout<<word[0]<<endl;              //word[10]被解释为 word.operator[](10)
  cout<<"第 16 个字符: ";
  cout<<word[15]<<endl;
  cout<<"第 26 个字符: ";
  cout<<word[25]<<endl;
  return 0;
}
```

【5.16】 写出下列程序的运行结果。

```cpp
#include<iostream>
using namespace std;
class  Length {
  int meter;
public:
  Length(int m)
  { meter=m;
  }
  operator double()
  { return (1.0 * meter/1000);
  }
};
int main()
{ Length a(1500);
  double  m=float(a);
  cout<<"m="<<m<<"千米"<<endl;
  return 0;
}
```

【5.17】 编一个程序,用成员函数重载运算符"+"和"-"将两个二维数组相加和相减,要求第一个二维数组的值由构造函数设置,另一个二维数组的值由键盘输入。

【5.18】 修改习题 5.17,用友元函数重载运算符"+"和"-"将两个二维数组相加和相减。

【5.19】 编写一个程序,要求:

(1) 声明一个类 complex,定义类 complex 的两个对象 c1 和 c2,对象 c1 通过构造函数直接指定复数的实部和虚部(类私有数据成员为 double 类型:real 和 imag)为 2.5 及 3.7,对象 c2 通过构造函数直接指定复数的实部和虚部为 4.2 及 6.5;

(2) 定义友元运算符重载函数,它以 c1、c2 对象为参数,调用该函数时能返回两个复数对象相加操作;

(3) 定义成员函数 print,调用该函数时,以格式"(real,imag)"输出当前对象的实部和虚部,例如:对象的实部和虚部分别是 4.2 和 6.5,则调用 print 函数输出格式为:(4.2,6.5);

(4) 编写主程序,计算出复数对象 c1 和 c2 相加结果,并将其结果输出。

【5.20】 写一个程序,定义抽象基类 Container,由它派生出 3 个派生类:Sphere(球体)、Cylinder(圆柱体)、Cube(正方体)。用虚函数分别计算几种图形的表面积和体积。

第 6 章 模板与异常处理

模板是 C++ 语言的一个重要特性。利用模板机制可以显著减少冗余信息,能大幅度地节约程序代码,进一步提高面向对象程序的可重用性和可维护性。模板是实现代码重用机制的一种工具,它可以实现类型参数化,即把类型定义为参数,从而实现了代码的重用,使得一段程序可以用于处理多种不同类型的对象,大幅度地提高程序设计的效率。本章主要介绍模板的概念、函数模板与模板函数、类模板与模板类,以及 C++ 异常处理的基本思想和基本方法等内容。

6.1 模板的概念

C++ 允许用同一个函数名定义多个函数,这些函数的参数个数和参数类型不同。例如定义求最大值函数 Max 时,需要对不同的数据类型分别定义不同的函数,例如:

```
int Max(int x,int y)
{ return (x>y)?x: y;
}
long Max(long x,long y)
{ return (x>y)?x: y;
}
double Max(double x,double y)
{ return (x>y)?x: y;
}
```

虽然在上面的多个函数中,函数体都是一样,但是由于它们所处理的参数类型和返回值类型都不一样,所以是完全不同的函数。在 C++ 中,确实可以通过重载这些函数使它们有同样的函数名。但还是不得不为每个函数编写一组代码。如果能够使这些函数只写一遍,即写一个通用的函数,以适用于多种不同的数据类型,便会使代码的可重用性大大提高,从而提高软件的开发效率。C++ 提供的模板就可以解决这个问题,模板是实现代码重用机制的一种工具,它可以实现类型参数化,即把类型定义为参数,从而实现了真正的代码可重用性。使用模板可以大幅度地提高程序设计的效率。模板分为函数模板和类模板,它们分别允许用户构造模板函数和模板类。

6.2 函数模板与模板函数

所谓函数模板,实际上是建立一个通用函数,其函数返回类型和形参类型不具体指定,用一个虚拟的类型来代表。这个通用函数就称为函数模板。在调用函数时系统会根据实参的类型(模板实参)来取代模板中虚拟类型从而实现了不同函数的功能。

函数模板的声明格式如下：

template <typename 类型参数>
返回类型 函数名(模板形参表)
{
    函数体
}

也可以定义成如下形式：

template <class 类型参数>
返回类型 函数名(模板形参表)
{
    函数体
}

其中，template 是一个声明模板的关键字，它表示声明一个模板。类型参数(通常用 C++ 标识符表示，如 T、Type 等)实际上是一个虚拟的类型名，现在并未指定它是哪一种具体的类型，但使用函数模板时，必须将类型参数实例化。类型参数前需要加关键字 typename(或class)，typename 和 class 的作用相同，都是表示其后的参数是一个虚拟的类型名(即类型参数)。早期版本的 C++ 程序都用 class，typename 是近来被加到标准 C++ 中的，二者可以互换。typename 的含义比 class 清晰，class 容易与类名混淆。

例如，将求最大值函数 Max 定义成函数模板，如下所示：

```
template<typename T>          //T 为类型参数
T Max(T x,T y)                //"T x,T y"为模板形参表
{ return (x>y)?x: y;
}
```

也可以定义成如下形式：

```
template <class T>            //T 为类型参数
T Max(T x,T y)                //"T x,T y"为模板形参表
{ return (x>y)?x: y;
}
```

在使用函数模板时，关键字 typename(或 class)后面的类型参数，必须实例化，即用实际的数据类型(既可以是系统预定义的标准数据类型，也可以是用户自定义的类型)替代它。将函数模板中的类型参数实例化的参数称为模板实参。

例 6.1 函数模板的使用举例 1。

```
#include<iostream>
using namespace std;
template<typename AT>         //模板声明,其中 AT 为类型参数
AT Max(AT x,AT y)             //定义函数模板,"AT x,AT y"为模板形参表
```

```
{ return (x>y) ? x: y;
}
int main()
{ int i1=10, i2=56;
  double d1=50.344, d2=4656.346;
  char c1='k',c2='n';
  cout<<"较大的整数是:"<<Max(i1,i2)<<endl;
                       //调用函数模板,i1和i2为模板实参
  cout<<"较大的双精度型数是:"<<Max(d1,d2)<<endl;
                       //调用函数模板,此时AT被double取代
  cout<<"较大的字符是:"<<Max(c1,c2)<<endl;
                       //调用函数模板,此时AT被char取代
  return 0;
}
```

在此程序中,用"Max(i1,i2)"调用函数模板时,用模板实参i1和i2的类型int取代函数模板中的类型参数AT,此时相当于已定义了一个函数:

```
int Max(int x,int y)
{ return (x>y) ? x: y;
}
```

然后调用它。用"Max(d1,d2)"和"Max(c1,c2)"调用函数模板的情况类似,分别相当于已定义以下函数:

```
double Max(double x, double y)
{ return (x>y) ? x: y;
}
```

和

```
char Max(char x, char y)
{ return (x>y) ? x: y;
}
```

程序运行结果如下:

较大的整数是:56
较大的双精度型数是:4656.35
较大的字符是:n

从以上例子我们可以看出,函数模板提供了一类函数的抽象,它以类型参数AT为参数及函数返回值的虚拟类型。函数模板经实例化而生成的具体函数称为模板函数。函数模板代表了一类函数,模板函数表示某一具体的函数。图6.1给出了函数模板和模板函数的关系。

函数模板实现了函数参数的通用性,作为一种代码的重用机制,可以大幅度地提高程序设计的效率。下面再介绍一个与指针有关的例子。

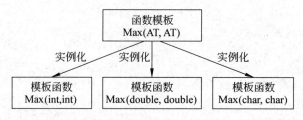

图 6.1 函数模板与模板函数之间的关系

例 6.2 函数模板的使用举例 2。

```
#include <iostream>
using namespace std;
template <typename T>                        //模板声明,其中 T 为类型参数
T sum(T * array,int size=0)                  //定义函数模板
{ T total=0;
  for (int i=0;i<size;i++)
    total+=array[i];                         //计算数组元素之和
  return total;
};
int int_array[]={1,2,3,4,5,6,7,8,9,10};
double double_array[]={1.1,2.2,3.3,4.4,5.5,6.6,7.7,8.8,9.9,10.10};
int main()
{ int itotal=sum(int_array,10);              //调用函数模板,此时 T 被 int 取代
  double dtotal=sum( double_array, 10);      //调用函数模板,此时 T 被 double 取代
  cout<<"这个整型数组的元素之和是: "<<itotal<<endl;
  cout<<"这个双精度型数组的元素之和是: "<<dtotal<<endl;
  return 0;
}
```

程序运行结果如下:

这个整型数组的元素之和是: 55
这个双精度型数组的元素之和是: 59.6

在该程序中,生成了两个模板函数。其中"sum(int_array,10)"将类型参数 T 实例化为 int 型,因为 int_array 为一整型数组名,是一个指向 int 类型的指针;"sum(double_array,10)"将 T 实例化为 double 型,因为 double_array 为一双精度型数组名,是一个指向 double 类型的指针。

说明:

(1) 在函数模板中允许使用多个类型参数。但是应当注意 template 定义部分的每个类型参数前必须有关键字 typename(或 class)。例如,下面这个程序中建立了有两个类型参数的函数模板。

例 6.3 有两个类型参数的函数模板举例。

```
#include<iostream>
using namespace std;
template<typename type1,typename type2>
```

```
void myfunc(type1 x,type2 y)              //模板声明,其中 type1 和 type2 为类型参数
                                          //有两个类型参数的函数模板
{ cout<<x<<"  "<<y<<endl;
}
int main()
{ myfunc(10,"hao");
  myfunc(0.123,10L);
  return 0;
}
```

程序运行结果如下:

10 hao
0.123 10

在此程序中,函数模板实例化后生成了两个模板函数,其中,"myfunc(10,"hao")"分别用模板实参 int 和 char * 将类型参数 type1 和 type2 进行了实例化。"myfunc(0.123,10L)"分别用模板实参 float 和 long 将类型参数 type1 和 type2 进行了实例化。

(2) 在 template 语句与函数模板定义语句之间不允许有别的语句,例如下面的程序段就不能编译。

```
template<typename T>
int i;                   //错误,template 语句与函数模板定义语句之间不允许有别的语句
T Max(T x,T y)
{ return ( x>y)?x: y;
}
```

(3) 模板函数类似于重载函数,只不过它更严格一些而已。函数被重载的时候,在每个函数体内可以执行不同的操作,但同一函数模板实例化后的所有模板函数都必须执行相同的操作。例如,下面的重载函数就不能用模板函数代替,因为它们所执行的操作是不同的。

函数 1:

```
void outdate(int i)
{ cout<<i;
}
```

函数 2:

```
void outdata(double d)
{ cout<<"d="<<d<<endl;
}
```

(4) 同一般函数一样,函数模板也可以重载。

例 6.4 函数模板的重载举例。

```
#include<iostream>
using namespace std;
template<typename Type>                   //模板声明,其中 Type 为类型参数
```

```
   Type Max(Type x,Type y)            //定义有两个类型参数的函数模板 Max
   { return (x>y)?x: y;
   }
   template <typename Type>
   Type Max(Type x,Type y,Type z)     //定义有 3 个类型参数的函数模板 Max
   { Type t;
     t=(x>y)?x: y;
     return(t>z)?t: z;
   }
   int main()
   { int   m=10, n=20, Max2;
     double a=10.1, b=20.2, c=30.3, Max3;
     Max2=Max(m,n);
     Max3=Max(a,b,c);
     cout<<"Max("<<m<<","<<n<<")="<<Max2<<endl;
                                      //调用有两个类型参数的模板函数 Max
     cout<<"Max("<<a<<","<<b<<","<<c<<")="<<Max3<<endl;
                                      //调用有 3 个类型参数的模板函数 Max
     return 0;
   }
```

读者不难分析,这个程序运行的结果如下:

```
Max(10,20)=20
Max(10.1,20.2,30.3)=30.3
```

(5) 函数模板与同名的非模板函数可以重载。在这种情况下,调用的顺序是:首先寻找一个参数完全匹配的非模板函数,如果找到了就调用它;若没有找到,则寻找函数模板,将其实例化,产生一个与之相匹配的模板函数,若找到了,就调用它。

恰当运用这种机制,可以很好地处理一般与特殊的关系。

例 6.5　函数模板与非模板函数重载举例。

```
#include<iostream>
using namespace std;
template <typename AT>              //模板声明,其中 AT 为类型参数
AT Max(AT x,AT y)                   //定义函数模板 Max,"AT x,AT y"为模板形参表
{ cout<<"调用模板函数: ";
  return (x>y)?x: y;
}
int Max(int x,int y)                //定义非模板函数 Max,与函数模板 Max 重载
{ cout<<"调用非模板函数: ";
  return (x>y)?x: y;
}
int main()
{ int i1=10, i2=56;
  double d1=50.34, d2=4656.34;
```

```
    char c1='k',c2='n';
    cout<<"较大的整数是："<<Max(i1,i2)<<endl;         //调用非模板函数
    cout<<"较大的双精度型数是："<<Max(d1,d2)<<endl;
                                                //调用模板函数,此时 AT 被 double 替代
    cout<<"较大的字符串是："<<Max(c1,c2)<<endl;  //调用模板函数,此时 AT 被 char 替代
    return 0;
}
```

程序运行结果如下：

调用非模板函数：较大的整数是：56
调用模板函数：较大的双精度型数是：4656.34
调用模板函数：较大的字符串是：n

6.3 类模板与模板类

所谓类模板，实际上是建立一个通用类，其数据成员、成员函数的返回类型和形参类型不具体指定，用一个虚拟的类型来代表。使用类模板定义对象时，系统会根据实参的类型来取代类模板中虚拟类型从而实现了不同类的功能。

定义一个类模板与定义函数模板的格式类似，必须以关键字 template 开始，后面是尖括号括起来的模板参数，然后是类名，其格式如下：

template <typename 类型参数>
class 类名 {
　类成员声明
　};

也可以定义成如下形式：

template <class 类型参数>
class 类名 {
　类成员声明
　};

与函数模板类似，其中，template 是一个声明模板的关键字，它表示声明一个模板。类型参数(通常用 C++ 标识符表示，如 T、Type 等)实际上是一个虚拟的类型名，现在并未指定它是哪一种具体的类型，但使用类模板时，必须将类型参数实例化。类型参数前需要加关键字 typename(或 class)，typename 和 class 的作用相同，都是表示其后的参数是一个虚拟的类型名(即类型参数)。

在类声明中，欲采用通用数据类型的数据成员、成员函数的参数或返回类型前面需加上类型参数。

如建立一个用来实现求两个数中最大值的类模板。

```
template<typename T>                    //模板声明,其中 T 为类型参数
class Compare{                          //类模板名为 Compare
  public:
    Compare(T a,T b)
    { x=a;    y=b;
    }
    T Max()
    { return (x>y)?x: y;
    }
  private:
    T x,y;
};
```

用类模板定义对象时,采用以下形式:

类模板名<实际类型名>对象名[(实参表列)];

因此,使用上面求最大值的类模板的主函数可写成:

```
int main()
{ Compare<int>com1(3,7);
  Compare<double>com2(12.34,56.78);
  Compare<char>com3('a','x');
  cout<<"其中的最大值是: "<<com1.Max()<<endl;
  cout<<"其中的最大值是: "<<com2.Max()<<endl;
  cout<<"其中的最大值是: "<<com3.Max()<<endl;
  return 0;
}
```

例 6.6 类模板 Compare 的使用举例。

```
#include<iostream>
using namespace std;
template<typename T>                    //模板声明,其中 T 为类型参数
class Compare{                          //类模板名为 Compare
  public:
    Compare(T a, T b)
    { x=a; y=b;
    }
    T Max()
    { return (x>y)?x: y;
    }
  private:
    T x,y;
};
int main()
{ Compare<int>com1(3,7);                   //用类模板定义对象 com1,此时 T 被 int 替代
  Compare<double>com2(12.34,56.78);        //用类模板定义对象 com2,此时 T 被 double 替代
```

```
    Compare<char>com3('a','x');          //用类模板定义对象com3,此时 T 被 char 替代
    cout<<"其中的最大值是："<<com1.Max()<<endl;
    cout<<"其中的最大值是："<<com2.Max()<<endl;
    cout<<"其中的最大值是："<<com3.Max()<<endl;
    return 0;
}
```

程序运行结果如下：

其中的最大值是：7
其中的最大值是：56.78
其中的最大值是：x

在以上例子中，成员函数(其中含有类型参数)是定义在类模板体内的。但是，类模板中的成员函数也可以在类模板体外定义。此时，若成员函数中有类型参数存在，则 C++ 有一些特殊的规定：

(1) 需要在成员函数定义之前进行模板声明；
(2) 在成员函数名前缀上"类名<类型参数>::"。

在类模板体外定义的成员函数的一般形式如下：

template <typename 类型参数>
函数类型　类名<类型参数>::成员函数名(形参表)
{
　　⋮
}

如上例中成员函数 Max 在类模板体外定义时，应该写成：

```
template<typename T>
T Compare<T>::Max()
{ return (x>y)?x:y;
}
```

下面是成员函数 Max 定义在类模板体外时的完整例子。

例 6.7　在类模板体外定义成员函数举例。

```
#include<iostream>
using namespace std;
template<typename T>                    //模板声明,其中 T 为类型参数
class Compare{                          //类模板名为 Compare
  public:
    Compare(T a,T b);                   //声明构造函数的原型
    T Max();                            //声明成员函数 Max 的原型
  private:
    T x,y;
};
template <typename T>                   //模板声明
```

```
Compare<T>::Compare(T a, T b)          //在类模板体外定义构造函数
{ x=a;   y=b;
}
template <typename T>                   //模板声明
T Compare<T>::Max()                     //在类模板体外定义成员函数Max,返回类型为T
{ return (x>y)?x: y;
}
int main()
{ Compare <int>com1(3,7);               //用类模板定义对象com1,此时T被int替代
  Compare <double>com2(12.34,56.78);    //用类模板定义对象com2,此时T被double替代
  Compare <char>com3('a','x');          //用类模板定义对象com3,模板实参为char型
  cout<<"其中的最大值是: "<<com1.Max()<<endl;
  cout<<"其中的最大值是: "<<com2.Max()<<endl;
  cout<<"其中的最大值是: "<<com3.Max()<<endl;
  return 0;
}
```

程序运行结果如下:

其中的最大值是: 7
其中的最大值是: 56.78
其中的最大值是: x

此例中,类模板Compare经实例化后生成了3个类型分别为int、double和char的模板类,这3个模板类经实例化后又生成了3个对象com1、com2和com3。类模板代表了一类类,模板类表示某一具体的类。图6.2给出了类模板、模板类和对象之间的关系。

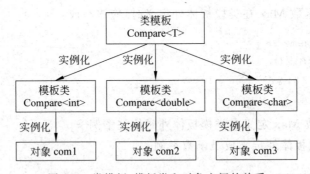

图6.2 类模板、模板类和对象之间的关系

下面我们再看一个程序,在这个程序中建立了一个用来实现堆栈的类模板Stack。

例6.8 类模板Stack的使用举例。

在此例子中建立了字符型和整型两个堆栈。

```
#include<iostream>
using namespace std;
const int size=10;
template<typename Type>        //模板声明,其中Type为类型参数
class Stack{                   //类模板名为Stack
```

```cpp
  public:
    void init()
    { tos=0;
    }
    void push(Type ch);              //声明成员函数 push 的原型,函数参数为 Type 类型
    Type pop();                      //声明成员函数 pop 的原型,返回类型为 Type 类型
  private:
    Type stck[size];                 //数组类型为 Type,即数组可取任意类型
    int tos;
};
template<typename Type>              //模板声明
void Stack<Type>::push(Type ob)      //在类模板体外定义成员函数 push
{ if (tos==size)
  { cout<<"Stack is full";
    return;
  }
  stck [tos]=ob;
  tos++;
}
template <typename Type >            //模板声明
Type Stack <Type>::pop()             //在类模板体外定义成员函数 pop
{ if (tos==0)
  { cout<<"Stack is empty";
    return 0;
  }
  tos--;
  return stck[tos];
}
int main()
{  //定义字符堆栈
  Stack <char>s;                     //用类模板定义对象 s,此时 Type 被 char 替代
  int i;
  s.init();
  s.push('a');
  s.push('b');
  s.push('c');
  for(i=0;i<3;i++) cout<<"pop s: "<<s.pop()<<endl;
  //定义整型堆栈
  Stack <int>is;                     //用类模板定义对象 is,此时 Type 被 int 替代
  is.init();
  is.push(1);
  is.push(3);
  is.push(5);
  for (i=0;i<3;i++)
    cout<<"pop is: "<<is.pop()<<endl;
```

```
    return 0;
}
```

程序运行结果如下：

```
pop s: c
pop s: b
pop s: a
pop is: 5
pop is: 3
pop is: 1
```

在上面的程序中建立了一个用来实现堆栈的类模板。

```
template<typename Type>           //模板声明,其中 Type 为类型参数
class Stack{                      //类模板名为 Stack
  public:
    void init()
    { tos=0;
    }
    void push(Type ch);           //声明成员函数 push 的原型,函数参数为 Type 类型
    Type pop();                   //声明成员函数 pop 的原型,返回类型为 Type 类型
  private:
    Type stck[size];              //数组类型为 Type,即数组可取任意类型
    int tos;
};
```

在类模板外定义成员函数 push 和 pop 时，由于成员函数中有类型参数存在，则需要在函数外进行模板声明，并且在函数名前缀上"类名<类型参数>::"。成员函数 push()和 pop()在类模板外定义为：

```
template<typename Type>           //模板声明
void Stack<Type>::push(Type ob)   //在类模板体外定义成员函数 push
{ if (tos==size)
  { cout<<"Stack is full";
    return;
  }
  stck[tos]=ob;
  tos++;
}
template <typename Type >         //模板声明
Type Stack <Type>::pop()          //在类模板体外定义成员函数 pop
  { if (tos==0)
    { cout<<"Stack is empty";
      return 0;
    }
    tos--;
    return stck[tos];
  }
```

在函数 main 中,用语句"Stack<char>;"建立了 char 型的对象 s,用语句"Stack<int>;"建立了 int 型的对象 is。在 main 函数中我们还可以定义其他类型的类对象,例如可以用以下语句建立 double 型对象 ds:

```
Stack <double>ds;
```

说明:

(1) 在每个类模板定义之前,都需要在前面加上模板声明,如例 6.8 中需加上:

```
template <typename Type>
```

或

```
template <class Type>
```

类模板在使用时,必须在类模板名字后面缀上<类型参数>,如例 6.8 中需加上:

```
Stack <Type>
```

(2) 模板类可以有多个类型参数,在下面的短例中建立了使用两个类型参数的类模板。

例 6.9 有两个类型参数的类模板举例。

```
#include<iostream>
using namespace std;
template<typename T1,typename T2>   //声明具有两个类型参数的模板
class Myclass{                       //定义类模板 Myclass
  public:
    Myclass(T1 a,T2 b)
    { i=a; j=b;}
    void show()
    { cout<<"i="<<i<<" j="<<j<<endl;}
  private:
    T1 i;
    T2 j;
};
int main()
{ Myclass <int,double>ob1(12,0.15);
                    //用类模板定义对象 ob1,此时 T1、T2 分别被 int 与 double 取代
  Myclass <char,char * >ob2('x',"This is a test.");
                    //用类模板定义对象 ob2,此时 T1、T2 分别被 char 与 char * 取代
  ob1.show();
  ob2.show();
  return 0;
}
```

程序运行结果如下:

```
i=12 j=0.15
i=x   j=This is a test.
```

这个程序声明了一个类模板,它具有两个类型参数。在 main 函数中定义了两种类型的对象,ob1 使用了 int 型与 double 型数据,ob2 使用了 char 型和 char * 型数据。

6.4 异常处理

我们在编写程序时,不仅要保证程序的正确性,而且还要求程序安全可靠,具有一定的容错能力。也就是说,一个程序不仅要在正常的环境下运行正确,而且在环境出现意外或用户操作不当的情况下,也应该有正确合适的处理和防范。C++ 提供了专门的异常处理机制。

6.4.1 异常处理概述

程序中常见的错误分为两大类:编译时的错误和运行时的错误。编译时的错误主要是语法错误,如关键字拼写错误、语句末尾缺分号、括号不匹配等。这类错误相对比较容易修正,因为编译系统会指出在第几行,是什么样的错误。运行时的错误则不然,其中有些甚至是不可预料的,如算法出错;有些虽然可以预料但却无法避免,如内存空间不够,无法实现指定的操作等;还有在函数调用时存在的一些错误,如无法打开输入文件、数组下标越界等。如果在程序中没有对这些错误的防范措施,往往得不到正确的运行结果甚至导致程序不正常终止,或出现死机现象。这类错误比较隐蔽,不易被发现,是程序调试中的一个难点。程序在运行过程中出现的错误统称为异常,对异常的处理称为异常处理。我们在设计程序时,应当事先分析程序运行时可能出现的各种意外情况,并且分别制定出相应的处理方法,使程序能够继续执行,或者至少给出适当的提示信息。传统的异常处理方法基本上是采取判断或分支语句来实现,如例 6.10 所示。

例 6.10 传统的异常处理方法举例。

```
#include<iostream>
using namespace std;
int Div(int x,int y);                //函数 Div 的原型
int main()
{ cout<<"7/3="<<Div(7,3)<<endl;
  cout<<"5/0="<<Div(5,0)<<endl;
  return 0;
}
int Div(int x,int y)                 //定义函数 Div
{ if (y==0)
  { cout<<"除数为 0,错误!"<<endl;
    exit (0);
  }
  return x/y;
}
```

程序运行结果如下：

7/3=2
除数为0,错误！

在这个例子中,函数 Div 用来计算 x/y 的值。当调用函数时,一旦除数 y 为 0,则程序输出提示信息"除数为 0,错误！",然后退出程序的运行。

传统的异常处理方法可以满足小型的应用程序需要。但是在一个大型软件系统中,包含许多模块,每个模块又包含许多函数,函数之间又互相调用,比较复杂。如果在每一个函数中都设置处理异常的程序段,会使程序过于复杂和庞大。传统的异常处理机制无法保证程序的可靠运行,而且采用判断或分支语句处理异常的方法不适合大量异常的处理,更不能处理不可预知的异常。C++提供的异常处理机制逻辑结构非常清晰,而且在一定程度上可以保证程序的健壮性。

6.4.2 异常处理的方法

C++处理异常的办法是：如果在执行一个函数过程中出现异常,可以不在本函数中立即处理,而是发出一个信息,传给它的上一级（即调用函数）来解决,如果上一级函数也不能处理,就再传给其上一级,由其上一级处理。如此逐级上传,如果到最高一级还无法处理,运行系统一般会自动调用系统函数 terminate,由它调用 abort 终止程序。

这样的异常处理方法使得异常的引发和处理机制分离,而不是由同一个函数完成。这样做法的好处是使底层函数（被调用函数）着重用于解决实际任务,而不必过多地考虑对异常的处理,以减轻底层函数的负担,而把处理异常的任务上移到上层去处理。例如在主函数中调用十几个函数,只需在主函数中设计针对不类型的异常处理,而不必在每个函数中都设置异常处理,这样可以大大提高效率。

C++处理异常的机制是由检查、抛出和捕获 3 个部分组成的,分别由 3 种语句来完成：try(检查)、throw(抛出)和 catch(捕获)。

1. 异常的抛出

抛出异常使用 throw 语句,其格式如下：

throw 表达式；

如果在某段程序中发现了异常,就可以使用 throw 语句抛出这个异常给调用者,该异常由与之匹配的 catch 语句来捕获。throw 语句中的"表达式"是表示抛出的异常类型,异常类型由表达式的类型来表示。例如,含有 throw 语句的函数 Div 可写成：

```
int Div(int x,int y)
{ if (y==0)
     throw y;              //抛出异常,当除数 y 为 0 时,语句 throw 将抛出 int 型异常
   return x/y;             //当除数 y 不为 0 时,返回 x/y 的值
}
```

由于变量 y 的类型是 int，所以当除数 y 为 0 时，语句 throw 将抛出 int 型异常。

2. 异常的检查和捕获

异常的检查和捕获使用 try 语句和 catch 语句，格式如下：

try
{
    被检查的复合语句
}
catch (异常类型声明 1)
{
    进行异常处理的复合语句 1
}
catch (异常类型声明 2)
{
    进行异常处理的复合语句 2
}
    ⋮
catch (异常类型声明 n)
{
    进行异常处理的复合语句 n
}

try 后的复合语句是被检查语句，也是容易引起异常的语句，这些语句称为代码的保护段。如果预料某段程序代码（或对某个函数的调用）有可能发生异常，就将它放在 try 之后。如果这段代码（或被调函数）运行时真的遇到异常情况，其中的 throw 表达式就会抛出这个异常。

catch 用来捕获 throw 抛出的异常，catch 子句后的复合语句是异常处理程序，异常类型声明部分指明了 catch 子句处理的异常的类型。catch 在捕获到异常后，由子句检查异常的类型，即检查 throw 后表达式的数据类型与哪个 catch 子句的异常类型的声明一致，如一致则执行相应的异常处理程序（该子句后的复合语句）。例如，用于处理除数为零异常的 try_catch 语句如下：

```
try                                //检查异常
{
  cout<<"7/3"<<Div(7,3)<<endl;    //被检查的复合语句
  cout<<"5/0"<<Div(5,0)<<endl;
}
catch (int)                        //捕获异常,异常类型是 int 型
{
  cout<<"除数为 0,错误!"<<endl;    //进行异常处理的复合语句
}
```

处理除数为零异常的完整程序如下。

例 6.11 处理除数为零异常的程序。

```
#include<iostream>
using namespace std;
int Div(int x,int y);                    //函数 Div 的原型
int main()
{ try                                    //检查异常
   { cout<<"7/3="<<Div(7,3)<<endl;       //被检查的复合语句
     cout<<"5/0="<<Div(5,0)<<endl;
   }
  catch (int)                            //捕获异常,异常类型是 int 型
   { cout<<"除数为 0,错误!"<<endl;       //进行异常处理的复合语句
   }
  cout<<"end"<<endl;
  return 0;
}
int Div(int x,int y)
{ if (y==0)
    throw y;                             //抛出异常,当除数 y 为 0 时,语句 throw 将抛出 int 型异常
  return x/y;                            //当除数 y 不为 0 时,返回 x/y 的值
}
```

在主函数中,首先执行 try 语句,调用函数 Div(5,0) 时发生异常,由 Div 函数中语句"throw y;"抛出 int 型异常(因为变量 y 是 int 类型),被与之匹配的 catch 语句捕获(因为两者的异常类型都是 int 型),并在 catch 内进行异常处理后,执行 catch 后面的语句。

程序运行结果如下:

```
7/3=2
除数为 0,错误!     (异常处理)
end
```

在本例中,进行异常处理的方法如下:

(1) 首先将需要检查的,也是容易引起异常的语句或程序段放在 try 块的花括号中。由于函数 Div 是可能出现异常的部分,所以将以下语句放在 try 块中。

```
cout<<"7/3="<<Div(7,3)<<endl;
cout<<"5/0="<<Div(5,0)<<endl;
```

(2) 如果在执行 try 块内的复合语句过程中没有发生异常,则 catch 子句不起作用,流程转到 catch 子句后面的语句继续执行。

(3) 如果在执行 try 块内的复合语句(或被调函数)过程中发生异常,则 throw 语句抛出一个异常信息。在本程序中,第 2 次执行函数 Div 时,出现除数为零的异常,throw 抛出 int 类型的异常信息 y。throw 抛出异常信息后,流程转到其上一级的函数(即主函数 main)。因此不会执行函数 Div 中 if 语句之后的 return 语句。

(4) throw 抛出的异常信息传到 try_catch 结构,系统寻找与之匹配的 catch 子句。本

例中，y 是 int 型，而 catch 子句的括号内指定的类型也是 int 型，两者匹配，即 catch 捕获了该异常信息，就执行子句中的异常处理语句：

```
cout<<"除数为 0,错误!"<<endl;
```

（5）执行异常处理语句后，程序继续执行 catch 子句后面的语句，在本程序中就执行语句：

```
cout<<"end"<<endl;
return 0;
```

说明：

（1）被检测的语句或程序段必须放在 try 块中，否则不起作用。

（2）try 和 catch 块中必须有用花括号括起来的复合语句，即使花括号内只有一个语句也不能省略花括号。

（3）一个 try_catch 结构中只能有一个 try 块，但却可以有多个 catch 块，以便与不同的异常信息匹配。catch 后面的括号中，一般只写异常信息的类型名。例如以下程序。

例 6.12 有多个 catch 块的异常处理程序。

```cpp
#include<iostream>
using namespace std;
int main()
{ double a=2.5;
    try                                     //检查异常
    { throw a;                              //抛出异常
    }
    catch (int )                            //捕获异常,异常类型是 int 型
    { cout<<"异常发生!整数型!"<<endl;       //进行异常处理的复合语句
    }
    catch (double )                         //捕获异常,异常类型是 double 型
    { cout<<"异常发生!双精度型!"<<endl;     //进行异常处理的复合语句
    }
    cout<<"end"<<endl;
    return 0;
}
```

因为 a 定义为 double，所以"throw a;"抛出的异常类型为 double 型，被"catch (double)"捕获。程序运行结果如下：

```
异常发生!双精度型!
end
```

（4）如果在 catch 子句中没有指定异常信息的类型，而用了三点删节号"…"，则表示它可以捕获任何类型的异常信息。例如以下程序。

例 6.13 有删节号"…"的异常处理程序。

```cpp
#include<iostream>
```

```
using namespace std;
void func(int x)
{ if (x)
    throw x;                              //抛出异常,语句 throw 抛出整型异常
}
int main()
{ try                                     //检查异常
  {
    func(5);
    cout<<"No here!"<<endl;               //被检查的复合语句
  }
  catch (...)                             //捕获异常,异常类型是任意类型
  { cout<<"任意类型异常!"<<endl;          //进行异常处理的复合语句
  }
  cout<<"end"<<endl;
  return 0;
}
```

程序运行结果如下：

任意类型异常！
end

(5) 在某种情况下,在 throw 语句中可以不包括表达式,如：

throw;

此时它将把当前正在处理的异常信息再次抛出,给其上一层的 catch 块处理。

(6) C++ 中,一旦抛出一个异常,而程序又不捕获的话,那么系统就会调用一个系统函数 terminate,由它调用 abort 终止程序。

本节简单地介绍了异常处理的基本思想和方法,读者若要更深入的了解,请参阅有关专业资料。

6.5 应用举例

例 6.14 队列类模板的使用。

简单队列是最有代表性的一种队列,数据一般插入在队尾,从队头弹出离队,是一种"先进先出"的机制。队列中存放的数据,可以是系统预定义类型;也可以是用户自定义类型,因此本例中采用了队列类模板。完整的程序如下所示。

```
#include<iostream>
using namespace std;
template<class T>
struct quenode{                           //定义队列中的各节点类型
  T nodedata;
```

```cpp
    quenode * next;
};
template<class T>
class queue{
  private:
  protected:
    int quesize;                                //定义队列长度
    quenode<T> * head;                          //定义队列头
    quenode<T> * tail;                          //定义队列尾
    bool allocateerror;
    queue &copy(queue &q);                      //队列拷贝函数
  public:
    queue();
    queue(queue &q)                             //将 q 赋给当前队列
    { head=NULL;tail=NULL;copy(q);}
    ~queue()
    { clearque();}
    bool getallocateerror()
    { return allocateerror;}
    void push(T &);                             //插入函数,将元素插入队尾
    bool pop(T &);                              //提取函数,从队头提取元素
    bool isempty()                              //判断队列是否为空
    { return (quesize==0) ?true: false;}
    void clearque();                            //清空队列
    queue &operator=(queue &q)                  //定义重载赋值运算符
    {                                           //用来进行同类队列之间的赋值
     copy(q);
     return * this;
    }
};
template<class T>
queue<T>::queue()                               //定义构造函数
{ quesize=0;
  allocateerror=false;
  head=NULL;
  tail=NULL;
}
template<class T>
queue<T>& queue<T>::copy(queue<T>& que)
{                                               //将队列 que 复制给当前队列对象
  quenode<T> * p, * q, * r;
  if (head) clearque();
  quesize=que.quesize;                          //传递队列长度
  allocateerror=false;
  head=NULL;
```

```cpp
    tail=NULL;
    if (!que.head)                          //若队列为空,则返回
    return * this;
    head=new quenode<T>;                    //为当前队列头节点分配存储
    if (!head)                              //若分配失败,则返回
    { allocateerror=true;
     return * this;
    }
    head->nodedata=que.head->nodedata;      //将que队列的头节点内容赋给当前队列头节点
    head->next=NULL;
    tail=head;                              //将队列头和尾均指向此节点
    r=NULL;
    p=head;                                 //p指针指向当前队列头
    q=que.head->next;                       //将指向que队列第2个节点的指针赋给q
    while(q)                                //循环进行后续节点间的赋值
    { r=new quenode<T>;                     //为节点r分配存储
      if (!r)
      { allocateerror=true;
        return * this;
      }
      r->nodedata=q->nodedata;
      r->next=NULL;
      p->next=r;                            //将节点r链接到当前队列的链上
      tail=r;                               //队尾指针指向r,因为r为最后一个元素
      p=p->next;                            //指针后移
      q=q->next;
    }
    return * this;
}
template<class T>
void queue<T>::push(T &x)                   //向队尾插入元素
{ quenode<T> * p;
  p=new quenode<T>;                         //为p节点分配存储
  if (!p)                                   //若分配失败,则返回
  { allocateerror=true;
    return;
  }
  p->nodedata=x;
  if (tail)
  { p->next=NULL;                           //若队列非空
    tail->next=p;                           //将p节点链接到尾指针tail后
    tail=p;                                 //修改队尾指针
  }
  else
  { p->next=NULL;                           //若队列为空
```

```cpp
      tail=p;
      head=p;
    }
    quesize++;                              //长度加 1
}
template<class T>
bool queue<T>::pop(T &x)                    //从队头取一节点
{ quenode<T> * p;
    if (head)                               //若队列非空
    { x=head->nodedata;                     //将队头的数据内容赋给 x
      p=head;
      head=head->next;                      //修改队头指针
      if (head==NULL)                       //若队列已删空,则 tail 也改为 NULL
      tail=NULL;
      delete p;                             //删除原头节点
      quesize--;                            //长度减 1
      return true;
    }
    return false;
}
template<class T>
void queue<T>::clearque()                   //将队列清空
{ T p;
    allocateerror=false;
    while (pop(p));                         //循环提取队列中各元素,实现清除
    head=tail=NULL;
}
class staff{                                //定义职工类
    public:
    char name[80];
    int age;
    float salary;
    char sex[8];
    void assign(char * name,int age,float salary,char * sex)
    { strcpy(staff::name,name);
      staff::age=age;
      staff::salary=salary;
      strcpy(staff::sex,sex);
    }
    void print()
    { printf("% -10s%6d%10.2f%8s\n",name,age,salary,sex);
    }
};
void viewque(queue<staff> &que)             //显示实例化后的队列 que 中的各元素
{ int i=1;
```

```cpp
    staff p;
    queue<staff>quecopy(que);
    system("cls");
    while( quecopy.pop(p))                  //循环提取队列中各元素
    { printf("%2d: ",i++);
      p.print();
    }
}
int main()
{ queue<staff>que;                          //定义队列类对象 que
  staff p;                                  //定义职工类对象 p
  p.assign("Chenweilin",47,1500,"male");    //给 p 对象赋值
  que.push(p);                              //将 p 对象压入队列 que
  p.assign("Wangling",34,850.5,"male");
  que.push(p);
  p.assign("Zhangdaling",27,1200,"male");
  que.push(p);
  p.assign("Fanglibida",51,2000,"female");
  que.push(p);
  viewque(que);                             //显示队列中各元素
  return 0;
}
```

程序运行结果如下：

```
1: Chenweilin    47   1500.00    male
2: Wangling      34    850.50    male
3: Zhangdaling   27   1200.00    male
4: Fanglibida    51   2000.00    female
```

下面对这个程序进行简单的说明：

首先程序中定义了一个模板参数为 T 的队列类模板 queue。在此类模板中定义了数据成员 quesize、head 和 tail,分别用来表示队列的长度、队列头指针和队列尾指针。在这个类模板中定义了将元素插入队尾的函数 push(),将元素从队头提取的函数 pop(),以及将队列清空的函数 clearque()。本程序可以在 VC++ 6.0 环境下编译和运行。

在写插入函数和拷贝函数时要注意以下两点：

(1) 建立每一节点时都要为它们动态分配内存,否则会造成空指针分配；

(2) 插入元素时,指针一定要修改正确,并且头指针 head 和尾指针 tail 都要注意修改,否则易造成断链。

在此程序的 main 函数中将队列类型 queue 实例化为取 staff 类类型的模板类,并定义此模板类的对象 que。

注意：例 6.14 在 Visual C++ 2010 中调试的时候,会出现警告信息：

warning C4996: 'strcpy': This function or variable may be unsafe. Consider using strcpy_s instead. To disable deprecation, use _CRT_SECURE_NO_WARNINGS. See online help for details.

为避免出现这种情况,可以使用 strcpy_s 函数代替 strcpy 函数。

习 题

【6.1】 为什么使用模板？函数模板声明的一般形式是什么？

【6.2】 什么是模板实参和模板函数？

【6.3】 什么是类模板？类模板声明的一般形式是什么？

【6.4】 函数模板与同名的非模板函数重载时，调用的顺序是怎样的？

【6.5】 假设声明了以下的函数模板：

```
template<class T>
T Max(T x,T y)
{ return (x>y)?x: y;
}
```

并定义了 int i;char c;

错误的调用语句是(　　)。

A. Max(i,i);　　　B. Max(c,c);　　　C. Max((int)c,i);　　　D. Max(i,c);

【6.6】 模板的使用是为了(　　)。

A. 提高代码的可重用性　　　B. 提高代码的运行效率

C. 加强类的封装性　　　　　D. 实现多态性

【6.7】 C++ 处理异常的机制是由(　　)3 部分组成的。

A. 编辑、编译和运行　　　　B. 检查、抛出和捕获

C. 编辑、编译和捕获　　　　D. 检查、抛出和运行

【6.8】 写出下面程序的运行结果。

```
#include<iostream>
using namespace std;
template <class Type1,class Type2>
class myclass{
  public:
    myclass(Type1 a,Type2 b)
    { i=a; j=b;
    }
    void show()
    { cout<<i<<' '<<j<<'\n';
    }
  private:
    Type1 i;
    Type2 j;
};
```

```
int main()
{ myclass<int,double>ob1(10,0.23);
  myclass<char,char*>ob2('X',"This is a test.");
  ob1.show();
  ob2.show();
  return 0;
}
```

【6.9】 写出下面程序的运行结果。

```
#include<iostream>
using namespace std;
int f(int );
int main()
{  try
   { cout<<"4!="<<f(4)<<endl;
     cout<<"-2!="<<f(-2)<<endl;
   }
     catch (int n)
   { cout<<"n="<<n<<" 不能计算 n!。"<<endl;
       cout<<"程序执行结束。"<<endl;
   }
   return 0;
}
int f(int n)
{ if (n<=0)
    throw n;
  int  s=1;
  for (int i=1;i<=n;i++)
    s*=i;
  return s;
}
```

【6.10】 指出下列程序中的错误,并说明原因。

```
#include<iostream>
using namespace std;
template <typename T>              //模板声明,其中 T 为类型参数
class Compare{                     //类模板名为 Compare
  public:
    Compare(T a, T b)
    { x=a;   y=b;}
    T min();
  private:
    T x,y;
};
```

```
template <typename T>
T Compare::min()
{ return (x<y)?x: y;
}
int main()
{
  Compare com1(3,7);
  cout<<"其中的最小值是："<<com1.min()<<endl;
  return 0;
}
```

【6.11】 已知下列主函数：

```
int main()
{ cout<<min(10,5,3)<<endl;
  cout<<min(10.0,5.0,3.0)<<endl;
  cout<<min('a','b', 'c')<<endl;
  return 0;
}
```

声明求 3 个数中最小者的函数模板，并写出调用此函数模板的完整程序。

【6.12】 编写一个函数模板，求数组中的最大元素，并写出调用此函数模板的完整程序，使得函数调用时，数组的类型可以是整型也可以是双精度类型。

【6.13】 编写一个函数模板，使用冒泡排序将数组内容由小到大排列并打印出来，并写出调用此函数模板的完整程序，使得函数调用时，数组的类型可以是整型也可以是双精度型。

【6.14】 建立一个用来实现求 3 个数和的类模板（将成员函数定义在类模板的内部），并写出调用此类模板的完整程序。

【6.15】 将习题 6.14 改写为在类模板外定义各成员函数。

第7章 C++的流类库与输入输出

数据的输入和输出是十分重要的操作,如从键盘读入数据,在屏幕上显示数据,把数据保存在文件中,从文件中取出数据等。C++系统提供了一个用于输入输出(I/O)操作的类体系,这个类体系提供了对预定义数据类型进行输入输出操作的能力,程序员也可以利用这个类体系对自定义数据类型进行输入输出操作。

本章将介绍输入输出的基本概念和流库、预定义类型的输入输出、用户自定义类型的输入输出、文件的输入输出等内容。

7.1 C++为何建立自己的输入输出系统

C++除了完全支持C语言的输入输出系统外,还定义了一套面向对象的输入输出系统。我们知道,C语言的输入输出系统是一个使用灵活、功能强大的系统。那么,为什么C++还要建立自己的输入输出系统呢?

首先,C++的输入输出系统比C语言更安全、更可靠。在C语言中,用scanf和printf进行输入输出,往往不能保证输入输出的数据是正确的,常常会出现下面的错误:

```
int i;                  //假定int型占两个字节
float f;                //假定float型占4个字节
scanf("%d",&i);         //正确,输入一个整数,赋给整型变量i
scanf("%d",i);          //错误,漏写&
printf("%d",i);         //正确,输出整型变量i的值
printf("%d",f);         //错误,输出f变量中前两个字节的内容
```

以上语句中,有一个printf使用的格式控制符与输出数据的类型是不一致的,但是C编译系统认为它是合法的,因为它不对数据类型的合法性进行检查,不能检查出这类错误,显然所得到的结果将不是我们所期望的。scanf的第2个参数漏写了&,这样的错误是很隐蔽的,C编译系统也不能检查出来,但这个错误可能产生严重的后果。

C++的编译系统对数据类型进行严格的检查,凡是类型不正确的数据都不可能通过编译。因此,用C++的输入输出系统进行操作是类型安全的。

其次,在C++中需要定义众多的用户自定义类型(如结构体、类等),但是使用C语言中的scanf和printf是无法对这些数据进行输入输出操作的。为了说明这一点,请看下面的例子:

```
class My_class{
  public:
    int i;
    float f;
```

```
    char * str;
} obj;
```

对此 My_class 类型,在 C 语言中下面的语句是不能通过的:

```
printf("%My_class",obj);
```

因为 printf 函数只能输出系统预定义的标准数据类型(如 int、float、double、char 等),而没有办法输出用户自定义类型的数据。C++ 的类机制允许它建立一个可扩展的输入输出系统,不仅可以用来输入输出标准类型的数据,也可以用于用户自定义类型的数据。

综上所述,C++ 的输入输出系统明显地优于 C 语言的输入输出系统。首先它是类型安全的,可以防止格式控制符与输出数据的类型不一致的错误。另外,C++ 中可以通过重载运算符">>"和"<<",使之能用于用户自定义类型的输入和输出,并且像预定义类型一样有效方便。C++ 输入输出的书写形式也很简单、清晰,这使程序代码具有更好的可读性。虽然为了 C++ 和 C 的兼容,在 C++ 中也可以使用 C 的 printf 和 scanf 函数,但是最好用 C++ 的方式来进行输入输出,以便发挥其优势。

C++ 的输入输出系统非常庞大,C++ 通过 I/O 类库来实现丰富的 I/O 功能。本章只能介绍其中一些最重要的和最常用的功能。

7.2 C++ 流的概述

7.2.1 C++ 的输入输出流

在自然界中,流是气体或液体运动的一种状态,C++ 借用它表示一种数据传递操作。在 C++ 中,"流"指的是数据从一个源流到一个目的的抽象,它负责在数据的生产者(源)和数据的消费者(目的)之间建立联系,并管理数据的流动。凡是数据从一个地方传输到另一个地方的操作都是流的操作,从流中提取数据称为输入操作(通常又称为提取操作),向流中添加数据称为输出(通常又称为插入)操作。

C++ 的输入输出是以字节流的形式实现的。在输入操作中,字节流从输入设备(例如键盘、磁盘、网络连接等)流向内存;在输出操作中,字节流从内存流向输出设备(例如显示器、打印机、网络连接等)。字节流可以是 ASCII 字符、二进制形式的数据、图形图像、音频视频等信息。文件和字符串也可以看成有序的字节流,分别称为文件流和字符串流。

与 C 语言一样,C++ 语言中也没有输入输出语句。C++ 编译系统带有一个面向对象的输入输出软件包,它就是 C++ 的 I/O 流类库。在 I/O 流类库中包含许多用于输入输出的类,称为流类。用流类定义的对象称为流对象。

1. 用于输入输出的头文件

C++ 编译系统提供了用于输入输出的 iostream 类库。iostream 类库提供了数百种输入输出功能,iostream 类库中不同的类的声明放在相应的头文件中,用户在自己的程序中用 #include 命令包含了有关的头文件就相当于在本程序中声明了所需要用到的类。常用的头文件有：
- iostream 包含了对输入输出流进行操作所需的基本信息。使用 cin、cout 等流对象进行针对标准设备的 I/O 操作时，须包含此头文件。
- fstream 用于用户管理文件的 I/O 操作。使用文件流对象进行针对磁盘文件的操作，须包含此头文件。
- strstream 用于字符串流的 I/O 操作。使用字符串流对象进行针对内存字符串空间的 I/O 操作，须包含此头文件。
- iomanip 用于输入输出的格式控制。在使用 setw、fixed 等大多数操作符进行格式控制时，须包含此头文件。

2. 用于输入输出的流类

iostream 类库中包含了许多用于输入输出操作的类，其中类 istream 支持流输入操作，类 ostream 支持流输出操作，类 iostream 同时支持流输入和输出操作。表 7.1 列出了 iostream 流类库中常用的流类，并指出了这些流类在哪个头文件中声明。

表 7.1 I/O 流类库中的常用流类

类 名	说 明	头文件
ios	流基类	iostream
istream	通用输入流类和其他输入流的基类	iostream
ostream	通用输出流类和其他输出流的基类	iostream
iostream	通用输入输出流类和其他输入输出流的基类	iostream
ifstream	输入文件流类	fstream
ofstream	输出文件流类	fstream
fstream	输入输出文件流类	fstream
istrstream	输入字符串流类	strstream
ostrstream	输出字符串流类	strstream
strstream	输入输出字符串流类	strstream

ios 是抽象基类，类 istream 和 ostream 是通过单一继承从基类 ios 派生而来的，类 iostream 是通过多重继承从类 istream 和 ostream 派生而来的，继承的层次结构如图 7.1 所示。

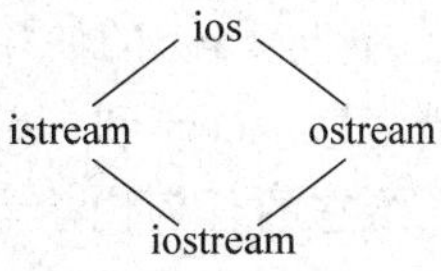

ios 作为流类库中的一个基类，还可以派生出许多类，其类层次图如图 7.2 所示。在图 7.2 中可以看出 ios 类有 4 个直接派生类，即流入流类（istream）、输出流类（ostream）、文件流类（fstreambase）和串流类（strstreambase），这 4 种流作为流库中的基本流类。

图 7.1 输入输出流类的继承层次结构

以 istream、ostream、fstreambase 和 strstreambase 4 个基本流类为基础还可以派生出多个实用的流类，例如：ifstream（输入文件流类）、ofstream（输出文件流类）、fstream（输入输出文件流类）、istrstream（输入字符串流类）、ostrstream（输出字符串流类）和 strstream（输入输出字符串流类）等。

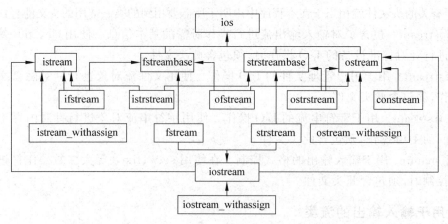

图 7.2 ios 类的派生层次

7.2.2 预定义的流对象

用流类定义的对象称为流对象。与输入设备（如键盘）相联系的流对象称为输入流对象；与输出设备（如屏幕）相联系的流对象称为输出流对象。

C++ 中包含几个预定义的流对象，它们是标准输入流对象 cin、标准输出流对象 cout、非缓冲型的标准出错流对象 cerr 和缓冲型的标准出错流对象 clog。

cin 是 istream 的派生类 istream_withassign 的对象，它与标准输入设备（通常指键盘）相联系。

cout 是 ostream 的派生类 ostream_withassign 的对象，它与标准输出设备（通常指显示器）相联系。

cerr 是 ostream 的派生类 ostream_withassign 的对象，它与标准错误输出设备（通常指显示器）相联系。

clog 是 ostream 的派生类 ostream_withassign 的对象，它与标准错误输出设备（通常指显示器）相联系。

cin 与 cout 的使用方法，在前面的章节中我们已经作了介绍。cerr 与 clog 均用来输出出错信息。cerr 和 clog 的区别是，cerr 是不经过缓冲区，直接向显示器输出有关信息，因而发送给它的任何内容都立即输出；而 clog 中的信息存放在缓冲区中，缓冲区满后或遇上 endl 时向显示器输出。

由于 istream 和 ostream 类都是在头文件 iostream 中声明的，因此只要在程序中包含头文件 iostream.h，C++ 程序开始运行时这 4 个标准流对象的构造函数都被自动调用。

7.2.3 输入输出流的成员函数

在 C++ 程序中除了用 cout 和插入运算符"<<"实现输出，用 cin 和提取运算符">>"实现输入外，还可以用类 istream 和类 ostream 流对象中的一些成员函数实现字符的输出和输入。下面介绍其中的一部分。

1. put 函数

put 函数用于输出一个字符,其使用格式如下:

cout.put(char c);

例如语句

cout.put('A');

将字符 A 显示在屏幕上,它与语句

cout<<'A';

等价,所不同的是 put 函数的参数不但可以是字符,还可以是字符的 ASCII 代码(也可以是一个整型表达式)。例如语句

cout.put(65);

或

cout.put(20+45);

都可以将字符 A 显示在屏幕上。

可以在一个语句中连续调用 put 函数。如:

cout.put(65),cout.put(66),cout.put(67),cout.put('\n');

2. get 函数

get 函数的功能与提取运算符">>"类似,主要的不同之处是 get 函数在读入数据时可包括空白字符,而提取运算符">>"在默认情况下拒绝接收空白字符。

常用的调用形式为:

cin.get(ch)

作用是从输入流中读取一个字符(包括空白符),赋给字符变量 ch,如果读取成功则函数返回非 0 值,如失败(遇文件结束符 EOF)则函数返回 0 值。

例 7.1 get 函数应用举例。

```
#include<iostream>
using namespace std;
int main()
{ char ch;
  cout<<"Input: ";
  while(cin.get(ch))
    cout.put(ch);
  return 0;
}
```

运行时，如果输入：

123 abc xyz

则输出：

123 abc xyz

当输入"Ctrl+z"及回车时，程序读入的值是 EOF，程序结束。

3. getline 函数

getline 函数的调用形式为：

cin.getline(字符数组,字符个数 n,终止标志字符)

或

cin.getline(字符指针,字符个数 n,终止标志字符)

其功能是从输入流读取 n-1 个字符,赋给指定的字符数组（或字符指针指向的数组），然后插入一个字符串结束标志'\n'。如果在读取 n-1 个字符之前遇到指定的终止字符，则提前结束读取，然后插入一个字符串结束标志'\n'。

例 7.2　用 getline 函数读入一行字符。

本程序连续读入一串字符，最多读取 19 个字符赋给字符数组 line，或遇到字符't'提前停止。

```
#include<iostream>
using namespace std;
int main()
{ char line[20];
  cout<<"输入一行字符："<<endl;
  cin.getline(line,20,'t');            //读入 19 个字符或遇字符't'结束
  cout<<line;
  return 0;
}
```

说明：

请注意用"cin<<"和成员函数"cin.getline()"读取数据的区别。

(1) 使用"cin<<"可以读取 C++ 标准类型的各类数据（如果经过重载，还可以用于输入自定义类型的数据），而用"cin.getline()"只能用于输入字符型数据。

(2) 使用"cin<<"读取数据时以空白字符（包括空格、tab 键、回车键）作为终止状态，而"cin.getline()"可连续读取一系列字符，其中可以包括空格。

4. ignore 函数

ignore 函数的调用形式为：

cin.ignore(n, 终止字符)

ignore 函数的功能是跳过输入流中 n 个字符（默认个数为 1），或在遇到指定的终止字

符(默认终止字符是 EOF)时提前结束。如：

```
cin.ignore(10,'t')                //跳过流入流中 10 个字符,或遇字符't'后就不再跳了
```

ignore 函数可以不带参数或只带一个参数,如：

```
cin.ignore()                      //只跳过 1 个字符(n 的默认值为 1,默认终止字符是 EOF)
```

相当于

```
cin.ignore(1,EOF)
```

7.3 预定义类型的输入输出

预定义类型的输入输出是指 C++ 系统预定义的标准类型(如 int、float、double 型等)数据的输入输出,它是其他输入输出的基础。

7.3.1 插入运算符与提取运算符

基于 C++ I/O 流类库的输入输出经常要使用流对象 cin 和 cout,同时还要使用与之配套的两个输入输出运算符">>"和"<<",其一般的使用格式为：

```
cin>>变量；                       //输入
cout<<常量或变量；                //输出
```

1. 插入运算符"<<"

在 C++ 中"<<"本来是被定义为左位移运算符,由于在 iostream 头文件中对它进行了重载,使它能用作标准类型数据的输出运算符。插入运算符(也称输出运算符)"<<"是一个双目运算符,有两个操作数,左操作数为输出流类 ostream 的一个流对象(如 cout),右操作数为一个系统预定义的标准类型的常量或变量。在头文件 iostream 中有一组运算符函数对运算符"<<"进行重载,以便能用它输出各种标准类型的数据,其原型具有：

ostream &operator<<(ostream & 类型名);

的形式。

其中,类型名是指 int、float、double、char *、char 等 C++ 标准类型。这表明,只要输出的数据属于其中的一种,就可以直接使用插入运算符"<<"完成标准类型数据的输出任务。例如当系统执行

```
cout<<"This is a string.\n";
```

操作时,就调用了插入运算符重载函数

```
ostream& operator<<( ostream& char * );
```

以上语句相当于

```
cout.operator<<("This is a string.\n");
```

它的功能是将字符串"This is a string."插入到流对象 cout 中，cout 为标准输出流对象，它与标准输出设备(通常为显示器)连在一起。于是在显示器屏幕上显示出字符串"This is a string."。

说明：

使用插入运算符"<<"进行输出操作时，可以把多个不同类型的数据组合在一条语句中，使用起来很方便。例如：

```
int n=456;
double d=3.1416;
cont<<"n="<<n<<", d="<<d<<'\n';
```

就是由整数和字符串型数据组合在一起的语句。编译程序根据出现在"<<"操作符右边的变量或常量的类型来决定调用形参为哪种标准类型的运算符重载函数。

上述语句的输出结果为

```
n=456,d=3.1416
```

2. 提取运算符">>"

在 C++ 中">>"本来是被定义为右位移运算符，由于在 iostream 头文件中对它进行了重载，使它能用作标准类型数据的输入运算符。提取运算符(也称输入运算符)">>"也是一个双目运算符，有两个操作数，左面的操作数是输入流类 istream 的一个对象(如 cin)，右面的操作数是系统预定义的任何标准数据类型的变量。在头文件 iostream 中也有一组提取运算符函数对运算符">>"进行重载，以便能用它输入各种标准类型的数据，其原型具有

istream& operator>>(istream& 类型名 &);

的形式。

其中，类型名也是指 int、float、double、char *、char 等 C++ 标准类型。这表明，只要输入的数据属于其中的一种，就可以直接使用提取运算符">>"完成标准类型数据的输入任务。例如当系统执行

```
int x;
cin>>x;
```

操作时，将根据实参 x 的类型调用相应的提取运算符重载函数，并把 x 传送给对应的形参，接着从标准输入流对象 cin(它与标准输入设备连在一起，通常为键盘)读入一个值并赋给 x (因为形参是 x 的引用)。

说明：

(1) 在默认情况下，运算符">>"将跳过空白符，然后读入后面的与变量类型相对应的值。因此，给一组变量输入值时可用空格或换行符将键入的数据间隔开。例如：

```
int i;
float x;
cin>>i>>x;
```

在输入时,可以采用下面形式:

```
23 56.78
```

或

```
23
56.78
```

(2) 当输入字符串(即类型为 char * 的变量)时,提取运算符">>"的作用是跳过空白,读入后面的非空白字符,直到遇到另一个空白字符为止,并在串尾放一个字符串结束标态'\0'。因此,输入字符串遇到空格时,就当作本数据输入结束。例如:

```
char * str;
cin>>str;
```

当键入的字符串为:

```
Object_Oriented Programming!
```

则输入后,str 中的字符串是"Object_Oriented",而后面的字符串"Programming!"被略去了。

(3) 数据输入时,系统除检查是否有空白外,还检查输入数据与变量的匹配情况。例如,对于语句

```
cin>>i>>x;                    //i 为 int 型,x 为 float 型
```

若从键盘输入:

```
56.79 32.5
```

得到的结果就不是预想的

```
i=56, x=32.5,
```

而是

```
i=56, x=0.79,
```

这是因为,系统是根据变量的类型来分隔输入的数据的。在这种情况下,系统把 56.79 中小数点前面的整数部分赋给了整型变量 i,而把剩下的 0.79 赋给了浮点型变量 x。

7.3.2 输入输出的格式控制

在很多情况下,需要对计算机的输入输出格式进行控制。在 C++ 中,仍然可以使用 C 中的 printf 和 scanf 函数进行格式化。除此以外,C++ 还提供了两种进行格式控制的方法:一种是使用 ios 类中有关格式控制的流成员函数进行格式控制;另一种是使用称为操纵符的特殊类型的函数进行格式控制。下面介绍这两种格式控制的方法。

1. 用流成员函数进行输入输出格式控制

ios 类中有几个流成员函数可以用来对输入输出进行格式控制。常用的流成员函数见表 7.2。

表 7.2 用于控制输入输出格式的流成员函数

流成员函数	功　能
setf(flags)	设置状态标志，待设置的状态标志 flags 的内容见表 7.3 所示
unsetf(flags)	清除状态标志，待清除的状态标志 flags 的内容见表 7.3 所示
width(n)	设置字段域宽为 n 位
fill(char ch)	设置填充字符 ch
precision(n)	设置实数的精度为 n 位，在以普通十进制小数形式输出时 n 代表有效数字，在以 fixed(固定小数位数)形式和 scientific(指数)形式输出时 n 为小数位数

流成员函数 setf 和 unsetf 括号中的参数是用状态标志指定的，状态标志在类 ios 中被定义成枚举值，所以在引用这些状态标志时要在前面加上"ios::"，状态标志见表 7.3 所示。

表 7.3 类 ios 中定义的状态标志

状态标志	功　能	输入/输出
ios::skipws	跳过输入中的空白符	用于输入
ios::left	输出数据在本域宽范围内左对齐	用于输出
ios::right	输出数据在本域宽范围内右对齐	用于输出
ios::internal	数据的符号位左对齐,数据本身右对齐,符号和数据之间为填充符	用于输出
ios::dec	设置整数的基数为 10	用于输入/输出
ios::oct	设置整数的基数为 8	用于输入/输出
ios::hex	设置整数的基数为 16	用于输入/输出
ios::showbase	输出整数时显示基数符号(八进制数以 0 打头,十六进制数以 0x 打头)	用于输入/输出
ios::showpoint	浮点数输出时带有小数点	用于输出
ios::uppercase	在以科学表示法格式 E 和以十六进制输出字母时用大写表示	用于输出
ios::showpos	正整数前显示"＋"符号	用于输出
ios::scientific	用科学表示法格式(指数)显示浮点数	用于输出
ios::fixed	用定点格式(固定小数位数)显示浮点数	用于输出
ios::unitbuf	完成输出操作后立即刷新所有的流	用于输出
ios::stdio	完成输出操作后刷新 stdout 和 stderr	用于输出

下面分别介绍这些成员函数的使用方法。

1) 设置状态标志

设置状态标志，即是将某一状态标志位置"1"，可使用 setf 函数，其一般格式为：

```
long ios::setf(long flags)
```

使用时,其一般的调用格式为:

流对象.setf(ios::状态标志);

例如:

```
istream isobj;
ostream osobj;
isobj.setf(ios::skipws);        //跳过输入中的空白符
osobj.setf(ios::left);          //输出数据在本域宽范围内左对齐
```

在此,isobj 为类 istream 的流对象,osobj 为类 ostream 的流对象。实际上,在编程中用得最多的是 cin.setf(…)或 cout.setf(…)。

例 7.3 设置状态标志举例。

```
#include<iostream>
using namespace std;
int main()
{ cout.setf(ios::showpos|ios::scientific);
  cout<<567<<" "<<567.89<<endl;
  return 0;
}
```

设置 showpos 使得每个正数前添加"+"号,设置 scientific 使浮点数按科学表示法(指数形式)显示。

程序运行结果如下:

+567 +5.678900e+002

分析以上程序和运行结果,需要说明的是:

(1) 由于状态标志在类 ios 中被定义成枚举值,所以在引用这些状态标志时要在前面加上"ios::"。

(2) 在使用 setf 函数设置多项标志时,中间应该用或运算符"|"分隔,例如:

cout.setf(ios::showpos|ios::dec|ios::scientific);

2)清除状态标志

清除某一状态标志,即是将某一状态标志位置"0",可使用 unsetf 函数,它的一般格式为:

long ios::unsetf(long flags)

使用时的调用格式为:

流对象.unsetf(ios::状态标志);

3)设置域宽

设置域宽的成员函数是 width,其常用的格式为:

int ios::width(int n);

此函数用来设置域宽为 n 位。

注意：所设置的域宽仅对下一个流输出操作有效，当一次输出操作完成之后，域宽又恢复为默认域宽 0。

4）设置实数的精度

设置显示精度的成员函数的常用格式为：

int ios::precision(int n);

设置实数的精度为 n 位，在以一般十进制小数形式输出时 n 代表有效数字。在以 fixed（固定小数位数）形式和 scientific（指数）形式输出时 n 为小数位数。

5）填充字符

填充字符的作用是：当输出值不满域宽时用填充字符来填充，默认情况下填充字符为空格。所以在使用填充字符函数 fill 时，必须与 width 函数相配合，否则就没有意义。填充字符的成员函数常用的格式为：

char ios::fill(char ch);

下面举一个例子来说明以上这些函数的作用。

例 7.4 流成员函数使用方法举例。

```
#include<iostream>
using namespace std;
int main()
{ cout<<"-------1--------\n";
  cout.width(10);                  //设置域宽为10位
  cout<<123<<endl;                 //输出整数123,占10位,默认为右对齐
  cout<<"-------2--------\n";
  cout<<123<<endl;                 //输出整数123,上面的width(10)已不起作用
                                   //此时按系统默认的域宽输出(按数据实际长度输出)
  cout<<"-------3--------\n";
  cout.fill('&');                  //设置填充字符为'&'
  cout.width(10);                  //设置域宽为10位
  cout<<123<<endl;                 //输出整数123,占10位,默认为右对齐,填充字符为'&'
  cout<<"-------4--------\n";
  cout.setf(ios::left);            //设置左对齐
  cout<<123<<endl;                 //输出整数123,上面的width(10)已不起作用
                                   //按数据实际长度输出,左对齐
  cout<<"-------5--------\n";
  cout.precision(4);               //设置实数的精度为4位
  cout<<123.45678<<endl;           //以一般十进制小数形式输出时,有效数字为4
  cout<<"-------6--------\n";
  cout.setf(ios::fixed);           //用定点格式(固定小数位数)显示浮点数
  cout<<123.45678<<endl;           //以fixed形式输出时,小数位数占4位
  cout<<"-------7--------\n";
  cout.width(15);                  //设置域宽为15位
  cout.unsetf(ios::fixed);         //清除用定点格式(小数形式)显示浮点数
  cout.setf(ios::scientific);      //用科学表示法格式(指数)显示浮点数
```

```
    cout<<123.45678<<endl;        //用科学表示法格式(指数)输出此浮点数,小数占 4 位
    cout<<"--------8--------\n";
    int a=21;
    cout.setf(ios::showbase);     //输出整数时显示基数符号
    cout.unsetf(ios::dec);        //终止十进制数的格式设置
    cout.setf(ios::hex);          //设置以十六进制数输出格式
    cout<<a<<endl;                //以十六进制数输出 a
    return 0;
}
```

程序运行结果如下:

```
--------1--------
       123                       (域宽为 10,默认为右对齐)
--------2--------
123                              (按数据实际长度输出)
--------3--------
&&&&&&&123                       (域宽为 10,默认为右对齐,空白处用'&'填充)
--------4--------
123                              (按数据实际长度输出,左对齐)
--------5--------
123.5                            (以一般十进制小数形式输出时,有效数字为 4)
--------6--------
123.4568                         (以 fixed 形式输出时,小数占 4 位)
--------7--------
1.2346e+002&&&&                  (用指数格式输出,域宽为 10,小数占 4 位,用'&'填充)
--------8--------
0x15                             (十六进制数形式,以 0x 开头)
```

分析以上程序和运行结果,可以看出:

(1) 在默认情况下,域宽取值为 0,这个 0 意味着一个特殊的意义——无域宽,即数据按自身的宽度打印。

(2) 当用 width 函数设置了域宽后,只对紧跟着它的第 1 个输出有影响,当第 1 个输出完成后,域宽又恢复为默认域宽 0。而调用 precision 函数和 fill 函数的设置,在程序中一直有效,除非它们被重新设置。setf 函数设置格式后,如果想改变设置为同组的另一状态,应当调用 unsetf 函数,先终止原来设置的状态,然后再设置其他状态。

(3) 当显示数据所需的宽度比使用 ios::width()设置的宽度小时,空余的位置用填充字符来填充,默认情况下的填充字符是空格。填充字符的填充位置由 ios::left 和 ios::right 规定。若设置 ios::left,则字符填充在数据右边(输出数据左对齐);若设置 ios::right(默认设置),则字符填充在数据左边(输出数据右对齐)。

2. 使用预定义的操纵符进行输入输出格式控制

使用 ios 类中的成员函数进行输入输出格式控制时,每个函数的调用需要写一条语句,而且不能将它们直接嵌入到输入输出语句中去,显然使用起来不太方便。C++ 提供了另一

种进行输入输出格式控制的方法,这一方法使用了一种称为操纵符(也称为操作符或控制符)的特殊函数。在很多情况下,使用操纵符进行格式化控制比用 ios 状态标志和成员函数更方便。

所有不带形参的操纵符都定义在头文件 iostream.h 中,而带形参的操纵符则定义在头文件 iomanip.h 中,因而使用相应的操纵符就必须包含相应的头文件。许多操纵符的功能类似于上面介绍的 ios 类成员函数的功能。表 7.4 列出了 C++ 提供的预定义操纵符。

表 7.4 C++ 预定义的操纵符

操纵符	功　　能	输入/输出
dec	设置整数的基数为 10	用于输入/输出
hex	设置整数的基数为 16	用于输入/输出
oct	设置整数的基数为 8	用于输入/输出
ws	用于在输入时跳过开头的空白符	用于输入
endl	输出一个换行符并刷新输出流	用于输出
ends	插入一个空字符 null,通常用来结束一个字符串	用于输出
flush	刷新一个输出流	用于输出
setbase(n)	设置整数的基数为 n(n 的取值为 0,8,10 或 16),n 的默认值为 0,即以十进制数形式输出	用于输入/输出
setfill(c)	设置 c 为填充字符,默认为空格	用于输出
setprecision(n)	设置实数的精度为 n 位,在以一般十进制小数形式输出时 n 代表有效数字,在以 fixed(固定小数位数)形式和 scientific(指数)形式输出时 n 为小数位数	用于输出
setw(n)	设置域宽为 n	用于输出
setiosflags(f)	设置由参数 f 指定的状态标志	用于输入/输出
resetiosflags(f)	终止由参数 f 指定的状态标志	用于输入/输出

操纵符 setiosflags 和 resetiosflags 要带上状态标志才能使用,表 7.5 列出了带有常用的状态标志的操纵符 setiosflags 和 resetiosflags。

表 7.5 部分带有状态标志的操纵符 **setiosflags** 和 **resetiosflags**

操　纵　符	功　　能
setiosflags(ios∷left)	数据按域宽左对齐输出
setiosflags(ios∷right)	数据按域宽右对齐输出
setiosflags(ios∷fixed)	固定的小数位数显示
setiosflags(ios∷scientific)	设置浮点数以科学表示法(即指数形式)显示
setiosflags(ios∷showpos)	在正数前添加一个"+"号输出
setiosflags(ios∷uppercase)	在以科学表示法格式 E 和以十六进制数输出字母时用大写表示
resetiosflags(f)	终止已设置的状态标志,在括号中应指定 f 的内容

在进行输入输出时,操纵符被嵌入到输入或输出链中,用来控制输入输出的格式,而不

是执行输入或输出操作。为了使用带参数的操纵符,程序中必须含有下列预编译命令:

#include <iomanip>

下面通过一个例子来介绍操纵符的使用。

例 7.5 预定义的操纵符的使用方法举例。

```
#include<iostream>
#include<iomanip>
using namespace std;
int main()
{
  cout<<setw(10)<<123<<567<<endl;                                          //①
  cout<<123<<setiosflags(ios::scientific)<<setw(20)<<123.456789<<endl;     //②
  cout<<123<<setw(10)<<hex<<123<<endl;                                     //③
  cout<<123<<setw(10)<<oct<<123<<endl;                                     //④
  cout<<123<<setw(10)<<dec<<123<<endl;                                     //⑤
  cout<<resetiosflags(ios::scientific)<<setprecision(4)<<123.456789<<endl; //⑥
  cout<<setiosflags(ios::left)<<setfill('#')<<setw(8)<<123<<endl;          //⑦
  cout<<resetiosflags(ios::left)<<setfill('$')<<setw(8) <<456<<endl;       //⑧
  return 0;
}
```

程序运行结果如下:

```
       123567              ①
123    1.234568e+002       ②
123         7b             ③
7b          173            ④
173         123            ⑤
123.5                      ⑥
123#####                   ⑦
$$$$$456                   ⑧
```

下面分析每条语句和输出结果。

第 1 条 cout 语句首先设置域宽为 10,之后输出 123 和 567,123 和 567 被连到了一起,所以得到结果①。表明操纵符 setw 只对最靠近它的输出起作用,也就是说,它的作用是"一次性"的。

第 2 条 cout 语句首先按默认方式输出 123,之后按照浮点数的科学表示法及域宽为 20 输出 123.456789,由于默认时小数位数为 6,所以得到结果②。

第 3 条 cout 语句首先按默认方式输出 123,之后按照域宽为 10,以十六进制数形式输出 123,得到结果③。

第 4 条 cout 语句由于上一条语句中使用了操纵符 hex,其作用仍然保持,所以先输出 123 的十六进制数,之后按照域宽为 10,重新设置进制为八进制,输出 123 得到结果④。结果表明:使用 dec、oct、hex 等操作符后,其作用一直保持,直到重新设置为止。

第 5 条 cout 语句由于上一条语句的操纵符 oct 的作用仍然保持,所以先输出 123 的八进制数,之后按照域宽为10,用操纵符dec恢复进制为十进制后,输出结果⑤。

第6条cout语句取消浮点数的科学表示法输出后,设置小数位数为4,输出123.456789,从而得到结果⑥。结果表明用setprecision操纵符设置小数位数后,输出时作四舍五入处理。

第7条cout语句按域宽为8,填充字符为"#",按左对齐输出123,得到结果⑦。

第8条cout语句按域宽为8,填充字符为"$",取消左对齐输出(默认对齐方式为右对齐)后,输出456,得到结果⑧。

3. 使用用户自定义的操纵符进行输入输出格式控制

C++除了提供系统预定义的操纵符外,也允许用户自定义操纵符,合并程序中频繁使用的输入输出操作,使输入输出密集的程序变得更加清晰高效,并可避免意外的错误。下面介绍建立自定义操纵符的方法。

若为输出流定义操纵符函数,则定义形式如下:

ostream & 操纵符名(ostream &stream)
{
　自定义代码
　return stream;
}

若为输入流定义操纵符函数,则定义形式如下:

istream & 操纵符名(istream &stream)
{
　　自定义代码
　　return stream;
}

在此,操纵符函数中返回流对象stream(也可用其他标识符,但必须与形参表中的流对象相同)是一个关键,否则操纵符就不能用在流的输入输出操作序列中。请看以下的例子。

例7.6 用户自定义操纵符的使用方法举例1。

```
#include<iostream>
#include<iomanip>
using namespace std;
ostream &output1(ostream &stream)
{ stream.setf(ios::left);
  stream<<setw(10)<<hex<<setfill('&');
  return stream;
}
int main()
{ cout<<123<<endl;
  cout<<output1<<123<<endl;
  return 0;
}
```

程序运行结果如下:

```
123
7b&&&&&&&&
```

该程序建立了一个名为 output1 的操纵符,其功能为:设置左对齐状态标志,把域宽置为 10,整数按十六进制数形式输出,填空字符为"&"。在 main 函数中引用该操纵符时,只写"output1"即可。其调用方法与预定义操纵符(如 dec、endl 等)完全一样。

例 7.7 用户自定义操纵符的使用方法举例 2。

```cpp
#include<iostream>
#include<iomanip>
using namespace std;
istream &input1(istream &in)
{ in>>hex;
  cout<<"Enter number using hex format: ";
  return in;
}
int main()
{ int i;
  cin>>input1>>i;
  cout<<"hex: "<<hex<<i<<"------dec: "<<dec<<i<<endl;
  return 0;
}
```

以上程序中定义了一个操纵符函数 input1,该函数要求输入一个十六进制数。程序运行后,屏幕上显示:

```
Enter number using hex format:
```

提示用户输入一个十六进制数,例如 23ae,则输出结果为:

```
hex: 23ae------dec: 9134
```

7.4 用户自定义类型的输入输出

前面我们介绍了系统预定义的标准类型的输入输出。对于用户自定义类型(类类型、结构体类型等)的输入输出,在 C++ 中可以通过重载运算符">>"和"<<"来实现。

7.4.1 重载插入运算符

插入运算符"<<",也称输出运算符。通过重载运算符"<<"可以实现用户自定义类型的输出。

定义插入运算符"<<"重载函数的一般格式如下：

```
ostream &operator<<(ostream &out,user_name& obj)
{
  out<<obj.item1;
  out<<obj.item2;
      ⋮
  out<<obj.itemn;
  return out;
}
```

这里 user_name 为用户自定义的类型名，函数中第 1 个参数 out 是 ostream 类对象的引用。这意味着 out 必须是输出流对象，它可以是其他任何正确的标识符，但必须与 return 后面的标识符相同。第 2 个参数 obj 为用户自定义类型 user_name 的对象的引用。item1,…,itemn 为用户自定义类型中的数据成员。重载插入运算符函数不能是所操作的类的成员函数，但可以是该类的友元函数或普通函数。

下面看一个插入运算符"<<"重载的例子。

例 7.8　重载插入运算符"<<"举例。

```
#include<iostream>
using namespace std;
class Coord{
  public:
    Coord(int i=0,int j=0)
    { x=i;y=j; }
    friend ostream& operator<<(ostream &stream,Coord &ob);
                        //运算符"<<"重载为友元函数
  private:
    int x,y;
};
ostream &operator<<(ostream &stream,Coord &ob)      //定义运算符"<<"重载函数
{ stream<<ob.x<<","<<ob.y<<endl;
  return stream;
}
int main()
{ Coord a(55,66),b(100,200);
  cout<<a<<b;                        // 输出对象 a 和 b 的成员值
  return 0;
}
```

程序运行结果如下：

```
55,66
100,200
```

可以看到在对运算符"<<"重载后，在程序中用"<<"不仅能输出标准类型数据，而且可

以输出用户自己定义的类对象。

说明：

在 VC++6.0 环境下运行时，第 1 行应改为"#include<iostream.h>"，并将第 2 行删去。

7.4.2 重载提取运算符

提取运算符">>"，也称为输入运算符，定义提取运算符函数与插入运算符函数的格式基本相同，只是要把 ostream 换成 istream，把"<<"用">>"代替。完整的格式如下：

```
istream &operator>>(istream &in,user_name &obj)
{ in>>obj.item1;
  in>>obj.item2;
     ⋮
  in>>obj.itemn;
  return in;
}
```

这里 user_name 为用户自定义的类型名，函数中第 1 个参数 in 是 istream 类对象的引用。这意味着 in 必须是输入流对象，它可以是其他任何正确的标识符，但必须与 return 后面的标识符相同。第 2 个参数 obj 为用户自定义类型 user_name 的对象的引用。item1,…,itemn 为用户自定义类型中的数据成员。

与重载插入运算符函数一样，重载提取运算符函数也不能是所操作的类的成员函数，但可以是该类的友元函数或普通函数。下面举例说明。

例 7.9 重载提取运算符">>"举例。

```
#include<iostream>
using namespace std;
class Three_d{
  public:
    Three_d(int a,int b,int c)
    { x=a; y=b; z=c;
    }
    friend ostream &operator<<(ostream &output,Three_d ob);
                       //运算符"<<"重载为友元函数
    friend istream &operator>>(istream &itput,Three_d &ob);
                       //运算符">>"重载为友元函数
  private:
    int x,y,z;
};
ostream &operator<<(ostream &output, Three_d ob)   //定义运算符"<<"重载函数
{ output<<ob.x<<",";
  output<<ob.y<<",";
```

```
    output<<ob.z<<endl;
    return output;
}
istream &operator >>(istream &input, Three_d &ob)   //定义运算符">>"重载函数
{ cout<<"Enter x,y,z value: ";
  input>>ob.x;
  input>>ob.y;
  input>>ob.z;
  return input;
}
int main()
{ Three_d obj(10,20,30);            //定义类 Three_d 的对象 obj
  cout<<obj;                        //输出对象 obj 的成员值
  cin>>obj;                         //输入对象 obj 的各成员值,将原值覆盖
  cout<<obj;                        //输出对象 obj 的成员值(新值)
  return 0;
}
```

程序运行结果如下：

```
10,20,30
Enter x,y,z value: 40 50 60↙
40,50,60
```

在这个程序中,定义了插入运算符函数和提取运算符函数,它们都是类 Three_d 的友元函数,分别完成对该类对象的输出和输入操作。

说明：

在 VC++ 6.0 环境下运行时,第 1 行应改为"#include<iostream.h>",并将第 2 行删去。

7.5　文件的输入输出

所谓"文件",一般指存放在外部介质上的数据的集合。一批数据(可以是一段程序、一批实验数据,或者是一篇文章、一幅图像、一段音乐等)是以文件的形式存放在外部介质(如磁盘、光盘、U 盘)上的。操作系统以文件为单位对数据进行管理,也就是说,如果想查找存放在外部介质上的数据,必须先按文件名找到所指定的文件,然后再从该文件中读取数据,而要把数据存储在外部介质上,必须先建立一个文件(以文件名标识),才能向它输出数据。

在前面各章节中,数据的输入输出均使用 cin 和 cout 通过标准输入设备(通常指键盘)和输出设备(通常指显示器)来进行的。在实际应用中,常用磁盘作为数据存放的中介,应用程序的输入模块通过键盘或其他输入设备将数据读入磁盘,处理模块对存放在磁盘中的数据进行加工,加工后的数据或者仍然存放在磁盘上,以备以后再处理,或者由输出模块通过显示器或打印机等设备输出。从操作系统的角度来说,每一个与主机相连的输入输出设备

都可以看出是一个文件。例如,键盘是输入文件,显示器和打印机是输出文件。还有磁盘文件、光盘文件和 U 盘文件等外存文件,其中磁盘文件是使用最广泛的外存文件。

C++ 把文件看做字符序列,即文件是由一个一个字符数据顺序组成的。根据数据的组织形式,文件可分为文本文件和二进制文件。文本文件又称 ASCII 文件,它的每个字节存放一个 ASCII 代码,代表一个字符。二进制文件则是把内存中的数据,按其在内存中的存储形式原样写到磁盘上存放。假定有一个整数 10000,在内存中占两个字节,如果按文本形式输出到磁盘上,则需占 5 个字节,而如果按二进制数形式输出,则在磁盘上只占两个字节。用文本形式输出时,一个字节对应一个字符,因而便于对字符进行逐个处理,也便于输出字符,缺点是占存储空间较多。用二进制数形式输出数据,可以节省存储空间和转换时间,但一个字节不能对应一个字符,不能直接以字符形式输出。对于需要暂时保存在外存上,以后又需要输入到内存的中间结果数据,通常用二进制数形式保存。

操作系统命令一般将文件作为一个整体来处理的,例如删除文件、复制文件等。由于文件的内容可能千变万化,文件的大小各不相同,为了以统一的方式处理文件,在 C++ 中引入了流式(stream)文件的概念,即无论文件的内容是什么,一律看成是由字符(或字节)构成的序列,即字符流。流式文件中的基本单位是字节,磁盘文件和内存变量之间的数据交流以字节为基础。为了叙述方便,本章中凡用到外存文件的地方均以磁盘文件来代表。

7.5.1 文件的打开与关闭

在 C++ 中,要进行文件的输入输出,必须首先创建一个流对象,然后将这个流对象与文件相关联,即打开文件,此时才能进行读写操作,读写操作完成后再关闭这个文件。这是 C++ 中进行文件输入输出的基本过程。

1. 文件的打开

在 C++ 中,打开一个文件,就是将这个文件与一个流对象建立关联;关闭一个文件,就是取消这种关联。

为了执行文件的输入输出,C++ 提供了 3 个文件流类,如表 7.6 所示。

表 7.6 用于文件输入输出的 3 个文件流类

类 名	说 明	功 能
ifstream	输入文件流类	用于文件的输入
ofstream	输出文件流类	用于文件的输出
fstream	输入输出文件流类	用于文件输入/输出

这 3 个文件流类都定义在 fstream.h 头文件中。

要执行文件的输入输出,须完成以下 3 项工作:

(1) 在程序中包含头文件 fstream。由于文件的输入输出要用到以上的 3 个文件流类,而这 3 个文件流类都定义在 fstream 头文件中,所以首先在程序中要包含头文件 fstream。

(2) 建立流。要以磁盘文件为对象进行输入输出,必须建立一个文件流类的对象,通过文件流对象将数据从内存输出到磁盘文件,或者通过文件流对象从磁盘文件将数据输入到

内存。建立流的过程就是定义流类的对象,例如:

```
ifstream in;
ofstream out;
fstream both;
```

分别定义了输入流对象 in、输出流对象 out、输入输出流对象 both。其实,在用标准设备为对象的输入输出中,也是要定义对象的,如 cin 和 cout 就是流对象,C++ 就是通过流对象进行输入输出的,由于 cin、cout 已在头文件 iostream 中事先定义,所以用户不需要自己定义。

(3) 使用成员函数 open 打开文件,也就是使某一指定的磁盘文件与某一已定义的文件流对象建立关联。open 函数是上述 3 个流类的成员函数,其原型是在 fstream 中定义的。调用成员函数 open 的一般形式为:

文件流对象.open(文件名,打开方式);

其中"文件名"可以包括路径(如"D:\C++\file1.dat"),如默认路径,则默认为当前目录下的文件。"打开方式"决定文件将如何被打开,见表 7.7 所示。

表 7.7 文件打开方式

方　式	功　　能
ios::app	打开一个输出文件,用于将数据添加到文件尾部
ios::ate	打开一个现存文件,把文件指针移到文件末尾
ios::in	打开一个文件,以便进行输入操作
ios::nocreate	打开一个文件,若文件不存在,则打开失败
ios::noreplace	打开一个文件,若文件存在,则打开失败
ios::out	打开一个文件,以便进行输出操作
ios::trunc	打开一个文件,若文件已存在,删除其中全部数据;若文件不存在,则建立新文件
ios::binary	以二进制方式打开一个文件,默认为文本文件

下面对这些值作进一步的说明:

① 如果希望向文件尾部添加数据,则应当用"ios::app"方式打开文件,但此时文件必须存在。打开时,文件位置指针移到文件尾部。用这种方式打开的文件只能用于输出。

② 用"ios::ate"方式打开一个已存在的文件时,文件位置指针自动移到文件的尾部,数据可以写入文件中的任何地方。

③ 用"ios::in"方式打开的文件只能用于输入数据,而且该文件必须已经存在。如果用类 ifstream 来定义一个流对象,则隐含为输入流对象,不必再说明使用方式。用"ios::out"方式打开文件,表示可以向该文件输出数据。如果用类 ofstream 来定义一个流对象,则隐含为输出流对象,不必再说明使用方式。

④ 通常,当用 open 函数打开文件时,如果文件存在,则打开该文件,否则建立该文件。但当用"ios::nocreate"方式打开文件时,表示不建立新文件,在这种情况下,如果要打开的文件不存在,则函数 open 调用失败。如果使用"ios::noreplace"方式打开文件,则表示不修改原来文件,而是要建立新文件。因此,如果文件已经存在,则 open 函数调用失败(注意:新版本的 C++ I/O 类库中不提供 os::nocreate 和 ios::noreplace)。

⑤ 当使用"ios::trunc"方式打开文件时,如果文件已存在,则清除该文件的内容,文件长度被压缩为零。实际上,如果指定"ios::out"方式,且未指定"ios::ate"方式或"ios::app"方式,则隐含为"ios::trunc"方式。

⑥ 如果使用"ios::binary"方式,则以二进制数方式打开文件,默认所有的文件以文本方式打开。在用文本文件向计算机输入时,把回车和换行两个字符转换为一个换行符,而在输出时把换行符转换为回车和换行两个字符。对于二进制文件则不进行这种转换,在内存中的数据形式与输出到外部文件中的数据形式完全一致,一一对应。

了解了文件的使用方式后,可以通过以下步骤打开文件:

(1) 定义一个流类的对象,例如:

```
ofstream out;
```

定义了类 ofstream 的对象 out,它是一个输出流对象。

(2) 使用 open 函数打开文件,也就是使某一文件与上面定义的流对象建立关联。例如:

```
out.open("test.dat",ios::out);
```

表示调用成员函数 open,使文件流对象 out 与文件 test.dat 建立关联,即打开磁盘文件 test.dat,并指定它为输出文件,文件流对象 out 将向磁盘文件 test.dat 输出数据。ios::out 表示以输出方式打开一个文件。

以上是打开文件的一般操作步骤。实际上,由于文件的输入输出方式参数有默认值,对于类 ifstream,文件打开方式的默认值为 ios::in;而对于类 ofstream,文件打开方式的默认值为 ios::out。

因此,上述语句通常可写成:

```
out.open("test.dat");
```

当一个文件需要用两种或多种方式打开时,可以用"位或"操作符(即"|")把几种方式组合在一起。例如,为了打开一个能用于输入和输出的二进制文件,则可以采用以下方法打开文件:

```
fstream mystream;
mystream.open("test.dat",ios::in|ios::out|ios::binary);
```

在实际编程时,还有一种打开文件的方法,即在定义文件流对象时指定参数,通过调用文件流类的构造函数来实现打开文件的功能,例如:

```
ofstream out("test.dat");
```

因为定义文件流类 ifstream、ofstream 与 fstream 的对象时,都能自动打开文件流类的构造函数,这些构造函数的参数及默认值与 open 函数的完全相同。这是打开一个文件的最常见的形式,使用起来比较方便。以上打开文件的语句相当于:

```
ofstream out;
out.open("test.dat");
```

如果出于某些原因,文件打开操作失败,与文件相联系的流对象的值将是 0。因此,无论是使用构造函数来打开文件,还是直接调用函数 open 来打开文件,通常都要测试打开文件是否成功。可以使用类似下面的方法进行检测:

```
if (!out)
{ cout<<"Cannot open file!\n";
  //错误处理代码
}
```

2. 文件的关闭

输入输出操作完成后,应该将文件关闭。所谓关闭,实际上就是将所打开的磁盘文件与流对象"脱钩",这样,就不能通过文件流对象对该文件进行输入或输出操作了。关闭文件可使用 close 函数完成,close 函数也是流类中的成员函数,它不带参数,例如:

```
out.close();
```

就将与流对象 out 所关联的磁盘文件关闭了,此时可以将文件流对象 out 与其他磁盘文件建立关联,通过文件流对象对新的文件进行输入或输出。

在进行文件操作时,应养成将已完成操作的文件关闭的习惯。如果不关闭文件,则有可能丢失数据。

7.5.2 文件的读写

当文件打开以后,即文件与流对象建立了关联后,就可以进行读写操作了。

1. 文本文件的读写

一旦文件打开了,从文件中读取文本数据与向文件中写入文本数据都十分容易。下面的程序把一个整数、一个浮点数和一个字符串写到磁盘文件 f1.dat 中。

例 7.10　把一个整数、一个浮点数和一个字符串写到磁盘文件 f1.dat 中。

```
#include<iostream>
#include<fstream>
using namespace std;
int main()
{ ofstream fout("f1.dat",ios::out);
                            //定义输出文件流对象 fout,打开输出文件 f1.dat
  if (!fout)                //如果文件打开失败,fout 返回 0 值
  { cout<<"Cannot open output file\n,";
    return 1;
  }
  fout<<10<<" "<<123.456<<"\"This is a text file.\"\n";
                            //把一个整数、一个浮点数和一个字符串写到磁盘文件 f1.dat 中
  fout.close();             //将与流对象 fout 所关联的输出文件 f1.dat 关闭
```

```
    return 0;
}
```

程序运行后,屏幕上不显示任何信息,因为输出的内容存入文件 f1.dat 中。可以利用 Windows 的 Word 或 DOS 的 TYPE 命令打开文件 f1.dat,看到该文件的内容如下:

```
10 123.456 "This is a test file."
```

说明:

(1) 在 VC++ 6.0 环境下运行时,如果在本例中采用带后缀".h"的头文件,必须包含头文件 fstream.h,即必须有如下的编译预处理命令:

```
#include <fstream.h>
```

由于文件 iostream.h 自动包含在 fstream.h 文件中,因此使用了上面的编译预处理命令后,就不必再包含 iostream.h(如果使用也可以)。

(2) 语句"ofstream fout ('f1.dat', ios::out);"中的参数 ios::out 可以省略,如不写此项,则默认为 ios::out。以下两种写法是等价的:

```
ofstream fout("f1.dat",ios::out);
ofstream fout("f1.dat");
```

下面再看一个对同一个文件进行输出和输入的文件。

例 7.11 先建立一个输出文件,向它写入数据,然后关闭文件,再按输入模式打开它,并读取信息。

```
#include<iostream>
#include<fstream>
using namespace std;
int main()
{ ofstream fout("f2.dat",ios::out);    //定义输出文件流对象 fout, 打开输出文件 f2.dat
  if (!fout)                            //如果文件打开失败, fout 返回 0 值
  { cout<<"Cannot open output file.\n";
    return 1;
  }
  fout<<"Hello!\n";                     //把一个字符串写到磁盘文件 f2.dat 中
  fout<<100<<' '<<hex<<100<<endl;       //把一个十进制整数和一个十六进制
                                        //整数写到磁盘文件 f2.dat 中
  fout.close();                         //将与流对象 fout 所关联的输出文件 f2.dat 关闭
  ifstream fin("f2.dat",ios::in);       //定义文件流对象 fin, 打开输入文件 f2.dat
  if (!fin)                             //如果文件打开失败, fin 返回 0 值
  { cout<<"Cannot open input file.\n";
    return 1;
  }
  char str[80];
  int i;
  fin>>str>>i;                          //从磁盘文件 f2.dat 读入一个字符串赋给字符
                                        //数组 str, 读入一个整数赋给整型变量 i
```

```
        cout<<str<<" "<<i<<endl;        //屏幕上显示出 str 和 i 的值
        fin.close();                    //将与流对象 fin 所关联的输入文件 f2.dat 关闭
        return 0;
}
```

程序运行后,首先建立一个输出文件 f2.dat,并向它写入数据。打开文件 f2.dat,就可以显示出该文件的内容:

```
Hello!
100 64
```

完成写入数据后,关闭输出文件 f2.dat 后,再将文件 f2.dat 按输入模式打开,并将字符串"Hello!\n"赋给字符数组 str,将整数 100 赋给整型变量 i。最后在屏幕上显示出 str 和 i 的值,如下所示:

```
Hello! 100
```

可以看到,在这个例子中,首先定义输出文件流对象 fout,并使它与文件 f2.dat 建立关联,即打开磁盘文件 f2.dat,并指定它为输出文件,完成输出操作后,关闭文件 f2.dat。接着,定义输入文件流对象 fin,并使它与文件 f2.dat 建立关联,即打开磁盘文件 f2.dat,并指定它为输入文件,完成输入操作后,再关闭文件 f2.dat。

说明:

语句"ifstream fin('f2.dat',ios::in);"中的参数 ios::in 可以省略,如不写此项,则默认为 ios::in。以下两种写法是等价的:

```
ifstream fin("f2.dat",ios::in);
ifstream fin("f2.dat");
```

2. 二进制文件的读写

前面已经介绍,文件可分为文本文件和二进制文件。文本文件又称 ASCII 文件,它的每个字节存放一个 ASCII 代码,代表一个字符。二进制文件则是把内存中的数据,按其在内存中的存储形式原样写到磁盘上存放。最初设计流的目的是用于文本,因此在默认情况下,文件用文本方式打开。这就是说,在输入时,回车和换行两个字符(十进制数 13 和 10)要自动转换为换行符"\n"(十进制数 10);在输出时,回车符"\n"(十进制数 10)自动转换为回车和换行两个字符(十进制数 13 和 10)。这些转换在二进制数方式下是不进行的。

对于二进制文件的操作也需要先打开文件,操作结束后要关闭文件。在打开文件时要用"ios::binary"指定为以二进制数形式传送和存储。

对二进制文件进行读写有两种方式,其中一种使用的是函数 get 和 put,另一种使用的是函数 read 和 write。这 4 种函数也可以用于文本文件的读写。在此主要介绍对二进制文件的读写。除字符转换方面略有差别外,文本文件的处理过程与二进制文件的处理过程基本相同。

1) 用 get 函数和 put 函数读写二进制文件

前面我们已经介绍过，get 函数是输入流类 istream 中定义的成员函数，它可以从与流对象连接的文件中读出数据，每次读出一个字节(字符)。put 函数是输出流类 ostream 中的成员函数，它可以向与流对象连接的文件中写入数据，每次写入一个字节(字符)。

下面再举一个使用 get 和 put 函数读写二进制文件的例子。

例 7.12 将"a"至"z"的 26 个英文字母写入文件，而后从该文件中读出并显示出来。

```
#include<iostream>
#include<fstream>
using namespace std;
int test_write()
{ ofstream outf("f3.dat",ios::binary);
                       //定义输出文件流对象 outf,打开二进制输出文件 f3.dat
  if (!outf)           //如果文件打开失败,outf 返回 0 值
  { cout<<"Cannot open output file\n,";
    exit(1);
  }
  char ch='a';
  for (int i=0;i<26;i++)
  { outf.put(ch);
    ch++;
  }
  outf.close();
  return 0;
}
int test_read()
{ ifstream inf("f3.dat", ios::binary);
                       //定义输入文件流对象 inf,打开二进制输入文件 f3.dat
  if (!inf)            //如果文件打开失败,inf 返回 0 值
  { cout<<"Cannot open input file\n,";
    exit(1);
  }
  char ch;
  while(inf.get(ch))
    cout<<ch;
  inf.close();
  return 0;
}
int main()
{ test_write();
  test_read();
  return 0;
}
```

程序运行结果如下：

abcdefghijklmnopqrstuvwxyz

该程序中中,先调用函数 test_write,以输出方式打开二进制文件 f3.dat,然后通过 put 函数将"a"至"z"的 26 个英文字母写入文件 f3.dat,中,再关闭文件。接着调用函数 test_read,再次以输入方式打开二进制文件 f3.dat,然后通过 get 函数把文件 f3.dat 中的 26 个字符读到 ch 中,并在屏幕上显示出来。

2) 用 read 函数和 write 函数读写二进制文件

有时需要读写一组数据(如一个结构变量的值),为此 C++ 提供了两个函数 read 和 write,用来读写一个数据块,这两个函数最常用的调用格式如下：

inf.read(char * buf,int len)
outf.write(const char * buf,int len)

read 是流类 istream 中的成员函数,有两个参数：第 1 个参数 buf 是一个指针,它指向读入数据所存放的内存空间的起始地址；第 2 个参数 len 是一个整数值,它是要读入的数据的字节数。read 函数的功能是：从与输入文件流对象 inf 相关联的磁盘文件中,读取 len 个字节(或遇 EOF 结束),并把它们存放在字符指针 buf 所指的一段内存空间内。如果在 lcn 个字节(字符)被读出之前就达到了文件尾,则 read 函数停止执行。

write 是流类 ostream 的成员函数,参数的含义及调用注意事项与 read 函数类似。write 函数的功能是：将字符指针 buf 所给出的地址开始的 len 个字节的内容不加转换地写到与输出文件流对象 outf 相关联的磁盘文件中。

注意：第 1 个参数的数据类型为 char *,如果是其他类型的数据,必须进行类型转换,例如：

```
int array[]={50,60,70};
read((char *)& array,sizeof (array));
```

此例定义了一个整型数组 array,为了读入它的全部数据,必须在 read 函数中给出它的首地址,并把它转换为 char * 类型。由 sizeof 函数确定要读入的字节数。

例 7.13 将两门课程的课程名和成绩以二进制数形式存放在磁盘文件中。

```
#include<iostream>
#include<fstream>
using namespace std;
struct list
{ char course[15];
  int score;
};
int main()
{ list list1[2]={"Computer",90,"Mathematics",78};
  ofstream out("f4.dat",ios::binary);
                              //定义输出文件流对象 out,打开二进制输出文件 f4.dat
  if (!out)                   //如果文件打开失败,out 返回 0 值
  { cout<<"Cannot open output file.\n";
    abort();                  //退出程序,其作用与 exit 相同
```

```
  }
  for (int i=0;i<2;i++)
    out.write((char*) &list1[i],sizeof(list1[i]));
  out.close();
  return 0;
}
```

程序执行后,屏幕上不显示任何信息,但程序已将两门课程的课程名和成绩以二进制数形式写入文件 f4.dat 中。用下面的程序可以读取文件 f4.dat 中的数据,并在屏幕上显示出来,以验证前面程序的操作。

例 7.14 将例 7.13 以二进制数形式存放在磁盘文件中的数据(两门课程的课程名和成绩)读入内存,并在显示器上显示。

```
#include<iostream>
#include<fstream>
using namespace std;
struct list
{ char course[15];
  int score;
};
int main()
{ list list2[2];
  ifstream in("f4.dat",ios::binary);
                      //定义输入文件流对象 in,打开二进制输入文件 f4.dat
  if (!in)            //如果文件打开失败,in返回 0 值
  { cout<<"Cannot open input file.\n";
    abort();          //退出程序,其作用与 exit 相同
  }
  for (int i=0;i<2;i++)
  { in.read((char*) &list2[i],sizeof(list2[i]));
    cout<<list2[i].course<<" "<<list2[i].score<<endl;
  }
  in.close();
  return 0;
}
```

程序运行后在显示器上显示:

Computer 90
Mathematics 78

3) 检测文件结束

在文件结束的地方有一个标志位,记为 EOF(end of file)。采用文件流方式读取文件时,使用成员函数 eof(),可以检测到这个结束符。如果该函数的返回值非零,表示到达文件尾;返回值为零,表示未到达文件尾。该函数的原型是:

int eof();

函数 eof() 的用法示例如下：

```
ifstream ifs;
    ⋮
if (!ifs.eof())                        //尚未到达文件尾
    ⋮
```

还有一个检测方法就是检查该流对象是否为零，为零表示文件结束：

```
ifstream ifs;
    ⋮
if(!ifs)                               //尚未到达文件尾
    ⋮
```

也许读者注意到我们在例 7.1 中使用了检测流对象到达末尾的方法，下面将这个例子简要地重述一下：

```
while (cin.get(ch))
  cout.put (ch);
```

这是一个很通用的方法，就是检测文件流对象的某些成员函数的返回值是否为 0，为 0 表示该流（亦即对应的文件）到达了末尾。

当从键盘上输入字符时，其结束符是 ctrl_z，也就是说，按下 ctrl_z，eof() 函数返回的值为真。

4）二进制数据文件的随机读写

前面介绍的文件操作都是按一定顺序进行读写的，因此称为顺序文件。对于顺序文件而言，只能按实际排列的顺序，一个一个地访问文件中的各个元素。为了增加对文件访问的灵活性，C++ 系统总是用读或写文件指针记录文件的当前位置，在类 istream 及类 ostream 中定义了几个与读或写文件指针相关的成员函数，可以在输入输出流内随机移动文件指针，从而对文件的数据进行随机读写。

类 istream 提供了 3 个成员函数来对读指针进行操作，它们是：

tellg()　　　　　　　　返回输入文件读指针的当前位置
seekg(文件中的位置)　　将输入文件中读指针移到指定的位置
seekg(位移量,参照位置)　以参照位置为基准移动若干字节

函数参数中的"文件中的位置"和"位移量"都是 long 型整数，以字节为单位。"参照位置"可以是下面的三者之一：

ios::beg　　　　　　　从文件开头计算要移动的字节数
ios::cur　　　　　　　从文件指针的当前位置计算要移动的字节数
ios::end　　　　　　　从文件末尾计算要移动的字节数

例如，假设 inf 是类 istream 的一个流对象，则

```
inf.seekg(-50,ios::cur);
```

表示使输入文件中的读指针以当前位置为基准向前（文件的开头方向）移动 50 个字节。

```
inf.seekg(50,ios::beg);
```
表示使输入文件中的读指针从文件的开头位置后移 50 个字节。

```
inf.seekg(-50,ios::end);
```
表示使输入文件中的读指针从文件的末尾位置前移 50 个字节。

类 ostream 提供了 3 个成员函数来对写指针进行操作，它们是：

tellp()　　　　　　　　　　返回输出文件写指针的当前位置
seekp(文件中的位置)　　　　将输出文件中写指针移到指定的位置
seekp(位移量,参照位置)　　 以参照位置为基准移动若干字节

这 3 个成员函数的含义与前面讲过的操作读指针的 3 个成员函数的含义相似，只是它们用来操作写指针。

函数 seekg 和 seekp 的第 2 个参数可以省略，在这种情况下，就是默认 ios::beg，即从文件的开头来计算要移动的字节数。例如：

```
inf.seekg(50);
```
表示使输入文件中的读指针从文件的开头位置后移 50 个字节。

注意：以上几个函数的命名是有一定的规律的。由于"g"是 get 的第一个字母，因此带 g 的函数(如函数 tellg 和 seekg)是用于输入的函数。而"p"是 put 的第一个字母，因此带 p 的函数(如函数 tellp 和 seekp)是用于输出的函数。如果是既可以输入又可以输出的文件，则可以任意用 seeg 或 seep。

例 7.15　随机访问二进制数据文件。
有 3 门课程的数据，要求：
(1) 以读写方式打开一个磁盘文件，并把这些数据存到磁盘文件中；
(2) 将文件指针定位到第 3 门课程，读取第 3 门课程的数据并显示出来；
(3) 将文件指针定位到第 1 门课程，读取第 1 门课程的数据并显示出来；
(4) 将文件指针从当前位置定位到下一门课程，读取该门课程的数据并显示出来。

```cpp
#include<iostream>
#include<fstream>
using namespace std;
struct List
{   char course[15];
    int score;
};
int main()
{   List list3[3]={{"Computer",90},{"Mathematics",78},{"English",84}};
    List st;
    fstream ff("f6.data",ios::out|ios::binary);
    //定义类 fstream 的流对象 ff,以读写方式打开二进制文件 f6.dat
    if(!ff)
    {   cout<<"open f6.dat error!"<<endl;
```

```
        abort();                              //退出程序
    }
    for (int i=0;i<3;i++)                     //将三门课程的数据写入已存在的磁盘文件 f6.dat 中
        ff.write((char*)&list3[i],sizeof(List));
    ff.close();
    fstream ff1("f6.data",ios::in|ios::binary);
    if(!ff1)
    {   cout<<"open f6.dat error!"<<endl;
        abort();                              //退出程序
    }
    ff1.seekp(sizeof(List) * 2);              //将文件指针定位到第 3 门课程
    ff1.read((char*)&st,sizeof(List));        //读取第 3 门课程的数据
    cout<<st.course<<"\t"<<st.score<<endl;    //显示第 3 门课程的数据
    ff1.seekp(sizeof(List) * 0);              //将文件指针定位到第 1 门课程
    ff1.read((char*)&st,sizeof(List));        //读取第 1 门课程的数据
    cout<<st.course<<"\t"<<st.score<<endl;    //显示第 1 门课程的数据
    ff1.seekp(sizeof(List) * 1,ios::cur);     //将文件指针从当前位置定位到下一门课程
    ff1.read((char*)&st,sizeof(List));        //读取该门课程的数据
    cout<<st.course<<"\t"<<st.score<<endl;    //显示该门课程的数据
    ff.close();                               //关闭文件
    return 0;
}
```

程序运行结果如下:

```
English 84
Computer   90
English 84
```

7.6 命名空间和头文件命名规则

7.6.1 命名空间

一个大型软件通常是由多个模块组成的,这些模块往往是由多人合作完成的,不同的人分别完成不同的模块,最后组合成一个完整的程序。假如不同的人分别定义了函数和类,放在不同的头文件中,在主文件需要用这些函数和类时,就用#include命令行将这些头文件包括进来。由于各头文件是由不同的人设计的,有可能在不同的头文件中用了相同名字定义的函数或类。这样在程序中就会出现命名冲突,引起程序出错。另外,如果在程序中用到第三方的库,也容易产生同样的问题。为了解决这一问题,ANSI C++ 引入了命名空间,用来处理程序中常见的同名冲突问题。所谓命名空间,实际上就是一个由程序设计者命名的内存区域。程序设计者可以根据需要指定一些有名字的命名空间,将各命名空间中声明的标识符与该命名空间标识符建立关联,保证不同命名空间的同名标识符不发生冲突。声明命名空间的方法很简单,下面的代码就是在命名空间 NS 中定义了两个简单变量 i 和 j:

```
namespace NS
{ int i=5;
  int j=10;
}
```

其中，namespace 是定义命名空间所必须写的关键字，NS 是用户自己指定的命名空间的名字，花括号内是命名空间的作用域。声明了命名空间后，就可以解决名字冲突的问题。C++中命名空间的作用类似于操作系统中的目录和文件的关系，由于文件很多，不便管理，而且容易重名，于是人们设立若干子目录，把文件分别放到不同的子目录中，不同子目录中的文件可以同名。调用文件时应指出文件路径。

除了用户可以声明自己的命名空间外，C++还定义了一个标准命名空间 std。在本书的各章节程序中，我们经常使用语句：

using namespace std;

其含义就是使用标准命名空间 std。

std(standard 的缩写)是标准 C++指定的一个命名空间，标准 C++库中的所有标识符都是在这个名为 std 的命名空间中定义的，或者说标准头文件(如 iostream)中的函数、类、对象和类模板是在命名空间 std 中定义的。如果要使用输入输出流对象(如 cin、cout)，就要告诉编译器该标识符可在命名空间 std 找到。其方法有两种，一种是像本书前面章节中所写的程序一样，在源文件中使用"using namespace std;"语句。例如：

```
#include<iostream>
using namespace std;
int main()
{ cout<<"Welcome to C++!"<<endl;
  return 0;
}
```

另一种方法是在该标识符前面加上命名空间及作用域运算符"::"。例如：

```
#include<iostream>
int main()
{ std::cout<<"Welcome to C++!"<<std::endl;
  return 0;
}
```

例 7.16 命名空间的使用举例。

```
#include<iostream>
namespace University                    //声明命名空间,名为 University
{ int grade=3;
}
namespace Highschool                    //声明命名空间,名为 Highschool
{ int grade=4;
}
int main()
```

```
{ std::cout<<"The unversity's grade is: "<<University::grade<<std::endl;
  std::cout<<"The highschool's grade is: "<<Highschool::grade<<std::endl;
  return 0;
}
```

在本例中声明了两个命名空间 University 和 Highschool,在各自的命名空间中都用到了同名变量 grade,为了区分这两个 grade 变量,必须在其前面加上命名空间的名字和作用域运算符"::"。其中,"University::grade"为命名空间 University 中定义的 grade,"Highschool::grade"为命名空间 Highschool 中定义的 grade,"std::cout"为标准命名空间 std 中定义的流对象,"std::endl"为标准命名空间 std 中定义的操作符。

程序运行结果如下:

```
The university's grade is: 3
The highschool's grade is: 4
```

说明:

当前使用的 C++ 库大多是几年前开发的,由于 C++ 的早期版本中没有命名空间的概念,库中的有关内容也没有放在 std 命名空间中,因而在程序中不必对 std 进行声明。这也是目前有的程序中没有使用"using namespace std;"语句的原因。但是,用标准的 C++ 编程是应该对命名空间 std 的成员进行声明或限定的(可以采用前面介绍过的任一种方法)。

7.6.2 头文件命名规则

由于 C++ 是从 C 语言发展而来的,为了与 C 兼容,C++ 保留了 C 语言中的一些规定。例如,在 C 语言中头文件用".h"作为后缀,如 stdio.h、math.h 等。为了与 C 语言兼容,许多 C++ 早期版本的编译系统头文件都是采用"*.h"形式,如 iostream.h 等。但后来 ANSI C++ 建议头文件不带后缀".h"。近年推出的 C++ 编译系统新版本则采用了 C++ 的新方法,头文件名不再有后缀".h",如 iostream、cmath 等。但为了使原来编写的 C++ 程序能够运行,在 C++ 程序中使用头文件时,既可以采用 C++ 中不带后缀的头文件,也可以采用 C 语言中带后缀的头文件。

1. 带后缀的头文件的使用

在 C 语言程序中头文件包括后缀".h",如 stdio.h、string.h 等。由于 C 语言没有命名空间,头文件不存放在命名空间中,因此在 C++ 程序中,如果使用带后缀".h"的头文件,不必用命名空间。只需在文件中包含所用的头文件即可。如:

```
#include<stdio.h>
```

2. 不带后缀的头文件的使用

C++ 标准要求系统提供的头文件不包括后缀".h",例如 string、iostream。为了表示 C++ 与 C 语言的头文件既有联系又有区别,C++ 所用的头文件不带后缀字符".h",而是在 C 语言的相应的头文件名之前加上前缀字符 c。例如,C 语言中的头文件 stdio.h,在 C++ 中相应的头文件名为 cstdio。C 语言中的头文件 string.h,在 C++ 中相应的头文件名为 cstring。

使用 C++ 中不带后缀的头文件时,需要在程序中声明命名空间 std。如:

```
#include<cstdio>              //相当于 C 程序中的#include<stdio.h>
#include<cstring>             //相当于 C 程序中的#include<string.h>
using namespace std;          //声明使用命名空间 std
```

使用头文件的两种方法是等价的,可以任意选用。但使用带后缀的头文件时,不需要在程序中声明命名空间 std。

7.7 应用举例

例 7.17 重载运算符"<<"和">>",使用户能直接输入和输出复数。

```
#include<iostream>            //用 VC++6.0 编译时,请用带后缀的".h"文件
using namespace std;
class Complex{
  public:
    Complex(double r,double i)
    { real=r; imag=i;
    }
    Complex()
    { real=0; imag=0;
    }
    friend Complex operator+(Complex,Complex);
    friend ostream &operator<<(ostream &,Complex &);
    friend istream &operator>>(istream &,Complex &);
  private:
    double real,imag;
};
Complex operator+(Complex a,Complex b)   //定义重载+的运算符函数
{ Complex temp;
  temp.real=a.real+b.real;
  temp.imag=a.imag+b.imag;
  return temp;
}
ostream &operator<<(ostream &output,Complex &obj)
{                                        //定义重载<<的运算符函数
  output<<obj.real;
  if (obj.imag>0) output<<"+";
  if(obj.imag !=0) output<<obj.imag<<"i ";
  return output;
}
istream &operator>>(istream &input,Complex &obj)
```

```
                                    //定义重载>>的运算符函数
    cout<<"请输入复数实部和虚部的值: "<<endl;
    input>>obj.real;
    input>>obj.imag;
    return input;
}
int main()
{ Complex c1(2.4,4.6),c2,c3;
  cout<<"复数 c1 的值是: "<<c1<<endl;
  cin>>c2;
  cout<<"复数 c2 的值是: "<<c2<<endl;
  c3=c1+c2;
  cout<<"复数 c3(c3=c1+c2)的值是: "<<c3<<endl;
  return 0;
}
```

程序运行后屏幕显示出:

复数 c1 的值是: 2.4+4.6i
请输入复数实部和虚部的值:
3.7 2.5↙

屏幕上又显示出:

复数 c2 的值是: 3.7+2.5i
复数 c3(c3=c1+c2)的值是: 6.1+7.1i

例 7.18 将一个二进制文件中的所有小写字母读出并复制到另一个二进制文件中去。

```
#include <iostream.h>
#include <fstream.h>
#include <stdlib.h>
class Copy_file
{ public:
    Copy_file();             //打开源文件,建立目的文件
    ~Copy_file();            //关闭源、目的文件
    void Copy_files();       //读源文件,将其内的小写字母字符写入到目的文件中
    void in_file();          //声明函数 in_file 的原型,输出源文件内容
    void outfile();          //声明函数 outfile 的原型,输出目的文件内容
  private:
    fstream inf;             //用 fstream 类定义输入输出流对象,用来关联源文件
    fstream outf;            //用 fstream 类定义输入输出流对象,用来关联目的文件
    char file1[20];          //存放源文件名
    char file2[20];          //存放目的文件名
};
Copy_file::Copy_file()
{ cout<<"请输入源文件名: ";
  cin>>file1;
```

```cpp
    inf.open(file1,ios::in|ios::nocreate);
                             //打开源文件,若文件不存在,则打开失败
    if(!inf)
    { cout<<"不能打开源文件:"<<file1<<endl;
      abort();
    }
    cout<<"请输入目的文件名:";
    cin>>file2;
    outf.open(file2,ios::out|ios::noreplace);
                             //打开目的文件,若文件已存在,则打开失败
    if(!outf)
    { cout<<"不能打开目的文件:"<<file2<<endl;
      abort();
    }
}
Copy_file::~Copy_file()      //关闭源文件和目的文件
{ inf.close();
  outf.close();
}
void Copy_file::Copy_files()  //从源文件中读出字符,并将小写字母字符写入目的文件中
{
  char ch;
  inf.seekg(0);
    inf.get(ch);
  while(!inf.eof())
  {
    if(ch>='a'&&ch<='z')
      outf.put(ch);
    inf.get(ch);
  }
}
void Copy_file::in_file()    //定义函数 in_file,输出源文件内容
{ char ch;
  inf.close();
  inf.open(file1,ios::in);
  inf.get(ch);
  while(!inf.eof())
  { cout<<ch;
    inf.get(ch);
  }
  cout<<endl;
}
void Copy_file::outfile()    //定义函数 outfile,输出目的文件内容
{ char ch;
  outf.seekg(0);              //使文件指针定位在文件的首位
```

```
        outf.get(ch);
        while(!outf.eof())
        { cout<<ch;
          outf.get(ch);
        }
        cout<<endl;
    }
    int main()
    { Copy_file cf;
      cf.Copy_files();
      cout<<"源文件中内容："<<endl;      //输出源文件中的内容
      cf.in_file();
      cout<<"目的文件中内容："<<endl;    //输出目的文件中的内容
      cf.outfile();
      return 0;
    }
```

程序运行结果如下：

请输入源文件名：ss.txt　　　　　　（若文件不存在,则打开失败）
请输入目的文件名：oo.txt　　　　　（若文件已存在,则打开失败）
源文件中内容：
abc123de34mh67
目的文件中内容：
Abcdemh

说明：
（1）假设本例中源文件 ss.txt 已经存在，文件中的内容为"abc123de34mh67"。
（2）新版本的 C++ I/O 类库中不提供 os::nocreate 和 ios::noreplace。

习　　题

【7.1】　C++ 为什么要有自己的输入输出系统？
【7.2】　C++ 有哪 4 个预定义的流对象？它们分别与什么具体设备相关联？
【7.3】　cerr 和 clog 之间的区别是什么？
【7.4】　C++ 提供了哪两种控制输入输出格式的方法？
【7.5】　C++ 进行文件输入输出的基本过程是什么？
【7.6】　有以下程序：

```
#include<iostream>
using namespace std;
#include<iomanip>
int main()
{ int i=7890;
```

```
        cout<<setw(6)<<i<<endl;
        cout<<i<<endl;
        return 0;
    }
```

程序运行后的输出结果是(   )。

A. 7890 　　　　B. 　　7890 　　　　C. 　　7890 　　　　D. 以上都不对
   7890 　　　　　　　7890 　　　　　　　　　7890

【7.7】 有以下程序：

```
#include<iostream>
using namespace std;
int main()
{ int i=100;
  cout.unsetf(ios::dec);
  cout.setf(ios::hex);
  cout<<i<<"\t";
  cout<<i<<"\t";
  cout.setf(ios::dec);
  cout<<i<<"\n";
  return 0;
}
```

程序运行后的输出结果是(   )。

A. 64   100   64   B. 64   64   64
C. 64   64   100   D. 64   100   100

【7.8】 使用"myFile.open("Sales.dat",ios::app);"语句打开文件 Sales.dat 后,则(   )。

A. 该文件只能用于输出
B. 该文件只能用于输入
C. 该文件既可以用于输出,也可以用于输入
D. 若该文件存在,则清除该文件的内容

【7.9】 编一程序,分别计算 1! 到 9! 的值,使用 setw() 控制"="左边的数值宽度。

【7.10】 编一程序,在屏幕上显示一个由字母 A 组成的三角形。

```
            A
           AAA
          AAAAA
         AAAAAAA
        AAAAAAAAA
       AAAAAAAAAAA
      AAAAAAAAAAAAA
```

【7.11】 有两个矩阵 a 和 b,均为 2 行 3 列,编一程序,求两个矩阵之和。重载插入运算符"<<"和提取运算符">>",使之能用于该矩阵的输入和输出。重载运算符"+",使之能用于矩阵相加,如:$c=a+b$。

【7.12】 编写一个程序,将下面的信息表写入文件 stock.txt 中:

Shen fa zhan 000001
Shang hai qi che 600104
Guang ju neng yuan 000096

【7.13】 编写一个程序,要求定义 in 为 fstream 的对象,与输入文件 file1.txt 建立关联,文件 file1.txt 的内容如下:

abcdef
ghijklmn

定义 out 为 fstream 的对象,与输出文件 file2.txt 建立关联。当文件打开成功后将 file1.txt 文件的内容转换成大写字母,输出到 file2.txt 文件中。

【7.14】 编写一个程序,要求定义 in 为 fstream 的对象,与输入文件 file1.txt 建立关联,文件 file1.txt 的内容如下:

XXYYZZ

定义 out 为 fstream 的对象,与输出文件 file2.txt 建立关联。当文件打开成功后将 file1.txt 文件的内容附加到 file2.txt 文件的尾部。运行前 file2.txt 文件的内容如下:

ABCDEF
GHIJKLMN

运行后,再查看文件 file2.txt 的内容。

【7.15】 写一个程序,用于统计某文本文件中单词 is 的个数。

第8章　STL 标准模板库

标准模板库(standard template library,STL)中包含了很多实用的组件,利用这些组件,程序员编程方便而高效。

8.1　容器、算法和迭代器的基本概念

首先请大家看一个例子。
例8.1　显示食物清单程序1。

```cpp
#include <iostream>
#include <string>
#include <vector>
using namespace std;
int main ()
{
    vector<string>Food;                             //定义存放字符串的vector容器
    vector<string>::iterator FoodIterator;          //定义迭代器
    Food.insert(Food.end(),"---食物清单---");       //尾插字符串
    Food.insert(Food.end(),"    牛奶");             //尾插字符串
    Food.insert(Food.end(),"    蓝莓");
    Food.insert(Food.end(),"    香蕉");
    Food.insert(Food.end(),"    牛油果");
    Food.insert(Food.end(),"--------------");
    for (FoodIterator=Food.begin();                 //使用迭代器循环显示字符串
        FoodIterator!=Food.end();
            ++FoodIterator)
    {
        cout << * FoodIterator <<endl;
    }
    return 0;
}
```

程序运行结果：

---食物清单---
　　牛奶
　　蓝莓
　　香蕉

```
    牛油果
---------------
```

例 8.1 中使用的容器是 vector，FoodIterator 是迭代器。

例 8.2 显示食物清单程序 2。

```cpp
#include <iostream>
#include <string>
#include <list>
#include <algorithm>
using namespace std;
void PrintLine (string& StringLine)
{
    cout <<StringLine <<endl;
}
int main (void)
{
    list<string>Food;                              //定义存放字符串的 list 容器
    Food.push_back("---食物清单---");              //尾插字符串
    Food.push_back("    牛奶");                    //尾插字符串
    Food.push_back("    蓝莓");
    Food.push_back("    香蕉");
    Food.push_back("    牛油果");
    Food.push_back("------------");
    for_each (Food.begin(), Food.end(), PrintLine);//循环显示字符串
}
```

本程序显示的结果与例 8.1 相同。

例 8.2 中使用的容器是 list，算法是 for_each。

容器、迭代器和算法是 STL 的三个基本组成部分。前面两个例子中的容器分别是 vector 和 list，其他容器包括 stack、queue、deque、set 和 map 等，STL 容器是对象的集合。for_each 是 STL 算法，是对容器进行处理的函数，STL 算法还包括 copy、sort、merge、search 等。迭代器就像指向容器中对象的指针，STL 算法通过迭代器在容器上进行操作。例 8.1 中的 FoodIterator 就是迭代器，利用这个迭代器，可以遍历 vector 中的所有元素。迭代器实际是面向对象版本的指针。

8.2 容　　器

8.2.1　vector 容器

在例 8.1 中使用了 vector 容器，下面对程序作更详细的解释。

vector 容器与数组类似，包含一组地址连续的存储单元。对 vector 容器可以进行很多操作，包括查询、插入、删除等常见操作。

例 8.1 首先定义了一个存放字符串的 vector 容器 Food,然后将字符串"---食物清单---"和"牛奶"等 6 个字符串插入容器,接着利用迭代器 FoodIterator 对 vector 容器进行操作,插入若干字符串到容器中,然后从第一个字符串到最后一个字符串逐个输出,显示出一个简易菜单。

例 8.3 vector 容器的插入删除操作。

```
#include <iostream>
#include <vector>
using namespace std;
int main()
{
    unsigned i;
    vector<int>number;                      //定义存放整型数的 vector 容器
    number.insert(number.begin(),99);       //头插元素 99
    number.insert(number.begin(),98);       //头插元素 98
    number.insert(number.end(),97);         //尾插元素 97
    cout<<"删除前:"<<endl;
    for (i=0;i<number.size();i++)           //显示容器中的所有元素
        cout<<number[i]<<endl;
    number.erase(number.begin());           //删除第一个元素
    number.erase(number.begin());           //再删除第一个元素
    cout<<"删除后:"<<endl;
    for (i=0;i<number.size();i++)           //显示容器中的所有元素
        cout<<number[i]<<endl;
    return 0;
}
```

程序的运行情况是:

删除前:
98
99
97
删除后:
97

本程序使用了 insert 函数,先插入了 99,然后在 99 之前插入了 98,最后又在 99 之后插入了 97,此时存储图如图 8.1 所示;接着程序使用两条语句删除了表头的两个元素,最终存储图如图 8.2 所示。

图 8.1　删除前的存储情况　　　　　　　图 8.2　删除后的存储情况

vector 中提供了 insert 函数,insert() 函数有三种用法:

第一种的语法是：

```
iterator insert(iterator loc, const TYPE &val);
```

参数的含义是：在指定位置 loc 前插入值为 val 的元素，返回指向这个元素的迭代器。
第二种的语法是：

```
void insert(iterator loc, size_type num, const TYPE &val);
```

参数的含义是：在指定位置 loc 前插入 num 个值为 val 的元素；
第三种的语法是：

```
void insert(iterator loc, input_iterator start, input_iterator end);
```

参数的含义是：在指定位置 loc 前插入区间[start，end)的所有元素。
"number. insert(number. begin(),99);"使用的是第一种语法。下列程序使用的是第二种语法。

例 8.4 vector 容器的插入操作的另一种用法。

```
#include <string>
#include <vector>
#include <algorithm>
using namespace std;
int main()
{
    vector<int>intVector;                        //定义存放整型数的 vector 容器
    for(int i=0; i <10; i++)                     //循环插入数值 10 到 19
        intVector.push_back(i+10);
    vector<int>::iterator theIterator =intVector.begin();    //定义迭代器
    cout<<"vector 的内容 1:"<<endl;
    for (theIterator =intVector.begin(); theIterator !=intVector.end();
        theIterator++)
            //使用迭代器显示 vector 的内容
        cout << * theIterator<<"  ";
    intVector.insert(theIterator, 4, 5);    //插入 4 个 5 到 vector 中
    cout<<endl<<"vector 的内容 2:"<<endl;
    for (theIterator =intVector.begin(); theIterator !=intVector.end();
        theIterator++)
            //使用迭代器显示 vector 的内容
        cout << * theIterator<<"  ";
    cout <<endl;
    return 0;
}
```

程序的运行情况是：

```
vector 的内容 1:
10   11   12   13   14   15   16   17   18   19
vector 的内容 2:
10   11   12   13   14   15   16   17   18   19   5   5   5   5
```

本程序演示如何使用 vector 容器中的函数 push_back 等的用法，"intVector.push_back(i+10);"将 i+10 添加到 vector 末尾；"intVector.insert(theIterator，4，5);"将 5 添加到 vector 末尾。

push_back 函数的功能是添加一个元素到 vector 末尾。

push_back 函数的语法是

```
void push_back(const TYPE &val);
```

pop_back 函数的功能是删除当前 vector 最后的一个元素。

pop_back()函数的语法是：

```
void pop_back();
```

例 8.5 push_back 函数和 pop_back 函数的使用。

```cpp
#include <iostream>
#include <string>
#include <vector>
#include <algorithm>
using namespace std;
int main()
{
    vector<char>alphaVector;                    //定义存放字符型数据的vector容器
    for(int i=0; i<10; i++)                     //循环插入字符'1'到'9'
        alphaVector.push_back(i+'1');
    int size =alphaVector.size();
    vector<char>::iterator theIterator;         //定义迭代器
    for(int j=0; j<size; j++)                   //循环size次
    {
        alphaVector.pop_back();                 //每次删除最后一个元素
        for(theIterator =alphaVector.begin(); theIterator !=alphaVector.end();
            theIterator++)
            cout << *theIterator;               //循环显示容器中的元素
        cout <<endl;
    }
    return 0;
}
```

本程序的功能是显示：

123456789
12345678
1234567
123456
12345
1234
123

12
1

本程序的第一个循环(以 i 为循环变量)将字符'1'到'9'插入 vector 容器;第二个循环(以 j 为循环变量)每次删除容器中的最后一个元素,并显示剩余元素。

vector 中的提供的 at() 函数负责返回指定位置的元素。与数组运算符[]相比,at() 函数更加安全,不会访问 vector 内越界的元素。

vector 中提供的 erase() 函数用于删除元素,erase() 函数有两种用法:

第一种的语法是:

```
iterator erase(iterator loc);
```

其功能是删除指定位置 loc 的元素。例如:

```
number.erase(number.begin());
```

第二种的语法是:

```
iterator erase(iterator start, iterator end);
```

其功能是删除区间[start,end)的所有元素,而返回值是指向删除的最后一个元素的下一位置的迭代器。

例 8.6 at 函数与 erase 函数的使用。

```
#include<iostream>
#include<vector>
using namespace std;
int main()
{
    unsigned int i;
    vector<int>number;                          //定义存放整型数据的 vector 容器
    number.insert(number.begin(),99);           //头插元素 99
    number.insert(number.begin(),98);           //头插元素 98
    number.insert(number.end(),97);             //尾插元素 97
    cout<<"删除前:"<<endl;
    for (i=0;i<number.size();i++)               //显示容器中的元素
        cout<<number.at(i)<<endl;
    number.erase(number.begin());               //删除第一个元素
    number.erase(number.begin());               //再删除第一个元素
    cout<<"删除后:"<<endl;
    for (i=0;i<number.size();i++)               //显示容器中的元素
        cout<<number.at(i)<<endl;
    return 0;
}
```

程序运行情况:

删除前:
98
99

97
删除后:
97

本程序与例 8.3 的结果相同。程序中使用"number.erase(number.begin());"删除 vector 容器的元素,再使用"number.at(i)"取元素的值。

下面对 vector 的相关函数再作些说明。

1. vector 的构造函数

vector 构造函数的使用方式有四种:

```
vector();
vector(size_type num, const TYPE &val);
vector(const vector &from);
vector(input_iterator start, input_iterator end);
```

其中,第一种无参数,构造一个空的 vector;第二种两个参数,构造一个由参数 num 表示个数、参数 val 表示值的 vector;第三种一个参数,构造一个与参数 from 相同的 vector;第四种两个参数,构造一个值取自迭代器的 vector,开始位置和终止位置由参数指定。

例 8.7 vector 构造函数使用实例。

```
#include <iostream>
#include <vector>
using namespace std;
int main()
{
    unsigned int i;
    vector<int>number(5,99);                //构造 number,5 个元素,值均为 99
    for (i=0;i<number.size();i++)           //显示容器中的元素
        cout<<number.at(i)<<" ";
    cout<<endl;
    vector<int>number1(number);             //构造 number1,拷贝 number 容器
                                            //中的 5 个元素,值均为 99
    for (i=0;i<number1.size();i++)          //显示 number1 容器中的元素
        cout<<number1.at(i)<<" ";
    cout<<endl;
    vector<int>number2(number.begin(),number.end());
                                            //构造 number2,拷贝 number 容器
                                            //中的 5 个元素,值均为 99
    for (i=0;i<number2.size();i++)          //显示 number2 容器中的元素
        cout<<number2.at(i)<<" ";
    cout<<endl;
    return 0;
}
```

程序运行结果：

```
99  99  99  99  99
99  99  99  99  99
99  99  99  99  99
```

语句"vector<int>number(5,99);"使用第二种格式的构造函数插入 5 个 99 到 vector 容器 number 中,再使用"cout<<number.at(i)"显示容器中的数字。

语句"vector<int>number1(number);"使用第三种格式的构造函数将 vector 容器 number 中的内容复制到 vector 容器 number1 中,再使用"cout<<number1.at(i)"显示容器中的数字。

语句"vector<int>number2(number.begin(),number.end());"使用第四种格式的构造函数将 vector 容器 number 中的内容复制到 vector 容器 number2 中,再使用"cout<<number2.at(i)"显示容器中的数字。

2. 访问 vector 信息

访问 vector 信息的函数有 max_size、size()、capacity()和 empty()。max_size 返回 vector 可以最多容纳元素的数量;size()返回 vector 当前元素的数量;capacity()返回 vector 所能容纳的元素数量(在不重新分配内存的情况下);empty()判断 vector 是否为空,为空时返回 TRUE,否则返回 FALSE。

3. 存取 vector 信息

存取 vector 信息可以使用构造函数、push_back()、insert()、数组运算符、赋值运算符、pop_back()、erase()、begin()、end()、rbegin、rend()、size、maxsize 等。

4. 关于运算符

针对 vector,可以使用的运算符包括:标准运算符：==、!=、<=、>=、<和>,vectors 之间大小的比较是按照词典规则,要访问 vector 中的某特定位置的元素可以使用[]操作。

如果两个 vector 具有相同的容量,所有相同位置的元素相等,则这两个 vector 被认为是相等的。

注意：如果 vector 用来存储用户自定义类的对象,必须重载"=="和"<"运算符。

例 8.8 sort 函数的使用。

```cpp
#include <iostream>
#include <vector>
#include <algorithm>
using namespace std;
int main()
{
    unsigned int i;
    vector<int>number;                          //定义存放整型数据的 vector 容器
    number.insert(number.begin(),99);           //头插元素 99
    number.insert(number.begin(),98);           //头插元素 98
    number.insert(number.end(),97);             //尾插元素 97
```

```cpp
        number.insert(number.end(),92);        //尾插元素 92
        number.insert(number.end(),90);        //尾插元素 90
        cout<<"排序前:"<<endl;
        for (i=0;i<number.size();i++)          //显示容器中的元素,排序前
            cout<<number[i]<<endl;
        sort(number.begin(),number.end());     //排序
        cout<<"排序后:"<<endl;
        for (i=0;i<number.size();i++)          //显示容器中的元素,排序后
            cout<<number[i]<<endl;
        return 0;
}
```

程序运行结果：

排序前:
98
99
97
92
90
排序后:
90
92
97
98
99

"sort(number.begin(),number.end());"语句用于排序。

8.2.2　list 容器

先举几个例子。

例 8.9　建立链表并输出。

```cpp
#include <iostream>
#include <list>
using namespace std;
int main()
{
        list<int>number;                       //定义存放整型数据的 list 容器
        list<int>::iterator numberIterator;    //定义迭代器
        number.insert(number.begin(),99);      //头插元素 99
        number.insert(number.begin(),98);      //头插元素 98
        number.insert(number.end(),97);        //头插元素 97
        cout<<"链表内容:"<<endl;
        for (numberIterator=number.begin();    //使用迭代器显示链表内容
```

```
            numberIterator!=number.end();
            ++numberIterator)
    {
        cout << * numberIterator <<endl;
    }
    return 0;
}
```

程序运行结果：

链表内容：
98
99
97

例 8.10 逆转函数的使用。

```
#include <iostream>
#include <list>
using namespace std;
int main()
{
    list<int>number;                            //定义存放整型数据的 list 容器

    list<int>::iterator numberIterator;         //定义迭代器
    number.insert(number.begin(),99);           //头插元素 99
    number.insert(number.begin(),98);           //头插元素 98
    number.insert(number.end(),97);             //头插元素 97
    cout<<"链表内容："<<endl;
    for (numberIterator=number.begin();         //使用迭代器显示链表内容
         numberIterator!=number.end();
         ++numberIterator)
    {
        cout << * numberIterator <<endl;
    }
    number.reverse();                           //逆转链表
    cout<<"逆转以后链表内容："<<endl;
    for (numberIterator=number.begin();         //再次显示链表内容
         numberIterator!=number.end();
         ++numberIterator)
    {
        cout << * numberIterator <<endl;
    }
    return 0;
}
```

程序运行结果:

链表内容:
98
99
97
逆转以后链表内容:
97
99
98

例 8.11 利用 STL 的通用算法 for_each()来遍历链表。

```
#include <iostream>
#include <string>
#include <list>
#include <algorithm>
using namespace std;
void PrintLine (string& StringLine)
{
    cout <<StringLine <<endl;
}
int main (void)
{
    list<string>Food;                            //定义存放字符串的 list 容器
    Food.push_back("---食物清单---");            //尾插元素
    Food.push_back("    牛奶");
    Food.push_back("    蓝莓");
    Food.push_back("    香蕉");
    Food.push_back("    牛油果");
    Food.push_back("-------------");
    for_each (Food.begin(), Food.end(), PrintLine);    //输出链表的每一个元素
}
```

本程序使用了 STL 的通用算法 for_each()来遍历从 iterator 的起始位置到末尾位置的所有元素,在此,程序员不需要编写控制循环细节的程序,交给 for_each 做就行了。Food.begin() 表示起始位置,Food.end()表示末尾位置,PrintLine 是自编的函数,负责输出链表的内容。

例 8.12 利用 STL 的通用算法 count ()来统计 100 分的个数。

```
#include <iostream>
#include <list>
#include <algorithm>
using namespace std;
int main ()
{
    list<int>Scores;                              //定义存放整数的 list 容器
    Scores.insert(Scores.begin(),100);            //头插元素
```

```cpp
    Scores.insert(Scores.begin(),80);        //头插元素
    Scores.insert(Scores.begin(),45);        //头插元素
    Scores.insert(Scores.begin(),100);       //头插元素
    Scores.insert(Scores.begin(),75);        //头插元素
    Scores.insert(Scores.begin(),99);        //头插元素
    Scores.insert(Scores.begin(),100);       //头插元素
    int NumberOf100Scores(0);
    NumberOf100Scores =count(Scores.begin(), Scores.end(), 100);
                                             //计算 100 分的个数
    cout <<"100 分的有 " <<NumberOf100Scores <<"个。"<<endl;
    return 0;
}
```

程序运行结果：

100 分的有 3 个。

count()算法负责统计与给定值相等的对象个数。案例中计算的给定值是 100。

例 8.13　利用 STL 的通用算法 count_if()来统计卖出 16GB U 盘的个数。

```cpp
#include <iostream>
#include <string>
#include <list>
#include <algorithm>
using namespace std;
const string FlashDriveCode("0003");               //代码为"0003"表示是 16GB U 盘
class IsAFlashDrive
{
    public:
        bool operator() (string& SalesRecord)
        {
            return SalesRecord.substr(0,4)==FlashDriveCode;
                                                   //比较两个字符串的前 4 位
        }
};
int main (void)
{
    list<string>SalesRecords;                      //定义存放字符串的 list 容器
    SalesRecords.insert(SalesRecords.begin(),"0001 4GB");     //头插元素
    SalesRecords.insert(SalesRecords.begin(),"0003 16GB");    //头插元素
    SalesRecords.insert(SalesRecords.begin(),"0002 8GB");     //头插元素
    SalesRecords.insert(SalesRecords.begin(),"0003 16GB");    //头插元素
    SalesRecords.insert(SalesRecords.begin(),"0004 64GB");    //头插元素
    SalesRecords.insert(SalesRecords.begin(),"0003 16GB");    //头插元素
    int NumberOfFlashDrives(0);
    NumberOfFlashDrives=count_if (SalesRecords.begin(), SalesRecords.end(),
        IsAFlashDrive());                          //count_if()统计卖出 16GB U 盘的个数
```

```
        cout <<"卖出 16GB U 盘 " <<NumberOfFlashDrives <<"个"<<endl;
        return 0;
}
```

程序运行结果：

卖出 16GB U 盘 3 个

count_if()算法根据前两个 iterator 参数指出的范围来处理容器对象。本例将对容器中的对象进行判断，IsAFlashDrive()返回为 true 时，增加 NumberOfFlashDrives 的值。结果是保存了代码为"0003"的记录的个数，也就是 16GB U 盘的个数。

例 8.14 利用 STL 的通用算法 search 算法进行定位。

```
#include <iostream>
#include <string>
#include <list>
#include <algorithm>
using namespace std;
int main (void)
{
    list<char>TargetCharacters;          //定义存放字符的 list 容器
    list<char>ListOfCharacters;          //定义存放字符的 list 容器
    TargetCharacters.push_back('l');     //尾插元素
    TargetCharacters.push_back('l');
    ListOfCharacters.push_back('i');
    ListOfCharacters.push_back('n');
    ListOfCharacters.push_back('l');
    ListOfCharacters.push_back('l');
    list<char>::iterator PositionOfNulls =search(ListOfCharacters.begin(),
        ListOfCharacters.end(), TargetCharacters.begin(), TargetCharacters.end());
                                        //使用迭代器作查询
    if (PositionOfNulls!=ListOfCharacters.end())
        cout << "找到！" <<endl;
    else
        cout<< "未找到！"<<endl;
}
```

search 算法是一种定位算法，负责在一个序列中找另一个序列第一次出现的位置，位置为指针所指。本例中是在 ListOfCharacters 中查找 TargetCharacters 的第一次出现的位置，search 返回 ListOfCharacters.end()的值。search 算法有四个参数，分别作为查找目标的 iterator 和搜索范围的 iterators。如果查找成功，search 算法就会返回一个指向 ListOfCharacters 中序列匹配的第一个字符的 iterator，否则，search 算法返回 ListOfCharacters.end()的值。

下面对 list 的使用再作些说明。

1. list 的构造函数

list 构造函数的使用方式有四种：

```
list();
list(size_type num, const TYPE &val);
list(const vector &from);
list(input_iterator start, input_iterator end);
```

使用方法与 vector 类似。

2. 访问 list 信息

访问 list 信息的函数有 max_size、size()、empty()。max_size 返回 list 可以最多容纳元素的数量;size() 返回 list 当前元素的数量;empty() 判断 vector 是否为空,为空时返回 TRUE,否则返回 FALSE。

3. 存取 list 信息

插入元素使用 insert 函数,删除元素则用 remove 函数。
insert 函数的用法参照 vector 的方法,remove 函数的原型是"void remove(const T& x);"。

8.2.3 容器适配器

容器适配器是 C++ 提供的三种模板类,与容器相结合,提供栈、队列和优先队列的功能。

1. 栈

栈是一种访问受限的容器,只允许在存储器的一端进行插入和删除,并且符合后进先出的规则。

做插入和删除操作的这一端称为栈顶,另一端则称为栈底。插入操作称为进栈或入栈,删除操作则称为退栈或出栈。

在 STL 中,栈是以其他容器作为内部结构的,STL 提供了接口。

栈的基本操作包括:判栈空 empty()、返回栈中元素的个数 size()、退栈(不返回值) pop()、取栈顶元素(不删除栈顶元素)top() 和进栈 push()。

使用栈可以解决很多实际问题,例如我们要解决将一个十进制数转换为八进制数输出的问题。十进制数转换为八进制数输出的手工计算的方法是:

```
8 | 100    余 4
8 |  12    余 4
      1
```

计算的结果是 144。通过手工计算,不难发现,每次除以 8 以后的余数是需要输出的结果,只不过,输出的顺序与得到的余数的次序刚好相反,所以可以考虑将每次得到的余数压入栈中。输出的时候依次退栈并输出栈顶元素。

例 8.15 利用栈进行进制转换。

```
#include <iostream>
```

```
#include<stack>
using namespace std;
int main()
{
    stack<int>mystack;                  //定义整型栈
    int num=100,temp;
    cout<<num<<"的八进制是:";
    while (num)
    {                                   //num 不为零
        mystack.push(num%8);            //将 num%8 进栈
        num =num/8;                     //num 整除 8
    }
    while (!mystack.empty())            //栈不空时
    {   temp=mystack.top();             //取栈顶元素
        mystack.pop();                  //退栈
        cout<<temp;
    }
    cout <<endl;
    return 0;
}
```

程序运行结果：

100 的八进制数是:144

2. 队列

队列也是一种访问受限的容器,只允许在存储器的两端进行插入和删除,并且符合先进先出的规则。

做插入操作的这一端称为队尾,另一端则称为队头。插入操作称为进队列,删除操作则称为出队列。

在 STL 中,队列是以其他容器作为内部结构的,STL 提供了接口。

队列的基本操作包括:判队列空 empty()、返回队列中元素的个数 size()、出队列(不返回值)pop()、取队头元素(不删除队头元素)front()、进队列(在队尾插入新元素)push()和返回队尾元素的值(不删除该元素)back()。

例 8.16 使用队列的案例。

```
#include<iostream>
#include<queue>
using namespace std;
int main()
{
    queue<int>myqueue;                  //定义整型队列
    for (int i=3;i<=21;i=i+3)           //进队列
        myqueue.push(i);
```

```cpp
    while (!myqueue.empty())
    {                                           //队列不为空
        cout<<myqueue.front()<<" ";
        myqueue.pop();                          //出队列
    }
    cout <<endl;
    return 0;
}
```

程序运行结果：

3 6 9 12 15 18 21

3. 优先队列

优先队列是一种特殊的队列。优先队列容器也是一种从一端进队、从另一端出队的队列。但是，与普通队列不同，队列中最大的元素总是位于队头位置，因此，优先队列并不符合先进先出的要求，出队时，是将队列中的最大元素出队。

例 8.17 使用优先队列的案例。

```cpp
#include <iostream>
#include <functional>
#include <queue>
#include <cstdlib>
#include <ctime>
using namespace std;
int main ()
{
    const int Size=6;
    int i;
    priority_queue<int>nums;                    //定义整型优先队列
    srand((unsigned)time(0));
    for (i=0;i<Size;i++)                        //产生Size个随机数进优先队列
    {
        int temp=rand();
        cout<<temp<<endl;
        nums.push(temp);                        //压入优先队列
    }
    cout<<"优先队列的值:"<<endl;
    for (i=0;i<Size;i++)                        //Size个数出优先队列
    {
        cout<<nums.top()<<endl;
        nums.pop();
    }
    cout <<endl;
    return 0;
}
```

程序运行结果：

24007
5943
27900
15010
9536
26982
优先队列的值：
27900
26982
24007
15010
9536
5943

优先队列的基本操作包括：判队列空 empty()、返回队列中元素的个数 size()、出队列（不返回值）pop()、进队列（在队尾插入新元素）push()和返回优先队列队头元素的值（不删除该元素）top()()。

以优先队列为例，总结容器适配器的用法如下：

1. 构造函数

priority_queue() 是默认的构造函数，创建一个空的 priority_queue 对象。

2. 拷贝构造函数

priority_queue(const priority_queue&)

用一个优先队列对象创建新的优先队列对象。

3. 进队

void push(const value_type&)

进队的元素 x 移至队列中的正确位置，保证队列优先级高的元素始终位于队首。
push 函数无返回值。

4. 出队

void pop()

将优先级最高的元素删除。

5. 取队头元素

const value_type& top() const

优先队列容器提供的是取队头元素的函数,而并不提供获取队尾元素的函数。

6. 判队列空

bool empty()

判断优先队列是否为空。

8.2.4 deque 容器

deque 是双端队列,是一种放松了访问限制的队列。对于普通队列,只能从队尾插入元素,从队头删除元素;而在双端队列中,队尾和队头都可以插入元素,也都可以删除元素。其实,deque 与 vector 是类似的,只不过,deque 内部的数据机制和执行性能与 vector 不同,如果考虑到容器元素的内存分配策略和操作的性能,deque 相对 vector 较为有优势。

1. deque 的构造函数

deque 构造函数的使用方式有四种:

```
deque();
deque(size_type num, const TYPE &val);
deque(const vector &from);
deque(input_iterator start, input_iterator end);
```

2. 访问 deque 信息

访问 deque 信息的函数有 max_size、size()和 empty()。max_size 返回 deque 可以最多容纳元素的数量;size()返回 deque 当前元素的数量;empty()判断 deque 是否为空,为空时返回 TRUE,否则返回 FALSE。

3. 存取 deque 信息

存取 deque 信息可以使用构造函数、push_back()、push_front()、insert()、数组运算符、赋值运算符、pop_back()、pop_front()、erase()、begin()、end()、rbegin()、rend()、size、maxsize 等。

例 8.18 使用 deque 容器案例。

```
#include <iostream>
#include <functional>
#include <deque>
#include <cstdlib>
#include <ctime>
using namespace std;
int main ()
{
    const int Size=6;
```

```cpp
    unsigned int i;
    deque<int>nums;                          //定义整型 deque 容器
    srand((unsigned)time(0));
    for (i=0;i<Size;i++)                     //产生 Size 个随机数进双端队列
    {
        int temp=rand();
        cout<<temp<<endl;
        nums.push_back(temp);
    }
    cout<<"双端队列的值:"<<endl;
    for (i=0; i<nums.size(); i++)            //数组方式访问
    {
        cout <<" nums [" <<i <<"] =" <<nums [i] <<endl;
    }
    cout <<endl;
    return 0;
}
```

例 8.19 使用 deque 容器案例。

```cpp
#include <iostream>
#include <functional>
#include <deque>
#include <cstdlib>
#include <ctime>
using namespace std;
int main ()
{
    const int Size=6;
    unsigned int i;
    deque<int>nums;                          //定义整型 deque 容器
    srand((unsigned)time(0));                //随机数种子
    for (i=0;i<Size;i++)                     //产生 Size 个随机数进双端队列
    {
        int temp=rand();
        cout<<temp<<endl;
        nums.push_back(temp);
    }
    cout<<"双端队列的值:"<<endl;
    deque<int>::iterator it,itend;           //迭代器方式访问队列中的每个元素
    it=nums.begin();
    itend=nums.end();
    for(deque<int>::iterator j=it;j!=itend;j++)
        cout<< *j<<endl;
    return 0;
}
```

程序运行结果（数据随机）：

20645
11885
15456
2016
489
20121
双端队列的值：
20645
11885
15456
2016
489
20121

8.2.5 set、multiset、map 和 multimap 容器

C++ STL 不仅提供 vector、string 和 list 等方便的容器，还提供了 set、multiset、map 和 multimap 容器。这些都是关联式容器。

set 关联式容器。set 作为一个容器可以用来存取相同数据类型的数据，最主要的是 set 中每个元素的值必须唯一，而且系统能根据元素的值自动进行排序。

例 8.20 set 关联式容器的使用。

```cpp
#include<iostream>
#include<set>
#include<string>
using namespace std;
int main()
{
    set<string>s;                          //定义字符串型 set 容器
    s.insert("linxiaocha");                //插入字符串到 set 容器中
    s.insert("chenweixing");
    s.insert("gaoying");
    s.insert("chenweixing");
    set<string>::iterator myit;            //使用迭代器访问每个元素
    for(myit =s.begin(); myit !=s.end(); ++myit)
    {
        cout<< * myit<<endl;
    }
    cout<<endl;
    return 0;
}
```

程序运行结果是：

```
chenweixing
gaoying
linxiaocha
```

根据运行结果发现：将四个字符串插入 set 中，结果不但保证了不重复，还保持了有序。map 也是 STL 的一个关联容器。

例 8.21 map 关联式容器的使用。

```cpp
#include <iostream>
#include <map>
#include <string>
using namespace std;
int main()
{
    map<string,int>s;                        //定义 map 容器
    s["Monday"]=1;                           //设置适当的值
    s["Tuesday"]=2;
    s["Wednesday"]=3;
    s["Thurday"]=4;
    s["Friday"]=5;
    s["Saturday"]=6;
    s["Sunday"]=7;
    cout<<s["Wednesday"]<<endl;              //输出
    cout<<s["Sunday"]<<endl;
    cout<<endl;
    return 0;
}
```

程序运行结果：

```
3
7
```

程序将英文的星期一到星期天与数字 1～7 一一对应。这就是 map 的特性。"map<string,int>"表示一个字符串与一个数字对应。这里，字符串是关键字，每个关键字只能在 map 中出现一次，整数是对应关键字的值。这个特性为编程处理一对一数据，提供了方便。

限于篇幅，在此只简单介绍 set 和 map 的概念。

本 章 小 结

(1) 标准模板库(STL)中包含了很多实用的组件，利用这些组件，程序员编程方便而高效。

(2) 容器、迭代器和算法是 STL 的三个基本组成部分。

(3) 容器包括：vector 容器、list 容器、deque 容器、set 容器、multiset 容器、map 容器和

multimap 容器等。

习　　题

【8.1】 请分析下列程序的运行结果。

```cpp
#include <iostream>
#include <string>
#include <vector>
#include <algorithm>
using namespace std;
int main()
{
    vector<char>alphaVector;
    for(int i=0; i<8; i++)
        alphaVector.push_back(i+65);
    int size =alphaVector.size();
    vector<char>::iterator theIterator;
    for(int j=0; j<size; j++) {
        alphaVector.pop_back();
        for(theIterator =alphaVector.begin(); theIterator !=alphaVector.end();
                theIterator++)
            cout << * theIterator;
        cout <<endl;
    }
    return 0;
}
```

【8.2】 请分析以下程序的运行结果。

```cpp
#include <iostream>
#include <queue>
#include <string>
using namespace std;
void test_empty()
{
    priority_queue<int>mypq;
    int sum (0);
    for (int i=1;i<=100;i++)
        mypq.push(i);
    while (!mypq.empty())
    {
        sum +=mypq.top();
        mypq.pop();
    }
```

```cpp
    cout << "总数: " << sum << endl;
} //总数: 5050

void test_pop()
{
    priority_queue<int>mypq;
    mypq.push(30);
    mypq.push(100);
    mypq.push(25);
    mypq.push(40);
    cout << "元素出队列...";
    while (!mypq.empty())
    {
        cout << " " << mypq.top();
        mypq.pop();
    }
    cout << endl;
} //元素出队列 ...100 40 30 25
void test_top()
{
    priority_queue<string>mypq;
    mypq.push("how");
    mypq.push("are");
    mypq.push("you");
    cout << "队头元素:---" << mypq.top() << endl;
} //队头元素:--->>>you
int main()
{
    test_empty();
    cout<<"\n*****************************************\n";
    test_pop();
    cout<<"\n*****************************************\n";
    test_top();
    cout<<"\n*****************************************\n";
    priority_queue<float>q;
    q.push(66.6);
    q.push(22.2);
    q.push(44.4);
    cout << q.top() << ' ';
    q.pop();
    cout << q.top() << endl;
    q.pop();
    q.push(8.1);
    q.push(55.5);
    q.push(33.3);
```

```cpp
        q.pop();
        while (!q.empty())
        {
            cout <<q.top() <<' ';
            q.pop();
        }
        cout <<endl;
    }
```

【8.3】 请分析以下程序的运行结果。

```cpp
#include <iostream>
#include <map>
#include <string>
using namespace std;
typedef struct Student
{
    int StuNumber;
    string StuName;
    bool operator <(Student const& Stu_A) const
    {
        //首先按 StuNumber 排序,如果 StuNumber 相等的话,再按 StuName 排序
        if(StuNumber <Stu_A.StuNumber) return true;
        if(StuNumber ==Stu_A.StuNumber) return StuName.compare(Stu_A.StuName) <0;
        return false;
    }
}StudentInfo, *PStudentInfo;                    //学生信息
int main ()
{
    int nSize;
                                                //用学生信息对应分数
    map<StudentInfo, int>mapStudent;
    map<StudentInfo, int>::iterator iter;
    StudentInfo studentInfo;
    studentInfo.StuNumber =1;
    studentInfo.StuName ="周兵";
    mapStudent.insert(pair<StudentInfo, int>(studentInfo, 90));
    studentInfo.StuNumber =2;
    studentInfo.StuName ="周敏";
    mapStudent.insert(pair<StudentInfo, int>(studentInfo, 80));
    for (iter=mapStudent.begin(); iter!=mapStudent.end(); iter++)
    {   cout<<"学号: "<<iter->first.StuNumber<<endl;
        cout<<"姓名: "<<iter->first.StuName<<endl;
        cout<<"分数: "<<iter->second<<endl;
    }
}
```

第9章 面向对象程序设计方法与实例

9.1 面向对象程序设计的一般方法和技巧

由于大型软件系统的复杂度越来越高,传统的模块化设计方法已经不能满足人们的要求。因此,面向对象程序设计方法越来越受到广大程序设计者的青睐。

传统的程序设计方法一般采取自顶向下的设计方法。整个软件系统由分层次的子程序集合构成。分解子程序的一般原则是:按照程序的功能(或者说程序所能完成的任务)划分。在最顶层,主程序通过顺序调用一些子程序来完成计算并得到最终结果,而每个子程序还可以分解为完成更小任务的子程序。

举个简单的例子。假设题目要求输入100个整数,排序以后输出到文件中。那么,用传统程序设计方法的主程序一般可以编写为:

```
#define SIZE 100
int main()
{ int a[SIZE];              //定义一个整型数组
  input(a,SIZE);            //输入 SIZE 个数
  sort(a,SIZE);             //对 SIZE 个数进行排序
  output(a,SIZE);           //输出排序后的 SIZE 个数
  return 0
}
```

其中,input 函数的功能是输入100(由实际参数确定)个数,sort 函数的功能是对这100个数进行排序,而 output 负责将这100个排好序的整数输出到文件中。也就是说,把主程序分成了3个子程序,每个子程序都有自己要完成的任务。

在使用自顶向下的设计方法时,要求程序设计人员尤其是负责人必须对系统的调用关系十分清楚,这对大型系统来说往往是非常困难的。同时,自顶向下设计的方法还有一大缺点,即上层子程序的简单改动,可能造成底层程序的大量修改。

面向对象程序设计方法提供了一种新的系统设计模型。就是将软件系统看成是对象的集合,而对象是通过交互作用来完成任务的,每个对象用自己的方法管理数据。

同样是解决100个整数的排序问题,面向对象程序设计方法的主程序应该是这样的:

```
const size
int main()
{ array a(100);
  a.sort();
  a.output();
  return 0
}
```

在程序中创建了一个能存放100个整数的对象a,并在建立对象空间的同时,利用构造函数输入了数据,而随后的语句都是使用对象的方法来操作和管理对象a的数据。

好的程序设计应该具备的特征包括：良好的可读性、可维护性和可扩充性。组织得好的软件系统的特点是易于理解、开发和排错。不论哪种设计方法,都试图通过分解和控制的原则来降低软件系统的复杂性。自顶向下程序设计方法将系统视为函数模块的集合,面向对象程序设计方法则以对象设计为基础。

值得一提的是,软件设计并不存在万能的规则,程序设计也是一种创作,创作就有一定的自由和灵活性,但在总体上要符合好的程序设计思想。

本节,我们介绍一种常用的软件开发方法。这种方法将软件开发过程划分为明显的几个阶段：问题分析和功能定义、对象(类)设计及实现、核心控制设计、编码与测试以及进化。

9.1.1 问题分析和功能定义

在传统程序设计中,这个阶段的工作叫做"需求分析"。需求分析的结果是系统规范说明书,写这些文档本身可能就是一个很复杂的工作。而且需求分析需要取得设计者与用户双方的共识。而实际上,在开始的时候,用户也许对需要系统解决的问题并不十分明确。对系统可使用的数据(输入)和应提供的信息(输出)都没有精确的定义。这就需要程序员和用户共同分析问题,从而确定整个软件系统要完成的功能。

使用面向对象程序设计方法时,在本阶段并不需要严格的系统规范说明书,可以使用一些简单的图表(例如用例图)来描述系统的功能。

例如设计一个自动取款机,图9.1描述了自动取款机的常见行为。

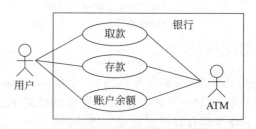

图9.1　自动取款机用例图

用例图只要符合用户的感受,如何实现并不重要,不必将用例图画得十分复杂,也不要求它很完美,只要能描述系统所能完成的核心任务即可。

就像图9.1中描述的,人们使用ATM机时,最常用的操作是取款、查询账户余额、存款。其实,ATM机还应该有一些其他的功能,如转账、修改密码等,但如果一开始我们并不清楚是否有这些功能,就可以不画出来,也并不影响后面的设计。

9.1.2 对象(类)设计及实现

本阶段的工作要完成对所有对象的描述,并确定对象之间是如何交互的。

在对象设计阶段,必须识别所有在程序中将要用到的对象,并给出每个类的定义,还可以用一些小程序对类进行测试。一般来说，对象的设计和实现都应该在此阶段完成。类可以独立于系统之外测试是面向对象程序设计的一大特色。

对于每个类，需要描述的是：

（1）类的名字。最好能体现类的本质，一目了然。如 Point、Line。

（2）类的职责。类能做哪些工作。一般用成员函数的名字来描述即可。

（3）类的协作。它与其他类有哪些交互？可以是已经存在的对象对这个类的对象提供的服务。

在此阶段，也可以使用图来标识类（对象）。

标识对象的方法有许多种，最流行的是使用统一建模语言 UML（unified modeling language）中的标识方法，由于该方法着眼于整个软件开发过程的可视化建模，较为复杂，所以不能在此详细地讨论 UML 标识对象的细节。但是，为了能说明问题，需要借用 UML 标识对象的一部分内容来描述类（对象）。

本章使用下面的类图来描述一个类：

类名
属性
方法

类的继承和组合分别用符号△和◇来表示。对象之间的消息传递用带箭头的直线表示。

举一个例子，在下面的定义中有 3 个类，Point（点）、Line（线）和 Rectangle（矩形），其中 Line 中包含了类 Point，而 Rectangle 继承了类 Line。

```
class Point
{ private:
    float  x, y;                        //x 是水平位置,y 是垂直位置
  public:
    Point(float h, float v);            //h 赋值给 x,v 赋值给 y
    float GetX(void) const;             //返回水平坐标
    float GetY(void) const;             //返回垂直坐标
    void Draw(void) const;              //在坐标(X,Y)处画一个点
};
class Line
{ protected:
    Point  p1, p2;                      //两个点
  public:
    Line(Point a, Point b);             //a 赋值给 p1,b 赋值给 p2
    virtual void Draw(void) const;      //画一条线段
};
class Rectangle: public Line
{ public:
    Rectangle(Point a, Point b): Line(a,b) { };   //继承 Line 的成员函数
                                        //使 p1 和 p2 成为画矩形的两个点
    virtual void Draw(void) const;      //画一个矩形
};
```

图 9.2 给出了类 Point、Line 和 Rectangle 的标识方法。

对象设计一般分为 5 个阶段：

（1）对象发现。对象可以通过寻找外部因素及边界、系统中重复的元素和最小概念单元而发现。

（2）对象装配。建立对象时可能会发现需要一些新的对象，这些对象在对象发现时并未出现过。此时，需要建立新类。

（3）系统构造。不断地改进对象。与系统中其他对象交互时，可以根据需要改变已有的类或要求新类。

（4）系统扩充。系统增加新的性能时，可以根据需要修改类或增加类。

（5）对象重用。不断地修改对象，直到发现有了一个真正可以重用的对象。要注意的是，大量的对象是应用于特定系统的，不要期望为一个系统设计的大多数对象可以重用。

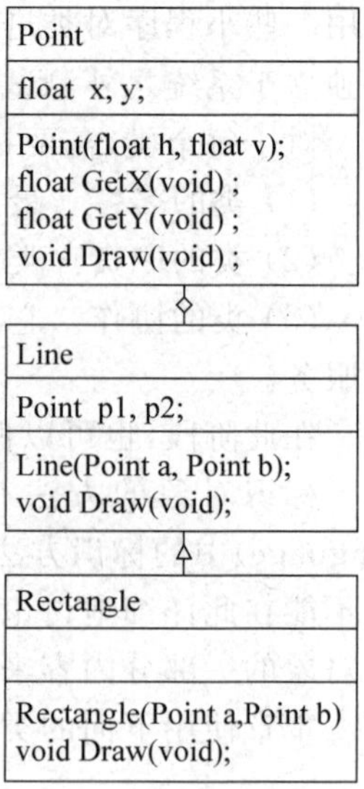

Point
float x, y;

Point(float h, float v);
float GetX(void);
float GetY(void);
void Draw(void);

Line
Point p1, p2;
Line(Point a, Point b); void Draw(void);

Rectangle
Rectangle(Point a,Point b) void Draw(void);

图 9.2　对象标识的方法

9.1.3　核心控制设计

核心控制设计阶段主要完成程序的框架设计，这是实现软件系统体系的核心，可以使用自顶向下的方法建立程序结构，以便控制对象间的相互作用。

开始设计时，可以先设计一个不太复杂的框架，并在不断的反复中完善系统。

9.1.4　编码与测试

本阶段完成的任务是对系统框架进行编码。由于在对象设计阶段已经完成了对象的实现和测试，所以本阶段工作的注意力应集中在对控制模块的设计上。要通过控制模块来测试对象之间的相互作用，从而验证程序的正确性。

9.1.5　进化

在传统的程序设计中，这个阶段称为"维护"。在面向对象程序设计中，"维护"已经不能很好地描述这个阶段的工作，所以使用了"进化"这个词。

进化的意思是说：不可能第 1 次就使软件正确，所以应该为学习、返工和修改，留有余地。不断地使软件进化，直到软件正确。进化可以使所有不清楚的问题越来越清楚，也是使类能进化为可重用资源的重要手段。

在这个阶段需要注意的一件事是：如果修改了一个类，则它的超类和子类仍然能够正常工作。

9.2 设计实例：模拟网上购书的结账功能

9.2.1 问题分析与功能定义

随着互联网的飞速发展，网上购物越来越受到大家的喜爱，坐在家中，点点鼠标，就有人把你要的东西送到手中，多惬意呀！

对于网上购书，现在要解决的问题是：用户在网上购书以后，系统根据购书人的不同类型计算出购书人的费用。

网上购书的一般过程是：用户首先输入自己的会员号，然后，选择想买的书籍放到购书筐中，选择结束以后，用户要求系统结账，系统便计算出费用通知用户。本例并不想模拟网上购书的全部过程，所以会把选择书的过程略去，假设用户已经选定了两本书。

根据实际情况，确定了购书人可分为3类：普通人、会员、贵宾。

"普通人"的购书费用按照书的原价收取。

"会员"购书费用的计算方法是：五星级会员按照原价的70%收取，四星级会员按照原价的80%收取，三星级会员按照原价的85%收取，二星级会员按照原价的90%收取，一星级会员按照原价的95%收取。

"贵宾"的购书费用根据特别指定的折扣率计算收取的费用，例如折扣率40%，则按实际书费的60%收取。

用例图比较简单，在此略去。

9.2.2 对象（类）设计

根据上面的分析，需要设计一个基类 buyer 和它的 3 个派生类 member（会员）、layfolk（普通人）、honoured_guest（贵宾）。基类中包含的数据成员是姓名、购书人编号、地址、购书金额。member 类中除了继承了 buyer 的数据，还增加了会员级别 leaguer_grade；honoured_guest 则增加了折扣率 discount_rate。

在基类中定义了构造函数和对所有类型的购书人相同的操作，getbuyname()负责取出购书者的姓名，getaddress()负责取出购书者的地址，getpay()负责取出购书者应付的费用，getid()则负责取出购书者的编号。由于对不同购书者的购书费用的计算方法不同，所以不能在基类中确定计算方法；又由于各类购书者的数据内容不同，显示的方法也不一样，因此，在基类中将 setpay 和 display 定义为虚函数。

有关购书者的类定义如下：

```
class buyer                              //基类
{ protected:
    string name;                         //姓名
    int buyerID;                         //购书人编号
    string address;                      //地址
```

```cpp
    double pay                                  //购书费用
  public:
    buyer();
    buyer(string n,int b,string a,double p);
    string getbuyname();                        //取姓名
    string getaddress();                        //取地址
    double getpay();                            //取应付费用
    int getid();                                //取购书人编号
    virtual void display()=0;                   //显示函数
    virtual void setpay(double=0)=0;            //计算购书费用
};
class member: public buyer                      //会员类
{   int leaguer_grade;                          //会员级别
  public:
    member(string n,int b,int l,string a,double p):buyer(n,b,a,p)
    { leaguer_grade=l;}                         //构造函数
    void display();                             //显示函数
    void setpay(double p);
};
class honoured_guest: public buyer              //贵宾类
{   double discount_rate;                       //折扣率
  public:
    honoured_guest(string n,int b,double r,string a,double p):buyer(n,b,a,p)
    { discount_rate=r;}                         //构造函数
    void display();                             //显示函数
    void setpay(double p);                      //计算购书费用
};
class layfolk: public buyer                     //普通人类
{ public:
    layfolk(string n,int b,string a,double p):buyer(n,b,a,p)
    { }                                         //构造函数
    void display();                             //显示函数
    void setpay(double p);                      //计算购书费用
};
```

由于在计算购书费用时要知道用户买了哪些书以及书的原价,所以必须建立一个类book,帮助完成对书的有关操作。类book的定义如下:

```cpp
class book
{ protected:
    string book_ID;                             //书号
    string book_name;                           //书名
    string author;                              //作者
    string publishing;                          //出版社
    double price;                               //定价
  public:
```

```
    book();                                    //构造函数
    book(string b_id,string b_n,string au,string pu,double pr);
                                               //重载构造函数
    void display();
    string getbook_ID();                       //取书号
    string getbook_name();                     //取书名
    string getauthor();                        //取作者
    string getpublishing();                    //取出版社
    double getprice();                         //取定价
};
```

本例的类图如图 9.3 所示。

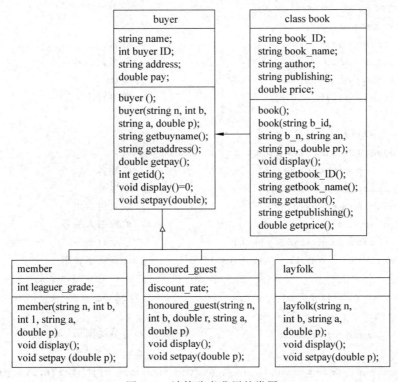

图 9.3 计算购书费用的类图

从类 book 到类 buyer 的箭头表示：book 对象要传消息给 buyer 对象。

类定义中使用了C++提供的标准类 string。

9.2.3 核心控制设计

在主函数中我们要做的操作包括：

(1) 建立继承了基类 buyer 的 3 个类对象。

(2) 建立 2 个 book 对象。

(3) 请用户输入购书人的编号。

(4) 通过编号查询到相应的对象。

(5) 用对象的计算费用的方法计算购书费用。此时,需要 2 个 book 对象的定价作为消息传递给购书人对象。

9.2.4 编码与测试

完成前几阶段的工作,就可以编码实现程序了。

```cpp
#include <string>
#include <iostream>
using namespace std;
class buyer{                                        //基类
    protected:
        string name;                                //姓名
        int buyerID;                                //购书人编号
        string address;                             //地址
        double pay;                                 //购书费用
    public:
        buyer();
        buyer(string n,int b,string a,double p);
        string getbuyname();                        //取姓名
        string getaddress();                        //取地址
        double getpay();                            //取应付费用
        int getid();                                //取购书人编号
        virtual void display()=0;                   //显示对象
        virtual void setpay(double=0)=0;            //计算购书费用
};
class member:public buyer{                          //会员类
    private:
        int leaguer_grade;                          //会员级别
    public:
        member(string n,int b,int l,string a,double p):buyer(n,b,a,p)
        {  leaguer_grade=l;}                        //构造函数
        void display();                             //显示函数
        void setpay(double p);
};
class honoured_guest:public buyer{                  //贵宾类
        double discount_rate;                       //折扣率
    public:
        honoured_guest(string n,int b,double r,string a,double p):buyer(n,b,a,p)
        {  discount_rate=r;}                        //构造函数
        void display();                             //显示对象
        void setpay(double p);                      //计算购书费用
};
```

```cpp
class layfolk:public buyer{                    //普通人类
    public:
        layfolk(string n,int b,string a,double p):buyer(n,b,a,p)
        { }                                    //构造函数
        void display();                        //显示对象
        void setpay(double p);                 //计算购书费用
};
buyer::buyer()                                 //基类的构造函数
{   name="";
    buyerID=0;
    address="";
    pay=0;
}
buyer::buyer(string n,int b,string a,double p)
                                               //基类的构造函数
{   name=n;
    buyerID=b;
    address=a;
    pay=p;
}
double buyer::getpay()                         //取购书费用
{   return pay;
}
string buyer::getaddress()                     //取购书人地址
{   return address;
}
string buyer::getbuyname()                     //取购书人名字
{   return name;
}
int buyer::getid()                             //取购书人编号
{   return buyerID;
}
void member::display()                         //会员类的显示函数
{   cout<<"购书人姓名:"<<name<<"\t";
    cout<<"购书人编号:"<<buyerID<<"\t";
    cout<<"购书人为会员,级别:"<<leaguer_grade<<"\n";
    cout<<"地址:"<<address<<"\n";
}
void member::setpay(double p)                  //会员类的计算购书费用
{   if(leaguer_grade==1)                       //会员级别为1
        pay=.95*p+pay;
    else if(leaguer_grade==2)                  //会员级别为2
        pay=.90*p+pay;
```

```cpp
        else if(leaguer_grade==3)              //会员级别为3
            pay=.85*p+pay;
        else if(leaguer_grade==4)              //会员级别为4
            pay=.8*p+pay;
        else if(leaguer_grade==5)              //会员级别为5
            pay=.7*p+pay;
        else
            cout<<"级别错误!";
}
void honoured_guest::display()                 //贵宾类的显示函数
{   cout<<"购书人姓名:"<<name<<"\t";
    cout<<"购书人编号:"<<buyerID<<"\t";
    cout<<"购书人为贵宾!折扣率为:"<<discount_rate*100<<"% \n";
    cout<<"地址: "<<address<<"\n\n";
}
void honoured_guest::setpay(double p)          //贵宾类计算购书费用
{   pay=pay+(1-discount_rate)*p;
}
void layfolk::display()                        //普通类显示函数
{   cout<<"购书人姓名:"<<name<<"\t";
    cout<<"购书人编号:"<<buyerID<<"\t";
    cout<<"购书人为普通人"<<"\n";
    cout<<"地址: "<<address<<"\n\n";
}
void layfolk::setpay(double p)                 //普通类计算购书费用
{   pay=pay+p;
}
class book{                                    //图书类
    protected:
        string book_ID;                        //书号
        string book_name;                      //书名
        string author;                         //作者
        string publishing;                     //出版社
        double price;                          //定价
    public:
        book();                                //构造函数
        book(string b_id,string b_n,string au,string pu,double pr);
                                               //重载构造函数
        void display();
        string getbook_ID();                   //取书号
        string getbook_name();                 //取书名
        string getauthor();                    //取作者
        string getpublishing();                //取出版社
        double getprice();                     //取定价
};
```

```cpp
book::book(string b_id,string b_n,string au,string pu,double pr)
{   book_ID=b_id;                               //书号
    book_name=b_n;                              //书名
    author=au;                                  //作者
    publishing=pu;                              //出版社
    price=pr;                                   //定价
}
book::book()
{   book_ID="";                                 //书号
    book_name="";                               //书名
    author="";                                  //作者
    publishing="";                              //出版社
    price=0;                                    //定价
}
void book::display()
{   cout<<"书号:"<<book_ID<<"\t";
    cout<<"书名:"<<book_name<<"\t";
    cout<<"作者:"<<author<<"\n";
    cout<<"出版社:"<<publishing<<"\t";
    cout<<"定价: "<<price<<"\n";
}
string book::getbook_ID()
{   return book_ID;                             //取书号
}
string book::getbook_name()
{   return book_name;                           //取书名
}
string book::getauthor()
{   return author;                              //取作者
}
string book::getpublishing()
{   return publishing;                          //取出版社
}
double book::getprice()
{   return price;                               //取定价
}
int main()
{   int i=0,buyerid,flag;
    book *c[2];                                 //用指针数组存放book对象的地址
    layfolk b1("林小茶",1,"北京",0);
    honoured_guest b2("王遥遥",2,.6,"上海",0);
    member b3("赵红艳",3,5,"广州",0);
    buyer *b[3]={&b1,&b2,&b3};                  //用指针数组存放继承了buyer类
                                                //的三个对象的地址
    book c1("7-302-04504-6","C++程序设计","谭浩强","清华",25);
```

```
    book c2("7-402-03388-9","数据结构","许卓群","北大",20);
    c[0]=&c1;
    c[1]=&c2;
    cout<<"购书人信息:\n\n";
    for(i=0;i<3;i++)                              //显示三个继承了buyer类的对象
        b[i]->display();
    cout<<"\n图书信息:\n\n";                        //显示两个book对象的信息
    for(i=0;i<2;i++)
        c[i]->display();
    cout<<"\n\n请输入购书人编号:";
    cin>>buyerid;
    flag=0;
    for(i=0;i<3;i++)
        if(b[i]->getid()==buyerid) { flag=1;break;}
            if(!flag) { cout<<"编号不存在"<<endl;}
        else
        {   b[i]->setpay(c[0]->getprice());       //计算购书费用
            b[i]->setpay(c[1]->getprice());
            cout<<endl<<"购书人需要付费: "<<b[i]->getpay()<<"\n\n";
        }
    return 0;
}
```

图 9.4 显示了程序的运行结果。在实际应用时，也许并不需要将购书人的相关信息显示出来，在此，主要是为了更直观地表示在程序中已经建立的 3 个继承了 buyer 类的对象，同时也可以调试这 3 个类的 display() 函数。

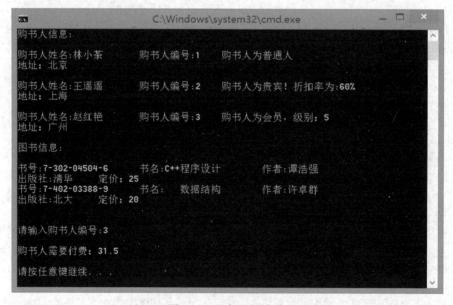

图 9.4　程序运行结果

习 题

【9.1】 修改网上购书的例子,模拟下订单的操作。每张订单的数据成员如下:
```
class order
{ static int ordercount;              //自动增加订单编号
  int orderID;                        //订单编号
  int buyerID;                        //购书人编号
  int listcount;                      //购书数量
  string orderlist[20];               //书号
}
```

参 考 文 献

[1] 陈维兴,林小茶.C++面向对象程序设计教程[M].3版.北京:清华大学出版社,2009.
[2] 陈维兴,陈昕,林小茶.C++面向对象程序设计教程(第3版)习题解答与上机指导[M].北京:清华大学出版社,2009.
[3] 陈维兴,林小茶.C++面向对象程序设计[M].3版.北京:中国铁道出版社,2017.
[4] DEITEL P J,DEITEL H M.C++大学教程[M].7版.张引,等译.北京:电子工业出版社,2010.
[5] COHOON J P,DAVIDSON J W.C++程序设计[M].3版.刘瑞挺,韩毅刚,盛素英,等译.北京:电子工业出版社,2002.
[6] OVERLAND B.C++语言命令详解[M].3版.董梁,等译.北京:电子工业出版社,2002.
[7] LEE R C,TEPFENHARD W M.C++面向对象开发[M].2版.麻志毅,蒋严冰,译.北京:机械工业出版社,2002.
[8] 谭浩强.C++程序设计[M].北京:清华大学出版社,2004.
[9] 钱能.C++程序设计教程[M].北京:清华大学出版社,2005.
[10] 吴克力.C++面向对象程序设计——基于Visual C++ 2010[M].北京:清华大学出版社,2013.